중학수학

절대강자

개념 **연산**

중학수학

절대강자

중학수학

절대강자

개념 **연산**

1·2

이 책의 구성과 특징

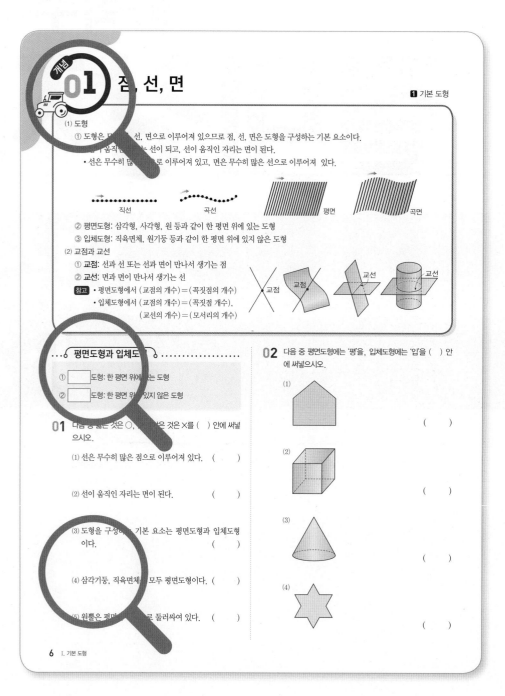

① 개념 정리

각 단원에서 꼭 알아야 할 내용을 한눈에 알아보기 쉽게 정리하여 개념을 완벽하게 이해할 수 있습니다.

② 개념 확인

개념을 정확하게 이해하고 있는지 빈칸 채우기 문제로 확인할 수 있습니다.

③ 연산 문제

개념을 적용한 다양한 연산 문제를 풀어 보며 계산력과 수학에 대한 자신감을 키울 수 있습니다.

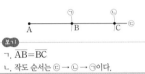

내신 도전

01 다음 설명에서 (가), (나), (다)에 알맞은 것은?

> 작도 과정에서 두 점을 이어 선분을 그릴 때 (가), 선분의 길이를 옮길 때 (나), 선분을 연장할 때 (다)를 사용한다.

	(가)	(나)	(다)
①	눈금 없는 자	눈금 없는 자	컴퍼스
②	눈금 없는 자	컴퍼스	눈금 없는 자
③	눈금 없는 자	컴퍼스	컴퍼스
④	컴퍼스	컴퍼스	눈금 없는 자
⑤	컴퍼스	눈금 없는 자	눈금 없는 자

02 그림과 같이 선분 AB를 점 B의 방향으로 연장하여 선분 AB의 길이의 2배가 되는 선분 AC를 작도할 때, 다음 보기에서 옳은 것을 모두 고르시오.

> **보기**
> ㄱ. $\overline{AB} = \overline{BC}$
> ㄴ. 작도 순서는 ㉢ → ㉡ → ㉠이다.

04 다음 보기에서 삼각형의 세 변의 길이가 될 수 있는 것을 모두 고르시오.

> **보기**
> ㄱ. 3 cm, 7 cm, 4 cm
> ㄴ. 5 cm, 5 cm, 6 cm
> ㄷ. 4 cm, 3 cm, 2 cm
> ㄹ. 6 cm, 1 cm, 9 cm

05 △ABC에서 ∠A의 크기와 다음 조건이 주어질 때, △ABC가 하나로 정해지지 않는 것을 모두 고르면? (정답 2개)

① $\overline{AB}$, $\overline{AC}$ ② $\overline{AB}$, $\overline{BC}$ ③ $\overline{AC}$, ∠C
④ $\overline{BC}$, ∠B ⑤ ∠B, ∠C

⑤ 대단원 평가

단원을 마무리하며 공부했던 내용을 점검해 봅니다.
한 번 더 실전 문제를 풀어 보며 실력을 확인할 수 있습니다.

대단원 평가

01 오른쪽 그림과 같은 입체도형에서 면의 개수를 a, 교점의 개수를 b, 교선의 개수를 c라 할 때, $a + b - c$의 값을 구하시오.

02 다음 그림에서 두 점 M, N은 $\overline{AB}$의 삼등분점이고 점 P는 $\overline{NB}$의 중점이다. $\overline{MP} = 12$ cm일 때, $\overline{AN}$의 길이는?

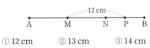

① 12 cm ② 13 cm ③ 14 cm
④ 15 cm ⑤ 16 cm

04 오른쪽 사다리꼴 ABCD에서 점 A와 $\overline{BC}$ 사이의 거리를 x cm, 점 A와 $\overline{CD}$ 사이의 거리를 y cm라 할 때, xy의 값을 구하시오.

05 오른쪽 그림은 직육면체를 세 모서리의 중점을 지나는 평면으로 잘라서 만든 입체도형이다. 모서리 BC와 꼬인 위치에 있는 모서리의 개수를 a, 면 ABCDE와 수직인 모서리의 개수를 b라 할 때, $a - b$의 값은?

① −2 ② −1 ③ 0

차 례

Contents

I
기본 도형

개념 01 점, 선, 면

(1) 도형

① 도형은 모두 점, 선, 면으로 이루어져 있으므로 점, 선, 면은 도형을 구성하는 기본 요소이다.
- 점이 움직인 자리는 선이 되고, 선이 움직인 자리는 면이 된다.
- 선은 무수히 많은 점으로 이루어져 있고, 면은 무수히 많은 선으로 이루어져 있다.

  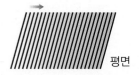 

직선　　　　곡선　　　　평면　　　　곡면

② 평면도형: 삼각형, 사각형, 원 등과 같이 한 평면 위에 있는 도형
③ 입체도형: 직육면체, 원기둥 등과 같이 한 평면 위에 있지 않은 도형

(2) 교점과 교선

① **교점**: 선과 선 또는 선과 면이 만나서 생기는 점
② **교선**: 면과 면이 만나서 생기는 선

참고
- 평면도형에서 (교점의 개수)＝(꼭짓점의 개수)
- 입체도형에서 (교점의 개수)＝(꼭짓점 개수),
  　　　　　　(교선의 개수)＝(모서리의 개수)

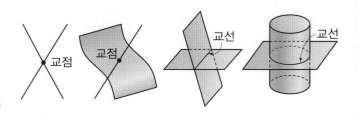

교점　　교점　　교선　　교선

········◦ **평면도형과 입체도형** ◦········

① ☐☐도형: 한 평면 위에 있는 도형

② ☐☐도형: 한 평면 위에 있지 않은 도형

01 다음 중 옳은 것은 ○, 옳지 않은 것은 ×를 (　) 안에 써넣으시오.

(1) 선은 무수히 많은 점으로 이루어져 있다. (　　)

(2) 선이 움직인 자리는 면이 된다. (　　)

(3) 도형을 구성하는 기본 요소는 평면도형과 입체도형이다. (　　)

(4) 삼각기둥, 직육면체는 모두 평면도형이다. (　　)

(5) 원뿔은 평면과 곡면으로 둘러싸여 있다. (　　)

02 다음 중 평면도형에는 '평'을, 입체도형에는 '입'을 (　) 안에 써넣으시오.

(1)

（　　）

(2)

（　　）

(3)

（　　）

(4)

（　　）

교점과 교선

① ⬚ : 선과 선 또는 선과 면이 만나서 생기는 점

② ⬚ : 면과 면이 만나서 생기는 선

➡ 입체도형에서 ┌ (교점의 개수)＝(⬚)의 개수)
           └ (교선의 개수)＝(⬚)의 개수)

03 오른쪽 그림의 직육면체에서 다음을 구하시오.

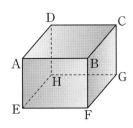

(1) 모서리 BC와 모서리 BF가 만나서 생기는 교점

(2) 모서리 DH와 면 ABCD가 만나서 생기는 교점

(3) 모서리 GH와 면 BFGC가 만나서 생기는 교점

(4) 면 DHGC와 면 AEHD가 만나서 생기는 교선

(5) 면 EFGH와 면 BFGC가 만나서 생기는 교선

04 다음 평면도형에서 교점은 몇 개인지 구하시오.

(1)

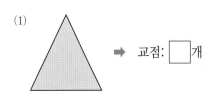

➡ 교점: ⬚ 개

(2)

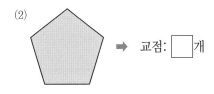

➡ 교점: ⬚ 개

05 다음 입체도형에서 교점과 교선은 각각 몇 개인지 구하시오.

(1)

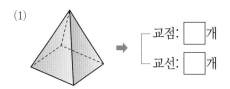

➡ ┌ 교점: ⬚ 개
  └ 교선: ⬚ 개

(2)

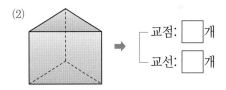

➡ ┌ 교점: ⬚ 개
  └ 교선: ⬚ 개

(3)

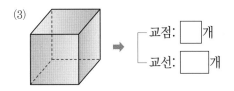

➡ ┌ 교점: ⬚ 개
  └ 교선: ⬚ 개

(4)

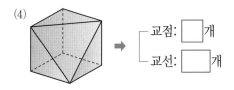

➡ ┌ 교점: ⬚ 개
  └ 교선: ⬚ 개

(1) 한 점을 지나는 직선은 무수히 많지만 서로 다른 두 점을 지나는 직선은 오직 하나뿐이다.
　　　　　　　　　　　　└ 직선의 결정 조건

(2) 직선, 반직선, 선분

　① 직선 AB: 서로 다른 두 점 A, B를 지나 한없이 뻗은 곧은 선

　　기호 $\overleftrightarrow{AB}$ → 간단히 직선 l로 나타내기도 한다.

　② 반직선 AB: 점 A에서 시작하여 점 B의 방향으로 한없이 뻗은 곧은 선

　　기호 $\overrightarrow{AB}$

　③ 선분 AB: 직선 AB 위의 점 A에서 점 B까지의 부분

　　기호 $\overline{AB}$

　참고 (두 점을 지나는 반직선의 개수)=(두 점을 지나는 직선의 개수)×2

⋯○ 직선, 반직선, 선분 ○⋯⋯⋯⋯⋯⋯⋯

① 서로 다른 두 점 A, B를 지나는 직선 AB를 기호로 ☐

　와 같이 나타낸다.

② 점 A에서 시작하여 점 B의 방향으로 한없이 뻗은 반직선 AB

　를 기호로 ☐ 와 같이 나타낸다.

③ 직선 AB 위의 점 A에서 B까지의 부분인 선분 AB를 기호로

　☐ 와 같이 나타낸다.

01 다음 도형을 기호로 나타내시오.

(1) P———Q

(2) P———Q

(3) P———Q

(4) P———Q

02 다음 기호를 그림으로 나타내시오.

(1) $\overline{AB}$

A　　　B　　　C

(2) $\overline{CB}$

A　　　B　　　C

(3) $\overrightarrow{BC}$

A　　　B　　　C

(4) $\overrightarrow{CA}$

A　　　B　　　C

(5) $\overleftrightarrow{AB}$

A　　　B　　　C

03 다음 그림을 보고 ○ 안에 = 또는 ≠ 중에서 알맞은 것을 써넣으시오.

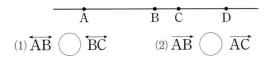

(1) $\overleftrightarrow{AB}$ ◯ $\overleftrightarrow{BC}$

(2) $\overrightarrow{AB}$ ◯ $\overrightarrow{AC}$

(3) $\overline{AB}$ ◯ $\overline{BC}$

(4) $\overrightarrow{BA}$ ◯ $\overrightarrow{BD}$

(5) $\overline{AC}$ ◯ $\overline{CA}$

(6) $\overleftrightarrow{CA}$ ◯ $\overleftrightarrow{CB}$

(7) $\overrightarrow{AD}$ ◯ $\overrightarrow{CD}$

(8) $\overrightarrow{DA}$ ◯ $\overrightarrow{CA}$

04 그림을 보고 다음 보기에서 □ 안에 알맞은 것을 골라 써넣으시오.

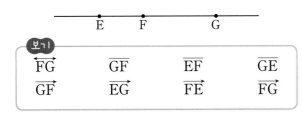

보기
| $\overleftrightarrow{FG}$ | $\overline{GF}$ | $\overline{EF}$ | $\overrightarrow{GE}$ |
| $\overrightarrow{GF}$ | $\overleftrightarrow{EG}$ | $\overrightarrow{FE}$ | $\overrightarrow{FG}$ |

(1) $\overleftrightarrow{EF}$ = ☐

(2) $\overrightarrow{EF}$ = ☐

(3) $\overline{EG}$ = ☐

(4) $\overrightarrow{FE}$ = ☐

(5) $\overline{FG}$ = ☐

(6) $\overrightarrow{GE}$ = ☐

05 오른쪽 그림과 같이 한 직선 위에 있지 않은 세 점 A, B, C에 대하여 다음을 구하시오.

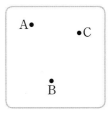

(1) 두 점을 지나는 직선의 개수

(2) 두 점을 지나는 반직선의 개수

(3) 두 점을 지나는 선분의 개수

06 오른쪽 그림과 같이 어느 세 점도 한 직선 위에 있지 않은 네 점 A, B, C, D에 대하여 다음을 구하시오.

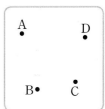

(1) 두 점을 지나는 직선의 개수

(2) 두 점을 지나는 반직선의 개수

(3) 두 점을 지나는 선분의 개수

개념 03 두 점 사이의 거리

(1) 두 점 A, B 사이의 거리

두 점 A, B를 잇는 무수히 많은 선 중에서 길이가 가장 짧은 선인 선분 AB의 길이

참고 $\overline{AB}$는 선분을 나타내기도 하고, 그 선분의 길이를 나타내기도 한다.

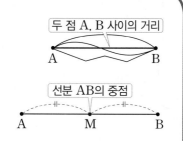

두 점 A, B 사이의 거리

(2) 선분 AB의 중점 → 선분 AB의 길이를 이등분하는 점 M

선분 AB 위에 있는 점 중에서 양 끝점에서 같은 거리에 있는 점 M

선분 AB의 중점

→ $\overline{AM}=\overline{BM}=\dfrac{1}{2}\overline{AB}$, $\overline{AB}=2\overline{AM}=2\overline{BM}$

참고 선분 AB의 삼등분점: 다음 그림과 같이 선분 AB를 삼등분하는 두 점 M, N

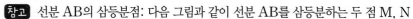

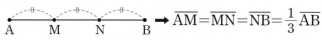

→ $\overline{AM}=\overline{MN}=\overline{NB}=\dfrac{1}{3}\overline{AB}$

····◁ 두 점 사이의 거리 ▷····

두 점 A, B 사이의 거리

➡ 두 점 A, B를 잇는 무수히 많은 선 중에서 길이가 가장

☐ 선의 길이

➡ ☐ AB의 길이

01 그림을 보고 다음을 구하시오.

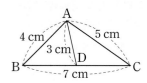

(1) 두 점 A, B 사이의 거리

(2) 두 점 B, C 사이의 거리

(3) 두 점 A, C 사이의 거리

(4) 두 점 A, D 사이의 거리

02 그림을 보고 다음을 구하시오.

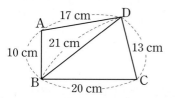

(1) 두 점 A, B 사이의 거리

(2) 두 점 B, C 사이의 거리

(3) 두 점 B, D 사이의 거리

(4) 두 점 C, D 사이의 거리

(5) 두 점 D, A 사이의 거리

선분의 중점

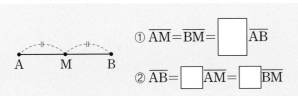

① $\overline{AM} = \overline{BM} = \boxed{}\ \overline{AB}$

② $\overline{AB} = \boxed{}\ \overline{AM} = \boxed{}\ \overline{BM}$

03 다음 그림에서 점 M이 선분 AB의 중점일 때, □ 안에 알맞은 수를 써넣으시오.

(1)
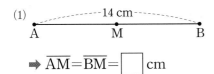

➡ $\overline{AM} = \overline{BM} = \boxed{}$ cm

(2)
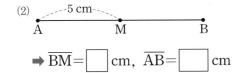

➡ $\overline{BM} = \boxed{}$ cm, $\overline{AB} = \boxed{}$ cm

(3)
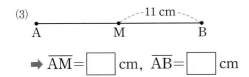

➡ $\overline{AM} = \boxed{}$ cm, $\overline{AB} = \boxed{}$ cm

04 다음 그림에서 두 점 M, N이 선분 AB의 삼등분점일 때, □ 안에 알맞은 수를 써넣으시오.

(1)
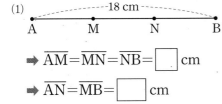

➡ $\overline{AM} = \overline{MN} = \overline{NB} = \boxed{}$ cm

➡ $\overline{AN} = \overline{MB} = \boxed{}$ cm

(2)
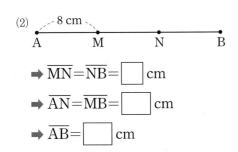

➡ $\overline{MN} = \overline{NB} = \boxed{}$ cm

➡ $\overline{AN} = \overline{MB} = \boxed{}$ cm

➡ $\overline{AB} = \boxed{}$ cm

05 그림에서 점 M은 선분 AB의 중점이고, 점 N은 선분 AM의 중점일 때, 다음을 구하시오.

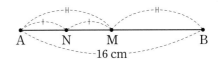

(1) $\overline{AM}$의 길이

(2) $\overline{MB}$의 길이

(3) $\overline{AN}$의 길이

(4) $\overline{NM}$의 길이

(5) $\overline{NB}$의 길이

06 그림에서 점 M은 선분 AB의 중점이고, 점 N은 선분 MB의 중점일 때, 다음을 구하시오.

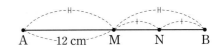

(1) $\overline{AB}$의 길이

(2) $\overline{BM}$의 길이

(3) $\overline{MN}$의 길이

(4) $\overline{BN}$의 길이

(5) $\overline{AN}$의 길이

04 각

(1) 각 AOB 또는 각 BOA

　한 점 O에서 시작하는 두 반직선 OA, OB로 이루어진 도형

　기호　∠AOB 또는 ∠BOA → ∠AOB를 ∠O 또는 ∠a로 나타내기도 한다.

(2) 각 AOB의 크기: 꼭짓점 O를 중심으로 변 OB가 변 OA까지 회전한 양

　참고　∠AOB는 각을 나타내기도 하고, 그 각의 크기를 나타내기도 한다.

(3) 각의 분류

　① **평각**: 각의 두 변이 꼭짓점을 중심으로 반대쪽에 있고 한 직선을 이루는 각 ➡ 크기가 180°인 각

　② **직각**: 평각의 크기의 $\frac{1}{2}$인 각 ➡ 크기가 90°인 각

　③ **예각**: 0°보다 크고 90°보다 작은 각

　④ **둔각**: 90°보다 크고 180°보다 작은 각

⸰⸰⸰⸰◦ 각을 기호로 나타내기 ◦⸰⸰⸰⸰⸰⸰⸰⸰⸰⸰⸰⸰⸰⸰⸰⸰⸰

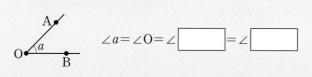

$\angle a = \angle \mathrm{O} = \angle \boxed{} = \angle \boxed{}$

01 다음 그림에서 세 점 A, B, C를 사용하여 각을 나타내려고 한다. ☐ 안에 알맞은 각을 써넣으시오.

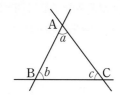

(1) $\angle a = \angle \mathrm{A} = \boxed{} = \boxed{}$

(2) $\angle b = \angle \mathrm{B} = \boxed{} = \boxed{}$

(3) $\angle c = \boxed{} = \boxed{} = \boxed{}$

02 다음 그림에서 5개의 점 A, B, C, D, E를 사용하여 각을 나타내려고 한다. ☐ 안에 알맞은 각을 써넣으시오.

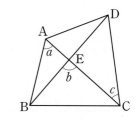

(1) $\angle a = \boxed{} = \boxed{}$
$= \boxed{} = \boxed{}$

(2) $\angle b = \boxed{} = \boxed{}$

(3) $\angle c = \boxed{} = \boxed{}$
$= \boxed{} = \boxed{}$

각의 분류

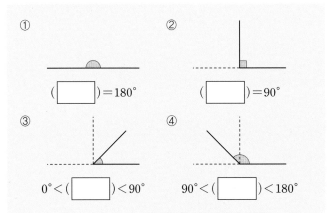

① (⬚) = 180°

② (⬚) = 90°

③ 0° < (⬚) < 90°

④ 90° < (⬚) < 180°

03 다음 그림을 보고 직각, 예각, 둔각 중 알맞은 것에 ○표 하시오.

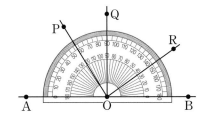

(1) ∠AOP ➡ (직각, 예각, 둔각)

(2) ∠AOQ ➡ (직각, 예각, 둔각)

(3) ∠AOR ➡ (직각, 예각, 둔각)

(4) ∠BOP ➡ (직각, 예각, 둔각)

(5) ∠BOQ ➡ (직각, 예각, 둔각)

(6) ∠BOR ➡ (직각, 예각, 둔각)

04 그림을 보고 다음을 모두 찾아 기호로 나타내시오.

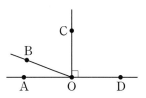

(1) 예각(2개)

(2) 직각(2개)

(3) 둔각

(4) 평각

05 다음 각에 대하여 평각, 직각, 예각, 둔각 중 알맞은 것에 ○표 하시오.

(1) 13° ➡ (평각, 직각, 예각, 둔각)

(2) 168° ➡ (평각, 직각, 예각, 둔각)

(3) 180° ➡ (평각, 직각, 예각, 둔각)

(4) 58° ➡ (평각, 직각, 예각, 둔각)

(5) 90° ➡ (평각, 직각, 예각, 둔각)

(6) 99° ➡ (평각, 직각, 예각, 둔각)

06 다음 그림에서 x의 값을 구하시오.

(1)
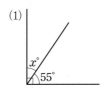

(2)

(3)
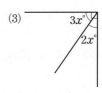

(4)

(5)

(6)
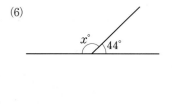

(7)
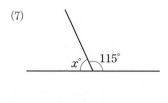

(8)
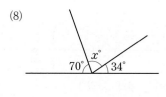

(9)
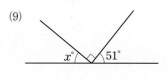

(10)
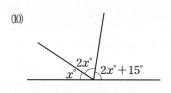

07 그림에서 주어진 각의 비가 다음과 같을 때, $\angle x$, $\angle y$, $\angle z$의 크기를 차례대로 구하시오.

(1) $\angle x : \angle y : \angle z = 3 : 1 : 2$

$\angle x = 90° \times \dfrac{\boxed{}}{3+1+2} = \boxed{}°$

$\angle y = 90° \times \dfrac{\boxed{}}{3+1+2} = \boxed{}°$

$\angle z = 90° \times \dfrac{\boxed{}}{3+1+2} = \boxed{}°$

(2) $\angle x : \angle y : \angle z = 3 : 4 : 2$

(3) $\angle x : \angle y : \angle z = 2 : 3 : 5$

(4) $\angle x : \angle y : \angle z = 2 : 4 : 3$

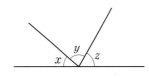

(5) $\angle x : \angle y : \angle z = 4 : 3 : 5$

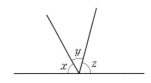

(6) $\angle x : \angle y : \angle z = 7 : 3 : 5$

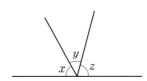

(1) **교각**: 두 직선이 한 점에서 만날 때 생기는 네 개의 각

　➡ $\angle a$, $\angle b$, $\angle c$, $\angle d$

(2) **맞꼭지각**: 교각 중에서 서로 마주 보는 두 각

　➡ $\angle a$와 $\angle c$, $\angle b$와 $\angle d$

(3) **맞꼭지각의 성질**: 맞꼭지각의 크기는 서로 같다.

　참고 위의 그림에서 $\angle a + \angle b = 180°$, $\angle b + \angle c = 180°$이므로

　　　$\angle a + \angle b = \angle b + \angle c$　∴ $\angle a = \angle c$

　　　같은 방법으로 $\angle b = \angle d$임을 알 수 있다.

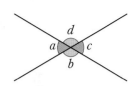

···o **맞꼭지각** o···

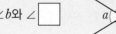

(1) 맞꼭지각

　➡ $\angle a$와 $\angle \boxed{}$, $\angle b$와 $\angle \boxed{}$

(2) 맞꼭지각의 성질

　➡ $\angle \boxed{} = \angle c$, $\angle \boxed{} = \angle d$

01 아래 그림을 보고 다음을 구하시오.

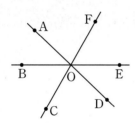

(1) ∠AOF의 맞꼭지각

(2) ∠DOE의 맞꼭지각

(3) ∠BOD의 맞꼭지각

(4) ∠DOF의 맞꼭지각

02 다음 그림에서 x의 값을 구하시오.

(1)
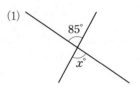

(2)
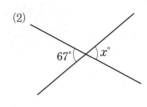

(3)
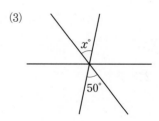

(4)
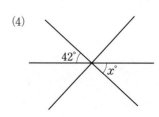

(5)

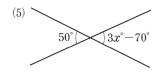

(6)

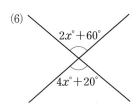

03 다음 그림에서 $\angle x$, $\angle y$의 크기를 차례대로 구하시오.

(1)

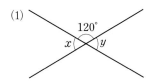

(2)

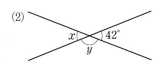

(3)

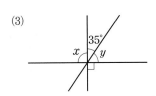

(4)

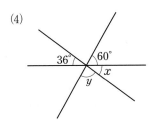

04 다음 그림에서 x의 값을 구하시오.

(1)

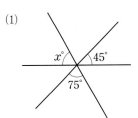

(2)

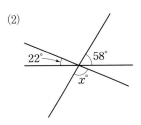

(3)

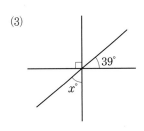

(4)

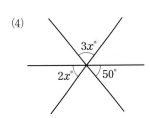

(5)

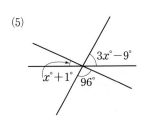

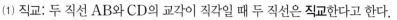

(1) 직교: 두 직선 AB와 CD의 교각이 직각일 때 두 직선은 **직교**한다고 한다.

기호 $\overleftrightarrow{AB} \perp \overleftrightarrow{CD}$ → 두 직선이 직각을 이루며 만남

➡ 직교하는 두 직선은 서로 수직이다. → 두 직선의 교각이 90°

이때 한 직선을 다른 직선의 **수선**이라 한다.
└ 직각으로 만나는 직선

(2) 수직이등분선

선분 AB의 중점 M을 지나면서 선분 AB에 수직인 직선 l을 선분 AB의

수직이등분선이라 한다.

➡ $\overline{AM} = \overline{BM}$, $l \perp \overline{AB}$

(3) 점과 직선 사이의 거리

① 직선 l 위에 있지 않은 점 P에서 직선 l에 수선을 그었을 때 생기는 교점 H를

점 P에서 직선 l에 내린 **수선의 발**이라 한다.

② 점 P와 직선 l 사이의 거리 ➡ $\overline{PH}$: 선분 PH의 길이

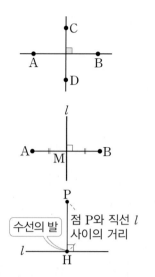

수선의 발

점 P와 직선 l 사이의 거리

·····○ **수직과 수선** ○·······················

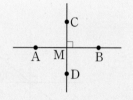

$\overleftrightarrow{AB}$와 $\overleftrightarrow{CD}$의 교각이 직각이다.

① 두 직선은 [　　]한다.

➡ $\overleftrightarrow{AB}$ [　] $\overleftrightarrow{CD}$

② 두 직선은 서로 [　　]이다.

③ $\overleftrightarrow{AB}$는 $\overleftrightarrow{CD}$의 [　　]이다.

④ $\overline{AM} = \overline{BM}$이면 $\overleftrightarrow{CD}$는 $\overline{AB}$의 [　　　　]이다.

01 다음 문장을 기호로 나타내시오.

(1) 두 선분 AB와 CD의 교각이 직각이다.

➡ ....

(2) 두 직선 MN과 OP는 서로 수직이다.

➡ ....

(3) 직선 l은 직선 m의 수선이다.

➡ ....

02 다음 그림에서 □ 안에 알맞은 것을 써넣으시오.

(1)
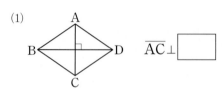

$\overline{AC} \perp$ [　　]

(2)
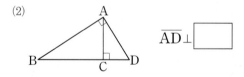

$\overline{AD} \perp$ [　　]

(3)
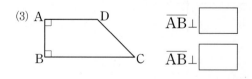

$\overline{AB} \perp$ [　　]

$\overline{AB} \perp$ [　　]

(4)
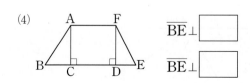

$\overline{BE} \perp$ [　　]

$\overline{BE} \perp$ [　　]

03 오른쪽 그림에서 직선 CD가 선분 AB의 수직이등분선일 때, 다음을 구하시오.

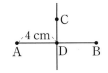

(1) 선분 AB의 수선

(2) ∠CDB의 크기

(3) 선분 BD의 길이

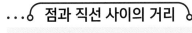
점과 직선 사이의 거리

① 직선 l 위에 있지 않은 점 P에서 직선 l에 수선을 그었을 때 생기는 교점 H ➡ 점 P에서 직선 l에 내린 수선의 ☐

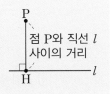
점 P와 직선 l 사이의 거리

② 점 P와 직선 l 사이의 거리 ➡ 선분 ☐의 길이

04 아래 그림과 같이 한 눈금의 길이가 1인 모눈종이 위에 직선 l과 두 점 A, B가 있다. 물음에 답하시오.

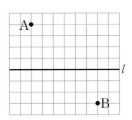

(1) 두 점 A, B에서 직선 l에 내린 수선의 발 C, D를 각각 모눈종이 위에 나타내시오.

(2) 선분 CD의 수직이등분선을 모눈종이 위에 나타내시오.

(3) 두 점 A, B와 직선 l 사이의 거리를 차례대로 구하시오.

05 다음 그림을 보고 ☐ 안에 알맞은 것을 써넣으시오.

(1)
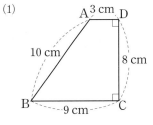

┌ 점 A에서 $\overline{CD}$에 내린 수선의 발 ➡ 점 ☐
└ 점 A와 $\overline{CD}$ 사이의 거리 ➡ ☐ cm
┌ 점 B에서 $\overline{CD}$에 내린 수선의 발 ➡ 점 ☐
└ 점 B와 $\overline{CD}$ 사이의 거리 ➡ ☐ cm

(2)
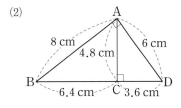

┌ 점 A에서 $\overline{BD}$에 내린 수선의 발 ➡ 점 ☐
└ 점 A와 $\overline{BD}$ 사이의 거리 ➡ ☐ cm
┌ 점 D에서 $\overline{AB}$에 내린 수선의 발 ➡ 점 ☐
└ 점 D와 $\overline{AB}$ 사이의 거리 ➡ ☐ cm

(3)
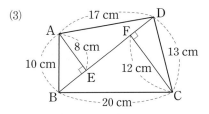

┌ 점 A에서 $\overline{BD}$에 내린 수선의 발 ➡ 점 ☐
└ 점 A와 $\overline{BD}$ 사이의 거리 ➡ ☐ cm
┌ 점 C에서 $\overline{BD}$에 내린 수선의 발 ➡ 점 ☐
└ 점 C와 $\overline{BD}$ 사이의 거리 ➡ ☐ cm

점과 직선, 점과 평면의 위치 관계

(1) 점과 직선의 위치 관계

① 점 A는 직선 l 위에 있다. → 직선 l은 점 A를 지난다.

② 점 B는 직선 l 위에 있지 않다. → 점 B는 직선 l 밖에 있다.

(2) 점과 평면의 위치 관계

① 점 A는 평면 P 위에 있다.

② 점 B는 평면 P 위에 있지 않다. → 점 B는 평면 P 밖에 있다.

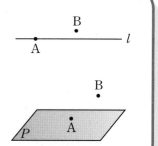

···◁ **점과 직선의 위치 관계** ▷···············

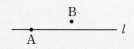

① 직선 l은 점 A를 지난다.

➡ 점 A는 직선 l ☐ 에 있다.

② 직선 l은 점 B를 지나지 않는다.

➡ 점 B는 직선 l 위에 있지 않다.

➡ 점 B는 직선 l ☐ 에 있다.

01 오른쪽 그림을 보고 다음
을 구하시오.

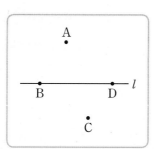

(1) 직선 l 위에 있는 점

(2) 직선 l 위에 있지 않은 점

02 오른쪽 그림을 보고 다음
을 구하시오.

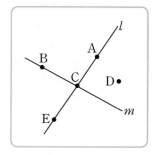

(1) 직선 l 위에 있는 점

(2) 직선 l 위에 있지 않은 점

(3) 직선 m 위에 있는 점

(4) 직선 m 밖에 있는 점

(5) 두 직선 l, m 중 어느 직선 위에도 있지 않은 점

03 그림을 보고 다음 중 옳은 것은 ○, 옳지 않은 것은 ✕를 ( ) 안에 써넣으시오.

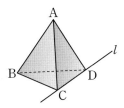

(1) 점 A는 직선 l 위에 있다. ( )

(2) 점 B는 직선 l 위에 있지 않다. ( )

(3) 점 C는 직선 l 위에 있다. ( )

(4) 점 D는 직선 l 위에 있지 않다. ( )

···◦ **점과 평면의 위치 관계** ◦···············

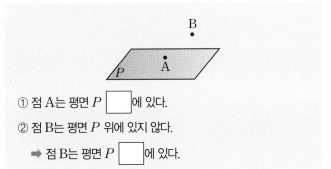

① 점 A는 평면 P [ ]에 있다.

② 점 B는 평면 P 위에 있지 않다.

➡ 점 B는 평면 P [ ]에 있다.

04 오른쪽 그림을 보고 다음 을 구하시오.

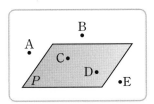

(1) 평면 P 위에 있는 점

(2) 평면 P 위에 있지 않은 점

05 그림을 보고 다음을 구하시오.

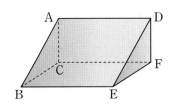

(1) 모서리 AD 위에 있는 꼭짓점

(2) 모서리 BC 위에 있는 꼭짓점

(3) 면 ABC 위에 있는 꼭짓점

(4) 면 BEFC 위에 있지 않은 꼭짓점

(5) 두 꼭짓점 A, B를 모두 포함하는 면

(6) 두 꼭짓점 C, F를 모두 포함하는 면

08 두 직선의 위치 관계

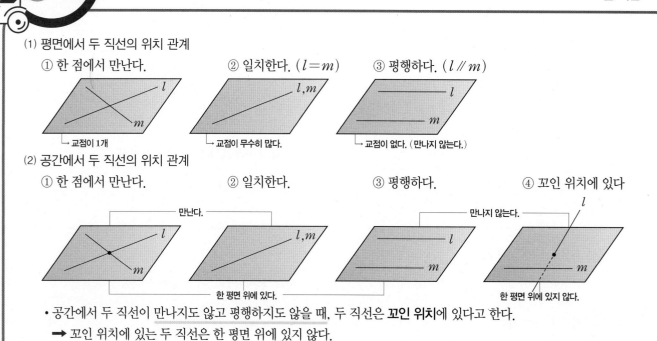

(1) 평면에서 두 직선의 위치 관계
　① 한 점에서 만난다.　　② 일치한다. ($l=m$)　　③ 평행하다. ($l /\!/ m$)

　↳ 교점이 1개　　↳ 교점이 무수히 많다.　　↳ 교점이 없다. (만나지 않는다.)

(2) 공간에서 두 직선의 위치 관계
　① 한 점에서 만난다.　② 일치한다.　③ 평행하다.　④ 꼬인 위치에 있다

　만난다.　　　　　　　　　　만나지 않는다.

　한 평면 위에 있다.　　　　　　　한 평면 위에 있지 않다.

• 공간에서 두 직선이 만나지도 않고 평행하지도 않을 때, 두 직선은 **꼬인 위치**에 있다고 한다.
　➡ 꼬인 위치에 있는 두 직선은 한 평면 위에 있지 않다.

⋯⋯o 평면에서 두 직선의 위치 관계 o⋯⋯⋯⋯

① [　] 점에서 만난다.

② [　]한다.

③ [　]하다.

01 그림과 같은 사각형 ABCD에 대하여 다음 중 옳은 것은 ○, 옳지 않은 것은 ✕를 (　) 안에 써넣으시오.

(1) 변 CD와 변 BC는 한 점에서 만난다.　(　　)

(2) 변 AD와 변 BC는 만나지 않는다.　(　　)

(3) 직선 AB와 직선 CD는 한 점에서 만난다. (　　)

(4) $\overline{AB} /\!/ \overline{CD}$　　　　　　　　　(　　)

(5) $\overline{AD} /\!/ \overline{BC}$　　　　　　　　　(　　)

(6) $\overline{AB} \perp \overline{AD}$　　　　　　　　　(　　)

(7) $\overline{BC} \perp \overline{CD}$　　　　　　　　　(　　)

02 그림과 같은 직사각형에서 각 변을 연장한 직선에 대하여 다음을 구하시오.

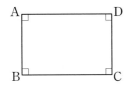

(1) 직선 AB와 한 점에서 만나는 직선

(2) 직선 AB와 평행한 직선

(3) 점 C에서 만나는 두 직선

03 그림과 같은 정육각형에서 각 변을 연장한 직선에 대하여 다음을 구하시오.

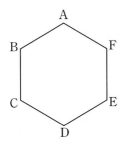

(1) 점 B에서 만나는 두 직선

(2) 직선 CD와 평행한 직선

(3) 직선 DE와 한 점에서 만나는 직선

공간에서 두 직선의 위치 관계

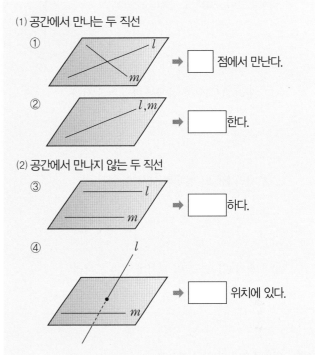

(1) 공간에서 만나는 두 직선
① ➡ [ ] 점에서 만난다.
② ➡ [ ] 한다.

(2) 공간에서 만나지 않는 두 직선
③ ➡ [ ] 하다.
④ ➡ [ ] 위치에 있다.

04 다음과 같은 상황에서 두 직선의 위치 관계로 알맞은 것을 보기 에서 모두 고르시오.

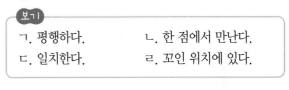

보기
ㄱ. 평행하다.　　ㄴ. 한 점에서 만난다.
ㄷ. 일치한다.　　ㄹ. 꼬인 위치에 있다.

(1) 교점이 0개이다.

(2) 교점이 1개이다.

(3) 교점이 무수히 많다.

(4) 공간에서 두 직선이 한 평면 위에 있다.

(5) 공간에서 두 직선이 만난다.

(6) 공간에서 두 직선이 만나지 않는다.

05 오른쪽 그림과 같은 삼각뿔에서 다음을 모두 구하시오.

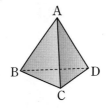

(1) 모서리 AC와 한 점에서 만나는 모서리

(2) 모서리 BC와 평행한 모서리

(3) 모서리 CD와 꼬인 위치에 있는 모서리

06 오른쪽 그림과 같은 사각뿔에서 다음을 모두 구하시오.

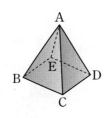

(1) 모서리 AB와 한 점에서 만나는 모서리

(2) 모서리 CD와 한 점에서 만나는 모서리

(3) 모서리 CD와 평행한 모서리

(4) 모서리 AD와 꼬인 위치에 있는 모서리

(5) 모서리 BC와 만나지도 않고 평행하지도 않은 모서리

07 오른쪽 그림과 같은 삼각기둥에서 다음을 모두 구하시오.

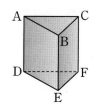

(1) 모서리 AB와 한 점에서 만나는 모서리

(2) 모서리 EF와 한 점에서 만나는 모서리

(3) 모서리 BC와 평행한 모서리

(4) 모서리 CF와 평행한 모서리

(5) 모서리 AC와 꼬인 위치에 있는 모서리

(6) 모서리 BE와 만나지도 않고 평행하지도 않은 모서리

08 오른쪽 그림과 같은 직육면체에서 다음을 모두 구하시오.

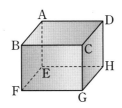

(1) 모서리 BC와 한 점에서 만나는 모서리

(2) 모서리 GH와 한 점에서 만나는 모서리

(3) 모서리 AB와 평행한 모서리

(4) 모서리 BF와 평행한 모서리

(5) 모서리 CD와 꼬인 위치에 있는 모서리

(6) 모서리 AE와 만나지도 않고 평행하지도 않은 모서리

09 오른쪽 그림과 같은 오각기둥에서 각 모서리를 연장한 직선에 대하여 다음을 구하시오.

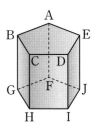

(1) 직선 BG와 한 점에서 만나는 직선의 개수

(2) 직선 BG와 평행한 직선의 개수

(3) 직선 BG와 꼬인 위치에 있는 직선의 개수

(4) 직선 AB와 한 점에서 만나는 직선의 개수

(5) 직선 AB와 평행한 직선의 개수

(6) 직선 AB와 꼬인 위치에 있는 직선의 개수

개념 09 직선과 평면의 위치 관계

1 기본 도형

(1) 공간에서 직선과 평면의 위치 관계

① 한 점에서 만난다.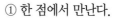

② 포함된다.

③ 평행하다. ($l /\!/ P$)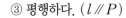

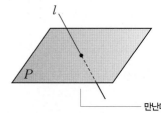

만난다.

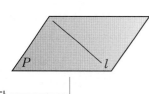

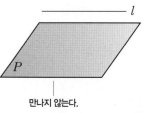

만나지 않는다.

• 공간에서 직선 l과 평면 P가 서로 만나지 않을 때, 직선 l과 평면 P는 평행하다고 한다. **기호** $l /\!/ P$

(2) 직선과 평면의 수직

직선 l이 평면 P와 한 점 H에서 만나고 점 H를 지나는 평면 P 위의 모든 직선과 수직일 때, 직선 l과 평면 P는 서로 수직이다 또는 직교한다고 한다. **기호** $l \perp P$

➡ 직선 l은 평면 P의 수선이고, 점 H는 수선의 발이다.

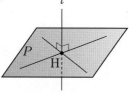

···◦ 직선과 평면의 위치 관계 ◦···············

① ➡ 한 [　　] 에서 만난다.

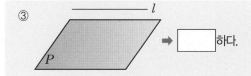

② ➡ [　　] 된다.

③ ➡ [　　] 하다.

01 그림과 같은 삼각뿔에서 다음을 모두 구하시오.

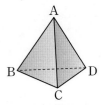

(1) 면 ABC와 한 점에서 만나는 모서리

(2) 면 ABC에 포함되는 모서리

(3) 면 ABC에 평행한 모서리

(4) 모서리 AB와 한 점에서 만나는 면

(5) 모서리 AB를 포함하는 면

(6) 모서리 AB와 평행한 면

02 그림과 같은 직육면체에서 다음을 모두 구하시오.

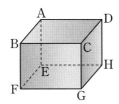

(1) 면 ABCD와 한 점에서 만나는 모서리

(2) 면 ABCD와 수직인 모서리의 개수

(3) 면 ABCD에 포함되는 모서리

(4) 면 ABCD와 평행한 모서리

(5) 모서리 BC와 한 점에서 만나는 면

(6) 모서리 BC와 수직인 면의 개수

(7) 모서리 BC를 포함하는 면

(8) 모서리 BC와 평행한 면

03 그림과 같이 직육면체를 잘라낸 입체도형에서 다음을 모두 구하시오.

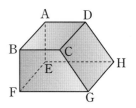

(1) 면 ABFE와 한 점에서 만나는 모서리

(2) 면 EFGH와 수직인 모서리

(3) 면 CGHD에 포함되는 모서리

(4) 면 BFGC와 평행한 모서리

(5) 모서리 CG와 한 점에서 만나는 면

(6) 모서리 CG를 포함하는 면

(7) 모서리 GH와 수직인 면

(8) 모서리 GH와 평행한 면

두 평면의 위치 관계

(1) 공간에서 두 평면의 위치 관계

① 한 직선에서 만난다.　　　② 일치한다.　　　③ 평행하다. ($P /\!/ Q$)

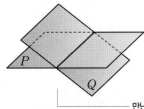　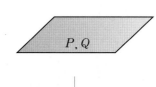　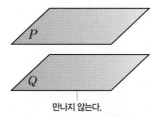

　　　└──── 만난다. ────┘　　　　　　　　만나지 않는다.

• 공간에서 두 평면 P, Q가 서로 만나지 않을 때, 두 평면 P, Q는 평행하다고 한다. **기호** $P /\!/ Q$

(2) 두 평면의 수직

두 평면 P와 Q가 만나고 평면 P가 평면 Q에 수직인 직선 l을 포함할 때,
평면 P와 평면 Q는 서로 수직이다 또는 직교한다고 한다. **기호** $P \perp Q$

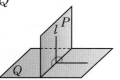

···◖ **두 평면의 위치 관계** ◗···············

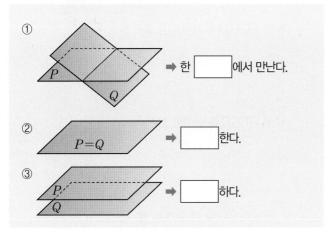

① ➡ 한 ☐ 에서 만난다.

② ➡ ☐ 한다.

③ ➡ ☐ 하다.

01 그림과 같은 삼각기둥에서 다음을 모두 구하시오.

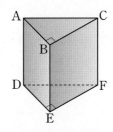

(1) 면 ABC와 한 직선에서 만나는 면

(2) 면 ABC와 수직인 면

(3) 면 ABC와 평행한 면

(4) 면 BEFC와 한 직선에서 만나는 면

(5) 면 BEFC와 수직인 면

(6) 면 BEFC와 평행한 면

(7) 면 ADFC와 수직인 면

(8) 면 ADFC와 평행한 면

02 그림과 같은 직육면체에서 다음을 모두 구하시오.

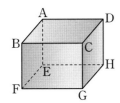

(1) 면 CGHD와 한 직선에서 만나는 면

(2) 면 CGHD와 평행한 면

(3) 면 CGHD와 수직인 면

(4) 모서리 BC를 교선으로 갖는 두 면

03 그림과 같은 오각기둥에서 다음을 모두 구하시오.

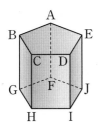

(1) 면 ABCDE와 평행한 면

(2) 면 BGHC와 수직인 면

(3) 면 ABCDE와 면 BGHC의 교선

04 그림과 같이 직육면체를 잘라낸 입체도형에서 다음을 구하시오.

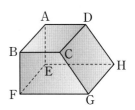

(1) 면 ABCD와 평행한 면의 개수

(2) 면 ABFE와 수직인 면의 개수

(3) 면 EFGH와 수직인 면의 개수

05 그림과 같이 직육면체를 잘라낸 입체도형에서 다음을 구하시오.

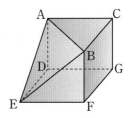

(1) 면 ABC와 평행한 면의 개수

(2) 면 AEB와 수직인 면의 개수

(3) 면 BFGC와 수직인 면의 개수

평행선의 성질

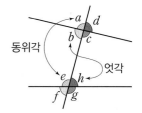

(1) 동위각과 엇각

   ① **동위각**: 두 직선이 다른 한 직선과 만날 때 생기는 각 중에서 서로 같은 위치에 있는 두 각

     ➡ $\angle a$와 $\angle e$, $\angle b$와 $\angle f$, $\angle c$와 $\angle g$, $\angle d$와 $\angle h$ → 총 4쌍

   ② **엇각**: 두 직선이 다른 한 직선과 만날 때 생기는 각 중에서 서로 엇갈린 위치에 있는 두 각

     ➡ $\angle b$와$\angle h$, $\angle c$와$\angle e$ → 총 2쌍

(2) 평행선과 동위각

   직선 l, m이 한 직선과 만날 때

   ① 두 직선이 평행하면 동위각의 크기는 서로 같다. ➡ $l /\!/ m$이면 $\angle a = \angle b$

   ② 동위각의 크기가 서로 같으면 두 직선은 평행하다. ➡ $\angle a = \angle b$이면 $l /\!/ m$

(3) 평행선과 엇각

   직선 l, m이 한 직선과 만날 때

   ① 두 직선이 평행하면 엇각의 크기는 서로 같다. ➡ $l /\!/ m$이면 $\angle c = \angle d$

   ② 엇각의 크기가 서로 같으면 두 직선은 평행하다. ➡ $\angle c = \angle d$이면 $l /\!/ m$

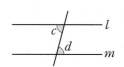

참고 두 직선이 평행할 때만 동위각과 엇각의 크기가 각각 같다.

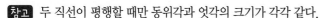

.....⌐ **동위각과 엇각** ⌐ ....

> 두 직선이 다른 한 직선과 만날 때 생기는 각 중에서
>
> 서로 같은 위치에 있는 두 각을 [   ],
>
> 서로 엇갈린 위치에 있는 두 각을 [   ]이라 한다.

01 그림과 같이 세 직선이 만날 때, 다음을 구하시오.

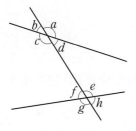

(1) $\angle a$의 동위각

(2) $\angle b$의 동위각

(3) $\angle c$의 동위각

(4) $\angle d$의 동위각

(5) $\angle e$의 엇각

(6) $\angle f$의 엇각

(7) $\angle g$의 엇각

02 그림과 같이 세 직선이 만날 때, 다음을 구하시오.

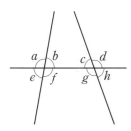

(1) ∠*a*의 동위각

(2) ∠*b*의 동위각

(3) ∠*g*의 동위각

(4) ∠*h*의 동위각

(5) ∠*b*의 엇각

(6) ∠*f*의 엇각

03 오른쪽 그림과 같이 세 직선이 만날 때, □ 안에 알맞은 것을 써넣으시오.

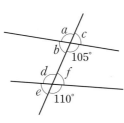

(1) ∠*d*의 동위각은 ∠□이다.

➡ ∠*a* =□° (맞꼭지각)

(2) ∠*b*의 엇각은 ∠□이다.

➡ ∠*f* = 180° − □° = □°

04 오른쪽 그림과 같이 세 직선이 만날 때, □ 안에 알맞은 것을 써넣으시오.

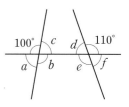

(1) ∠*b*의 동위각은 ∠□이다.

➡ ∠*f* = 180° − □° = □°

(2) ∠*c*의 엇각은 ∠□이다.

➡ ∠*e* = □° (맞꼭지각)

05 오른쪽 그림과 같이 세 직선이 만날 때, 다음 각의 크기를 구하시오.

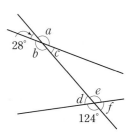

(1) ∠*a*의 동위각

(2) ∠*c*의 동위각

(3) ∠*d*의 엇각

(4) ∠*e*의 엇각

06 오른쪽 그림과 같이 세 직선이 만날 때, 다음 각의 크기를 구하시오.

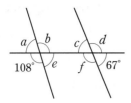

(1) ∠a의 동위각

(2) ∠b의 동위각

(3) ∠c의 엇각

(4) ∠f의 엇각

....◦ **평행선과 동위각, 엇각** ◦.................

서로 다른 두 직선이 한 직선과 만날 때

① 두 직선이 평행하면 동위각의 크기는 서로 ☐ .

② 두 직선이 평행하면 엇각의 크기는 서로 ☐ .

07 다음 그림에서 $l /\!/ m$일 때, ∠a, ∠b의 크기를 구하시오.

(1)

➡ ∠a=☐°

∠b=☐°

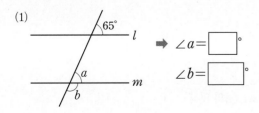

(2)
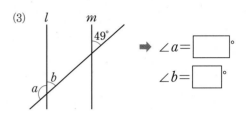
➡ ∠a=☐°

∠b=☐°

(3)
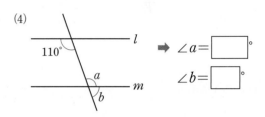
➡ ∠a=☐°

∠b=☐°

(4)
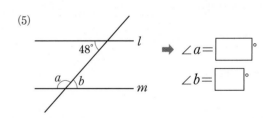
➡ ∠a=☐°

∠b=☐°

(5)
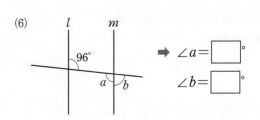
➡ ∠a=☐°

∠b=☐°

(6)
➡ ∠a=☐°

∠b=☐°

(7)
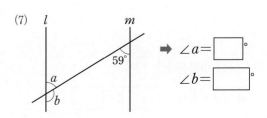
➡ ∠a=☐°

∠b=☐°

08 다음 그림에서 $l /\!/ m$일 때, $\angle a$, $\angle b$의 크기를 차례대로 구하시오.

(1)
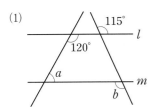

(2)
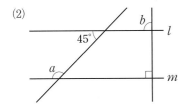

(3)
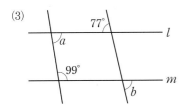

(4)
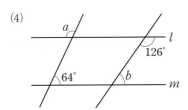

(5)
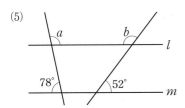

(6)
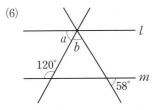

(7)
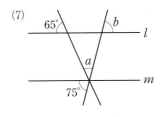

(8)
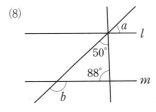

(9)
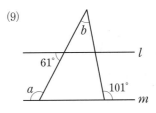

(10)
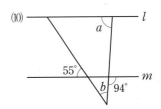

서로 다른 두 직선이 한 직선과 만날 때

① 동위각의 크기가 서로 같으면 두 직선은 [　　]하다.

② 엇각의 크기가 서로 같으면 두 직선은 [　　]하다.

09 다음 그림을 보고 두 직선 l, m이 서로 평행한 것은 ○, 평행하지 않은 것은 ✕를 (　) 안에 써넣으시오.

(1)
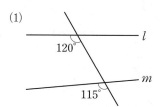
(　　)

(2)
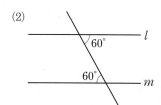
(　　)

(3)
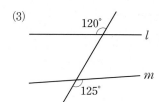
(　　)

(4)
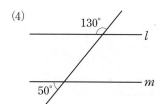
(　　)

(5)
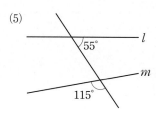
(　　)

(6)
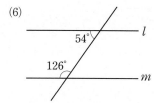
(　　)

10 다음 그림에서 평행한 두 직선을 찾아 기호로 나타내시오.

(1)
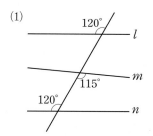

(2)
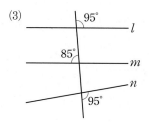

(3)

(4)
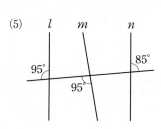

(5)

⟨ 평행선과 꺾인 직선 ⟩ · · · · · · · · · · · · · · · · · · ·

평행선 l, m 사이에서 직선이 꺾인 경우
꺾인 점을 지나고 평행선에 평행한 직선을 긋는다.

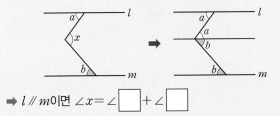

➡ $l /\!/ m$이면 $\angle x = \angle \boxed{} + \angle \boxed{}$

11 다음 그림에서 $l /\!/ m$일 때, $\angle x$의 크기를 구하시오.

(1)
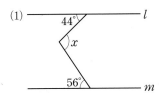

(2)
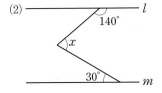

(3)
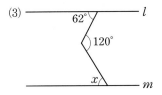

(4)
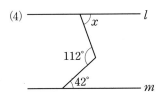

(5)
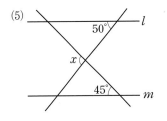

(6)
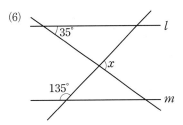

(7)
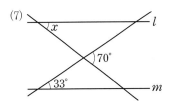

(8)
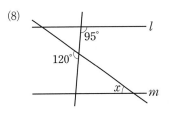

12 다음 그림에서 $l /\!/ m$일 때, $\angle x$의 크기를 구하시오.

(1)
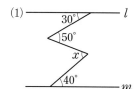

(2)
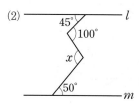

(3)
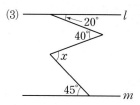

(4)
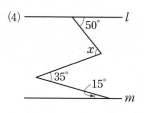

(5)
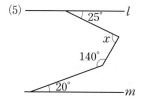

(6)
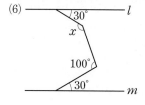

(7)
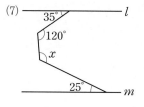

(8)
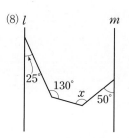

직사각형 종이 접기

직사각형 모양의 종이를 접으면

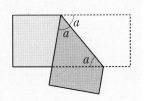

① ☐☐☐ 각의 크기가 같다.

② ☐☐ 각의 크기가 같다.

13 다음 그림은 직사각형 모양의 종이를 접은 것이다. ∠x의 크기를 구하시오.

(1)
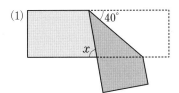

(2)
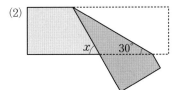

(3)
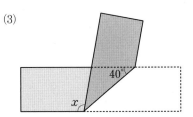

(4)
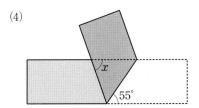

(5)
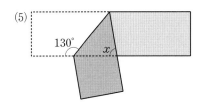

(6)
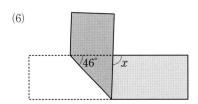

(7)
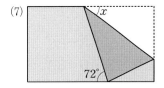

(8)
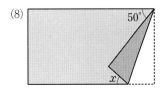

(9)
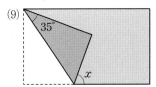

01 오른쪽 그림과 같은 입체도형에서 교점의 개수를 a, 교선의 개수를 b라 할 때, $a+b$의 값은?

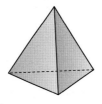

① 8   ② 9   ③ 10
④ 11   ⑤ 12

02 오른쪽 그림과 같이 직선 위에 세 점 A, B, C가 있다. 다음 중 옳지 <u>않은</u> 것을 모두 고르면?

(정답 2개)

① $\overleftrightarrow{AB}=\overleftrightarrow{AC}$ ② $\overrightarrow{AB}=\overrightarrow{BC}$
③ $\overrightarrow{AB}=\overrightarrow{AC}$ ④ $\overline{AB}=\overline{BA}$
⑤ $\overline{BC}=\overline{CB}$

03 오른쪽 그림과 같이 반원 위에 네 점 A, B, C, D가 있다. 이 중 두 점을 지나는 서로 다른 직선의 개수를 a, 선분의 개수를 b라 할 때, ab의 값을 구하시오.

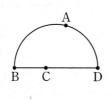

04 다음 그림에서 점 M은 $\overline{AB}$의 중점이고, 점 N은 $\overline{BC}$의 중점이다. $\overline{MN}=3\,\text{cm}$일 때, $\overline{AC}$의 길이를 구하시오.

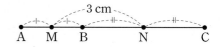

05 오른쪽 그림을 보고 다음 중 옳은 것을 모두 고르면?

(정답 2개)

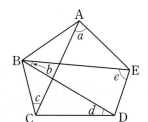

① $\angle a=\angle\text{CAE}$
② $\angle b=\angle\text{ABD}$
③ $\angle c=\angle\text{CAB}$
④ $\angle d=\angle\text{CDB}$
⑤ $\angle e=\angle\text{DEA}$

06 오른쪽 그림에서 x의 값을 구하시오.

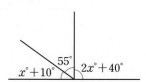

07 다음 그림에서 $x-y$의 값은?

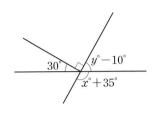

① 10　　② 15　　③ 20
④ 25　　⑤ 30

08 오른쪽 그림에서 점 A에서 $\overline{CE}$에 내린 수선의 발과 점 C에서 $\overline{DE}$에 내린 수선의 발을 차례대로 구하시오.

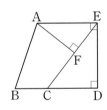

09 오른쪽 그림과 같은 정팔각형에서 각 변을 연장한 직선에 대하여 직선 AB와 한 점에서 만나는 직선의 개수는?

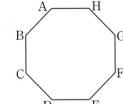

① 2　　② 3
③ 4　　④ 5
⑤ 6

10 오른쪽 그림은 직육면체를 세 꼭짓점 A, F, C를 지나는 평면으로 자르고 남은 입체도형이다. 모서리 FG와 꼬인 위치에 있는 모서리의 개수를 a, 면 AEHD와 평행한 모서리의 개수를 b라 할 때, $a-b$의 값을 구하시오.

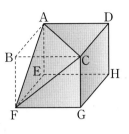

11 오른쪽 그림에서 $\angle a$의 동위각과 $\angle e$의 엇각의 크기의 합은?

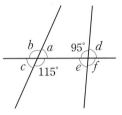

① 140°　　② 145°
③ 150°　　④ 155°
⑤ 160°

12 오른쪽 그림에서 $l /\!/ m$일 때, $x-y$의 값을 구하시오.

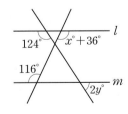

간단한 도형의 작도

(1) 작도: 눈금 없는 자와 컴퍼스만을 사용하여 도형을 그리는 것

　┌ 눈금 없는 자 ➡ 두 점을 이어 선분을 그리거나 선분을 연장하는 데 사용

　└ 컴퍼스 ➡ 원을 그리거나 선분의 길이를 재어 옮기는 데 사용

(2) 길이가 같은 선분의 작도: $\overline{AB}$와 길이가 같은 선분은 다음과 같이 작도할 수 있다.

　① 직선 l을 그리고 한 점 C를 잡는다.

　② $\overline{AB}$의 길이를 잰다.

　③ 점 C를 중심으로 하고 반지름의 길이가 $\overline{AB}$인 원을 그려 직선 l과 만나는 점을 D라 한다. ➡ $\overline{AB}=\overline{CD}$

 ➡  ➡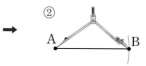

(3) 크기가 같은 각의 작도: ∠XOY와 크기가 같고 $\overrightarrow{PQ}$를 한 변으로 하는 각은 다음과 같이 작도할 수 있다.

　① 점 O를 중심으로 하는 원을 그리고 $\overrightarrow{OX}$, $\overrightarrow{OY}$와의 교점을 각각 A, B라 한다.

　② 점 P를 중심으로 하고 반지름의 길이가 $\overline{OA}$인 원을 그려 $\overrightarrow{PQ}$와의 교점을 C라 한다.

　③ $\overline{AB}$의 길이를 잰다.

　④ 점 C를 중심으로 하고 반지름의 길이가 $\overline{AB}$인 원을 그려 ②에서 그린 원과의 교점을 D라 하고, $\overrightarrow{PD}$를 그린다.

　　➡ ∠XOY＝∠DPC

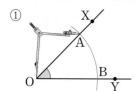 ➡  ➡ 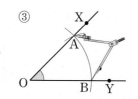 ➡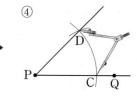

···◖ 작도 ◗·······················

눈금 없는 자와 컴퍼스만을 사용하여 도형을 그리는 것을 [　　] 라 한다.

┌ 눈금 없는 자 ➡ [　　]을 그리거나 연장하는 데 사용

└ 컴퍼스 ➡ 원을 그리거나 선분의 [　　]를 재어 옮기는 데 사용

01 다음 작도에 대한 설명 중 옳은 것은 ◯, 옳지 않은 것은 ✕ 를 (　) 안에 써넣으시오.

(1) 작도를 할 때는 눈금 없는 자와 각도기를 사용한다.
　　　　　　　　　　　　　　　　(　　)

(2) 두 점을 지나는 직선을 그릴 때 눈금 없는 자를 사용한다. (　　)

(3) 선분의 길이를 연장할 때 눈금 없는 자를 사용한다.
　　　　　　　　　　　　　　　　(　　)

(4) 두 선분의 길이를 비교할 때 눈금 없는 자를 사용한다.
　　　　　　　　　　　　　　　　(　　)

(5) 선분의 길이를 다른 직선 위에 옮길 때 컴퍼스를 사용한다. (　　)

(6) 크기가 같은 각을 작도할 때는 각도기를 사용한다.
　　　　　　　　　　　　　　　　(　　)

02

다음은 선분 AB와 길이가 같은 선분 CD를 작도하는 과정이다. □ 안에 알맞은 것을 써넣으시오.

❶ 눈금 없는 자를 사용하여 직선을 긋고 그 위에 점 □를 잡는다.

❷ 컴퍼스를 사용하여 □의 길이를 잰다.

❸ 점 □를 중심으로 하고 반지름의 길이가 선분 AB인 원을 그려 직선과 만나는 점을 □라 하면 선분 CD가 작도된다.

03

다음은 선분 AB를 한 변으로 하는 정삼각형 ABC를 작도하는 과정이다. □ 안에 알맞은 것을 써넣으시오.

❶ □를 사용하여 두 점 A, B를 중심으로 하고 반지름의 길이가 □인 원을 각각 그려 이 두 원이 만나는 점을 □라 한다.

❷ □를 사용하여 선분 AC, 선분 BC를 그리면 정삼각형 ABC가 작도된다.

04

다음은 각 XOY와 크기가 같은 각을 작도하는 과정이다. □ 안에 알맞은 것을 써넣으시오.

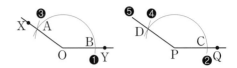

❶ 점 O를 중심으로 하는 원을 그려 두 반직선 OX, OY와 만나는 점을 각각 □, □라 한다.

❷ 점 P를 중심으로 하고 반지름의 길이가 $\overline{OA}$인 원을 그려 반직선 PQ와 만나는 점을 □라 한다.

❸ □를 사용하여 $\overline{AB}$의 길이를 잰다.

❹ 점 □를 중심으로 하고 반지름의 길이가 $\overline{AB}$인 원을 그려 ❷에서 그린 원과 만나는 점을 □라 한다.

❺ 반직선 PD를 그리면 각 DPC가 작도된다.

05

다음 그림은 각 XOY와 크기가 같고 반직선 PQ를 한 변으로 하는 각을 작도한 것이다. □ 안에 알맞은 것을 써넣으시오.

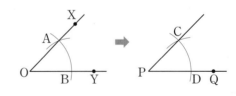

(1) $\overline{OA} = \overline{OB} = \boxed{} = \boxed{}$

(2) $\overline{AB} = \boxed{}$

(3) $\angle AOB = \boxed{}$

06 다음은 직선 l 위에 있지 않은 한 점 P를 지나고 직선 l에 평행한 직선을 작도하는 과정이다. □ 안에 알맞은 것을 써넣으시오.

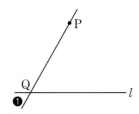
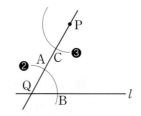
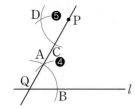
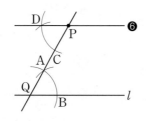

❶ 점 P를 지나는 직선을 그려 직선 l과 만나는 점을 □라 한다.

❷ 점 Q를 중심으로 하는 적당한 크기의 원을 그려 직선 PQ, 직선 l과 만나는 점을 각각 □, □라 한다.

❸ 점 P를 중심으로 하고 반지름의 길이가 $\overline{QA}$인 원을 그려 직선 PQ와 만나는 점을 C라 한다.

❹ □를 사용하여 $\overline{AB}$의 길이를 잰다.

❺ 점 C를 중심으로 하고 반지름의 길이가 $\overline{AB}$인 원을 그려 ❸에서 그린 원과 만나는 점을 □라 한다.

❻ 두 점 P, D를 지나는 직선 PD를 그리면 직선 l과 평행한 직선이 작도된다.

07 직선 l 위에 있지 않은 한 점 P를 지나고 직선 l과 평행한 직선 m을 작도한 다음 그림을 보고 □ 안에 알맞은 것을 써넣으시오.

(1)
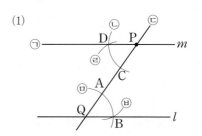

➡ □의 크기가 같으면 두 직선은 서로 평행하다는 성질을 이용한 것이다.

➡ 작도 순서는 다음과 같다.

ⓒ → □ → □ → □ → □ → ㉠

(2)
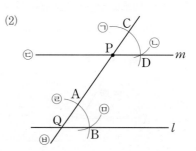

➡ □의 크기가 같으면 두 직선은 서로 평행하다는 성질을 이용한 것이다.

➡ 작도 순서는 다음과 같다.

□ → □ → ㉠ → □ → □ → ⓒ

13 삼각형

(1) 삼각형: ABC ➡ 기호 △ABC → △ABC는 삼각형 ABC를 나타내기도 하고, 삼각형 ABC의 넓이를 나타내기도 한다.

① 대변: 한 각과 마주 보는 변

② 대각: 한 변과 마주 보는 각

예 ∠A의 대변은 변 BC이고, 변 BC의 대각은 ∠A이다.

참고 ・ △ABC에서 ∠A, ∠B, ∠C의 대변의 길이를 각각 a, b, c로 나타낸다.

・삼각형의 세 변과 세 각을 삼각형의 6요소라 한다.

(2) 삼각형과 세 변의 길이 사이의 관계

삼각형의 한 변의 길이는 나머지 두 변의 길이의 합보다 작다. ➡ $a<b+c$, $b<c+a$, $c<a+b$

참고 세 변의 길이가 주어질 때, 삼각형이 될 수 있는 조건 ➡ (가장 긴 변의 길이) < (나머지 두 변의 길이의 합)

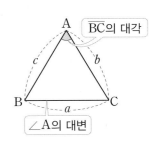

BC의 대각

∠A의 대변

····◦ **삼각형의 대변과 대각** ◦····················

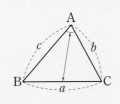

① ∠A와 마주 보는 변 BC를

∠A의 [ ]이라 한다.

② 변 BC와 마주 보는 ∠A를

변 BC의 [ ]이라 한다.

01 오른쪽 그림과 같은 △ABC에 대하여 다음을 구하시오.

(1) ∠A의 대변

(2) ∠B의 대변

(3) ∠C의 대변

(4) $\overline{AB}$의 대각

(5) $\overline{BC}$의 대각

(6) $\overline{AC}$의 대각

---

02 오른쪽 그림과 같은 △ABC에 대하여 다음을 구하시오.

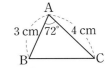

(1) ∠B의 대변의 길이

(2) ∠C의 대변의 길이

(3) $\overline{BC}$의 대각의 크기

03 오른쪽 그림과 같은 △ABC에 대하여 다음을 구하시오.

(1) ∠A의 대변의 길이

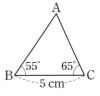

(2) $\overline{AB}$의 대각의 크기

(3) $\overline{AC}$의 대각의 크기

(4) $\overline{BC}$의 대각의 크기

삼각형의 세 변의 길이 사이에는 다음과 같은 관계가 성립한다.

$$\left(\begin{array}{c}\text{삼각형의}\\\text{한 변의 길이}\end{array}\right)\bigcirc\left(\begin{array}{c}\text{나머지 두 변의}\\\text{길이의 합}\end{array}\right)$$

➡ 삼각형의 세 변의 길이가 a, b, c일 때

$$a\bigcirc b+c, \quad b\bigcirc c+a, \quad c\bigcirc a+b$$

04 다음 중 삼각형의 세 변의 길이가 될 수 있는 것은 ○, 될 수 없는 것은 ✕를 ( ) 안에 써넣으시오.

(1) 4 cm, 5 cm, 6 cm   (   )

(2) 2 cm, 7 cm, 10 cm   (   )

(3) 2 cm, 4 cm, 5 cm   (   )

(4) 6 cm, 6 cm, 15 cm   (   )

(5) 3 cm, 3 cm, 3 cm   (   )

(6) 10 cm, 10 cm, 12 cm   (   )

(7) 7 cm, 8 cm, 15 cm   (   )

05 다음은 삼각형의 세 변의 길이가 각각 6 cm, 7 cm, x cm일 때, x의 값의 범위를 구하는 과정이다. □ 안에 알맞은 수를 써넣으시오.

(ⅰ) 가장 긴 변의 길이가 7 cm일 때
$$7<\boxed{}+x \text{에서} \boxed{}<x$$

(ⅱ) 가장 긴 변의 길이가 x cm일 때
$$x<6+\boxed{} \text{에서} x<\boxed{}$$

따라서 x의 값의 범위는 $\boxed{}<x<\boxed{}$

06 삼각형의 세 변의 길이가 다음과 같을 때 x의 값의 범위를 구하시오.

(1) 3 cm, 5 cm, x cm

(2) 4 cm, 7 cm, x cm

(3) 5 cm, 5 cm, x cm

(4) 2 cm, 8 cm, x cm

(5) x cm, $(x+1)$ cm, $(x+3)$ cm

(6) x cm, $(x-1)$ cm, $(x+4)$ cm

개념
14 삼각형의 작도

(1) 삼각형의 작도

① 세 변의 길이가 주어질 때 → 단, (가장 긴 변의 길이) < (나머지 두 변의 길이의 합) 이어야 한다.

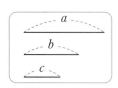 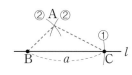 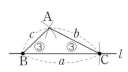

① 직선 l을 긋고, 그 위에 길이가 a인 $\overline{BC}$를 작도한다.
② 점 B를 중심으로 하고 반지름의 길이가 c인 원을 그리고, 점 C를 중심으로 하고 반지름의 길이가 b인 원을 그려 그 교점을 A라 한다.
③ $\overline{AB}$, $\overline{AC}$를 그으면 $\triangle ABC$가 그려진다.

② 두 변의 길이와 그 끼인각의 크기가 주어질 때 → 단, 각은 두 변의 끼인각의 크기가 주어져야 한다.

 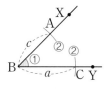 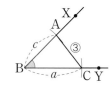

① $\angle B$와 크기가 같은 $\angle XBY$를 작도한다.
② $\overrightarrow{BY}$ 위에 길이가 a인 점 C를 잡고, $\overrightarrow{BX}$ 위에 길이가 c인 점 A를 잡는다.
③ $\overline{AC}$를 그으면 $\triangle ABC$가 그려진다.

③ 한 변의 길이와 그 양 끝 각의 크기가 주어질 때 → 단, 양 끝 각의 크기의 합이 $180°$ 미만이어야 한다.

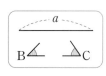 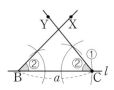 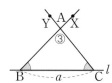

① 직선 l을 긋고, 그 위에 길이가 a인 $\overline{BC}$를 작도한다.
② $\angle B$와 크기가 같은 $\angle XBC$를 작도하고, $\angle C$와 크기가 같은 $\angle YCB$를 작도한다.
③ $\overrightarrow{BX}$와 $\overrightarrow{CY}$의 교점을 A라 하면 $\triangle ABC$가 그려진다.

(2) 삼각형이 하나로 정해지는 조건
① 세 변의 길이가 주어질 때
② 두 변의 길이와 그 끼인각의 크기가 주어질 때
③ 한 변의 길이와 그 양 끝 각의 크기가 주어질 때

····◁ **삼각형의 작도** ▷············

① ☐ 변의 길이가 주어질 때

⇒

② ☐ 변의 길이와 그 ☐의 크기가 주어질 때

⇒

③ ☐ 변의 길이와 그 ☐의 크기가 주어질 때

⇒

01 다음은 세 변의 길이가 a, b, c인 삼각형 ABC를 작도하는 과정이다. ☐ 안에 알맞은 것을 써넣으시오.

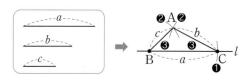

❶ 직선 l을 긋고, ☐가 같은 선분의 작도를 이용하여 직선 l 위에 길이가 ☐인 선분 BC를 작도한다.

❷ 점 B를 중심으로 하고 반지름의 길이가 ☐인 원을 그리고, 점 C를 중심으로 하고 반지름의 길이가 ☐인 원을 그려 그 교점을 ☐라 한다.

❸ 선분 AB, 선분 AC를 그으면 $\triangle ABC$가 작도된다.

02 다음은 두 변의 길이가 a, c이고 그 끼인각의 크기가 $\angle$B 인 삼각형 ABC를 작도하는 과정이다. □ 안에 알맞은 것을 써넣으시오.

❶ ⬜가 같은 각의 작도를 이용하여 $\angle$B와 크기가 같은 $\angle$⬜를 작도한다.

❷ 반직선 BY 위에 길이가 ⬜인 점 C를 잡고, 반직선 BX 위에 길이가 ⬜인 점 A를 잡는다.

❸ 선분 AC를 그으면 $\triangle$ABC가 작도된다.

03 다음은 한 변의 길이가 a이고 그 양 끝 각의 크기가 $\angle$B, $\angle$C인 삼각형 ABC를 작도하는 과정이다. □ 안에 알맞은 것을 써넣으시오.

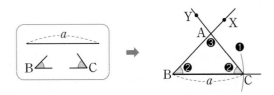

❶ 직선 l을 긋고, 길이가 같은 ⬜의 작도를 이용하여 직선 l 위에 길이가 ⬜인 선분 BC를 작도한다.

❷ 크기가 같은 ⬜의 작도를 이용하여 $\angle$⬜와 크기가 같은 $\angle$XBC를 작도하고, $\angle$⬜와 크기가 같은 $\angle$YCB를 작도한다.

❸ 반직선 BX와 반직선 CY의 교점을 ⬜라 하면 $\triangle$ABC가 작도된다.

··· 삼각형이 하나로 정해지는 조건 ···

다음과 같은 경우에 삼각형의 모양과 크기가 하나로 정해진다.

① ⬜ 변의 길이가 주어질 때

② 두 변의 길이와 그 ⬜의 크기가 주어질 때

③ 한 변의 길이와 그 ⬜의 크기가 주어질 때

04 다음과 같은 조건이 주어질 때 $\triangle$ABC가 하나로 정해지는 것은 ○, 하나로 정해지지 않는 것은 ✕를 ( ) 안에 써넣으시오.

(1) $\overline{AB}=7$ cm, $\overline{BC}=13$ cm, $\overline{CA}=9$ cm ( )

(2) $\angle A=43°$, $\angle B=80°$, $\angle C=57°$ ( )

(3) $\overline{AB}=6$ cm, $\angle B=81°$, $\overline{BC}=2$ cm ( )

(4) $\overline{AB}=7$ cm, $\angle A=95°$, $\angle B=95°$ ( )

(5) $\overline{BC}=9$ cm, $\angle B=59°$, $\angle C=39°$ ( )

(6) $\angle A=56°$, $\overline{BC}=3$ cm, $\overline{CA}=5$ cm ( )

(7) $\overline{AB}=8$ cm, $\overline{BC}=3$ cm, $\overline{CA}=5$ cm ( )

(8) $\angle A=28°$, $\angle B=50°$, $\overline{CA}=4$ cm ( )

05 오른쪽 그림과 같은 △ABC에서 다음 조건이 추가되었을 때 △ABC가 하나로 정해지는 것은 ○, 하나로 정해지지 않는 것은 ×를 ( ) 안에 써넣으시오.

(1) a, b　　　　　　　　( )

(2) a, c　　　　　　　　( )

(3) ∠A, c (단, ∠A<100°)　　( )

06 오른쪽 그림과 같은 △ABC에서 다음 조건이 추가되었을 때 △ABC가 하나로 정해지는 것은 ○, 하나로 정해지지 않는 것은 ×를 ( ) 안에 써넣으시오.

(1) a, b　　　　　　　　( )

(2) b, c　　　　　　　　( )

(3) ∠A, ∠B (단, ∠A+∠B=85°)　( )

(4) b, ∠B (단, ∠B<85°)　　( )

07 오른쪽 그림과 같은 △ABC에서 다음 조건이 추가되었을 때 △ABC가 하나로 정해지는 것은 ○, 하나로 정해지지 않는 것은 ×를 ( ) 안에 써넣으시오. (단, c<5<b)

(1) b, c (단, b<c+5)　　　( )

(2) ∠A, b (단, ∠A<180°)　　( )

(3) ∠B, ∠C (단, ∠B+∠C<180°)　( )

08 오른쪽 그림과 같은 △ABC에서 다음 조건이 추가되었을 때 △ABC가 하나로 정해지는 것은 ○, 하나로 정해지지 않는 것은 ×를 ( ) 안에 써넣으시오. (단, a<b<8)

(1) a, b (단, 8>a+b)　　( )

(2) a, ∠B　　　　　　　( )

(3) b, ∠C　　　　　　　( )

(4) ∠B, ∠C (단, ∠B+∠C<180°)　( )

15 삼각형의 합동

(1) 도형의 합동

① 합동: 모양과 크기가 같아서 포개었을 때 완전히 겹치는 두 도형을 서로 **합동**이라 한다.

기호 ≡

참고 기호를 사용하여 합동을 나타낼 때는 두 도형의 대응하는 꼭짓점의 순서를 맞추어 쓴다.

② 대응: 합동인 두 도형에서 포개어지는 꼭짓점과 꼭짓점, 변과 변, 각과 각은 서로 **대응**한다고 한다.

• 대응점: 서로 대응하는 꼭짓점

• 대응변: 서로 대응하는 변

• 대응각: 서로 대응하는 각

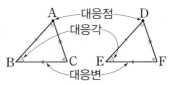

$\triangle ABC \equiv \triangle DEF$

(2) 합동인 도형의 성질

① 대응하는 변의 길이가 서로 같다. ② 대응하는 각의 크기가 서로 같다.

(3) 삼각형의 합동 조건

두 삼각형 ABC, DEF는 다음의 각 경우에 서로 합동이다.

① 대응하는 세 변의 길이가 각각 같을 때

➡ SSS 합동

➡ $\overline{AB}=\overline{DE}$, $\overline{BC}=\overline{EF}$, $\overline{CA}=\overline{FD}$

② 대응하는 두 변의 길이가 각각 같고 그 끼인각의 크기가 같을 때

➡ SAS 합동

➡ $\overline{AB}=\overline{DE}$, $\angle B=\angle E$, $\overline{BC}=\overline{EF}$

③ 대응하는 한 변의 길이가 같고 그 양 끝 각의 크기가 각각 같을 때

➡ ASA 합동

➡ $\angle B=\angle E$, $\overline{BC}=\overline{EF}$, $\angle C=\angle F$

참고 삼각형의 합동 조건에서 S는 변(Side), A는 각(Angle)을 뜻한다.

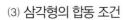

합동과 대응

① [　　　] 과 [　　　] 가 같아서 포개었을 때 완전히 겹치는 두 도형을 합동이라 한다.

② 합동인 두 도형에서 포개어지는 꼭짓점과 꼭짓점, 변과 변, 각과 각은 서로 [　　　] 한다고 한다.

01 다음 중 두 도형이 합동인 것은 ○, 합동이 아닌 것은 ✕를 (　) 안에 써넣으시오.

(1) 한 변의 길이가 같은 두 사각형　　　　(　　)

(2) 한 변의 길이가 같은 두 정삼각형　　　　(　　)

(3) 한 변의 길이가 같은 두 마름모　　　　(　　)

(4) 반지름의 길이가 같은 두 원　　　　(　　)

(5) 넓이가 같은 두 삼각형　　　　(　　)

(6) 넓이가 같은 두 정사각형　　　　(　　)

02 다음 그림에서 합동인 도형을 찾아 □ 안에 알맞은 것을 써 넣으시오.

(1)
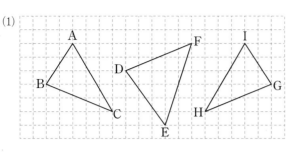

$$\triangle ABC \equiv \triangle \boxed{}$$

(2)
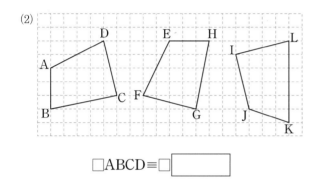

$$\square ABCD \equiv \square \boxed{}$$

03 아래 그림의 합동인 두 삼각형 ABC와 EFD에 대하여 다음을 구하시오.

(1) 점 A의 대응점

(2) $\overline{AB}$의 대응변

(3) ∠C의 대응각

04 아래 그림의 합동인 두 사각형 ABCD와 HEFG에 대하여 다음을 구하시오.

(1) 점 B의 대응점

(2) 점 C의 대응점

(3) $\overline{AB}$의 대응변

(4) $\overline{CD}$의 대응변

(5) ∠A의 대응각

(6) ∠D의 대응각

···◖ **합동인 도형의 성질** ◗···················

합동인 두 도형은

① 대응하는 변의 □ 가 서로 같다.

② 대응하는 각의 □ 가 서로 같다.

05 아래 그림에서 △ABC≡△DEF일 때, 다음을 구하시오.

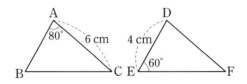

(1) $\overline{AB}$의 길이

(2) $\overline{DF}$의 길이

(3) ∠B의 크기

(4) ∠D의 크기

06 아래 그림에서 □ABCD≡□GHEF일 때, 다음을 구하시오.

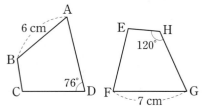

(1) $\overline{AD}$의 길이

(2) $\overline{GH}$의 길이

(3) ∠B의 크기

(4) ∠F의 크기

⋯⋯o **삼각형의 합동 조건** o⋯⋯⋯⋯⋯⋯⋯

① 대응하는 세 변의 길이가 각각 같을 때 ➡ [   ] 합동

② 대응하는 두 변의 길이가 각각 같고

  그 끼인각의 크기가 같을 때 ➡ [   ] 합동

③ 대응하는 한 변의 길이가 같고

  그 양 끝 각의 크기가 각각 같을 때 ➡ [   ] 합동

07 다음 그림의 두 삼각형이 합동일 때, □ 안에 알맞은 것을 써넣으시오.

(1)
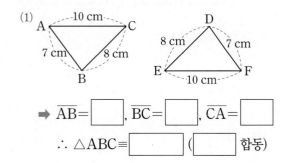

➡ $\overline{AB}=$[   ], $\overline{BC}=$[   ], $\overline{CA}=$[   ]

∴ △ABC≡[   ] ([   ] 합동)

(2)
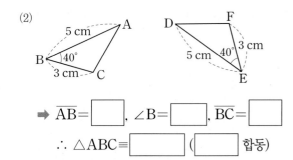

➡ $\overline{AB}=$[   ], ∠B=[   ], $\overline{BC}=$[   ]

∴ △ABC≡[   ] ([   ] 합동)

(3)
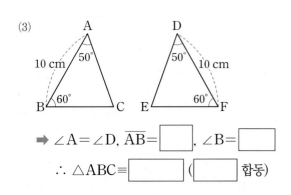

➡ ∠A=∠D, $\overline{AB}=$[   ], ∠B=[   ]

∴ △ABC≡[   ] ([   ] 합동)

(4)
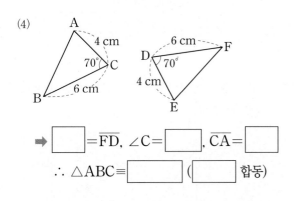

➡ [   ]$=\overline{FD}$, ∠C=[   ], $\overline{CA}=$[   ]

∴ △ABC≡[   ] ([   ] 합동)

(5)
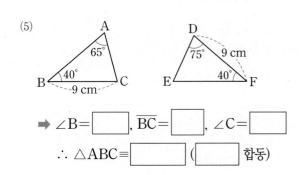

➡ ∠B=[   ], $\overline{BC}=$[   ], ∠C=[   ]

∴ △ABC≡[   ] ([   ] 합동)

08 다음 중 두 삼각형 ABC와 DEF가 합동이 되는 조건은 ○, 합동이 되는 조건이 아닌 것은 ×를 ( ) 안에 써넣으시오.

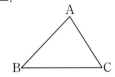 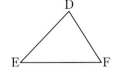

(1) ∠A=∠D, ∠B=∠E, ∠C=∠F   (   )

(2) $\overline{BC}=\overline{EF}$, $\overline{AC}=\overline{DF}$, ∠C=∠F   (   )

(3) $\overline{AB}=\overline{DE}$, $\overline{BC}=\overline{EF}$, $\overline{CA}=\overline{FD}$ (   )

(4) $\overline{AB}=\overline{DE}$, $\overline{AC}=\overline{DF}$, ∠B=∠E   (   )

(5) $\overline{AB}=\overline{DE}$, ∠B=∠E, ∠C=∠F   (   )

09 다음 중 서로 합동인 삼각형끼리 연결하시오.

(1) 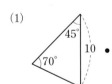   ㉠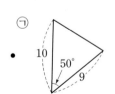

(2) 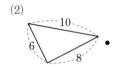   ㉡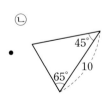

(3) 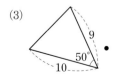   ㉢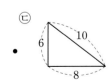

10 다음은 그림의 △ABC와 △EDC가 합동임을 보이는 과정이다. □ 안에 알맞은 것을 써넣으시오.

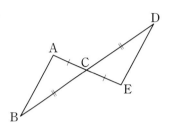

△ABC와 △EDC에서

$\overline{AC}=$ ▢

$\overline{BC}=$ ▢

∠BCA= ▢ (맞꼭지각)

∴ △ABC≡△EDC (▢ 합동)

11 다음은 평행사변형 ABCD에서 △ABC와 △CDA가 합동임을 보이는 과정이다. □ 안에 알맞은 것을 써넣으시오.

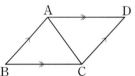

△ABC와 △CDA에서 ▢ 는 공통,

$\overline{AB}\,/\!/\,\overline{DC}$이므로

∠BAC= ▢ (엇각)

$\overline{AD}\,/\!/\,\overline{BC}$이므로

∠BCA= ▢ (엇각)

∴ △ABC≡△CDA (▢ 합동)

내신 도전

01 다음 설명에서 ㈎, ㈏, ㈐에 알맞은 것은?

> 작도 과정에서 두 점을 이어 선분을 그릴 때 ㈎, 선분의 길이를 옮길 때 ㈏, 선분을 연장할 때 ㈐를 사용한다.

	㈎	㈏	㈐
①	눈금 없는 자	눈금 없는 자	컴퍼스
②	눈금 없는 자	컴퍼스	눈금 없는 자
③	눈금 없는 자	컴퍼스	컴퍼스
④	컴퍼스	컴퍼스	눈금 없는 자
⑤	컴퍼스	눈금 없는 자	눈금 없는 자

02 그림과 같이 선분 AB를 점 B의 방향으로 연장하여 선분 AB의 길이의 2배가 되는 선분 AC를 작도할 때, 다음 보기에서 옳은 것을 모두 고르시오.

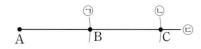

> **보기**
>
> ㄱ. $\overline{AB}=\overline{BC}$
> ㄴ. 작도 순서는 ㉢ → ㉡ → ㉠이다.
> ㄷ. 눈금 없는 자로 선분 AB의 길이를 잰 후, 점 B에서 그 길이만큼 연장하여 점 C를 찾는다.
> ㄹ. 컴퍼스로 점 B를 중심으로 하고 반지름의 길이가 $\overline{AB}$인 원을 그리면 원과 연장선은 점 C에서 만난다.

03 다음 그림과 같은 △ABC에서 선분 AB의 대각의 크기를 $x°$, ∠C의 대변의 길이를 y cm라 할 때, $x-y$의 값을 구하시오.

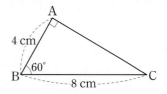

04 다음 보기에서 삼각형의 세 변의 길이가 될 수 있는 것을 모두 고르시오.

> **보기**
>
> ㄱ. 3 cm, 7 cm, 4 cm
> ㄴ. 5 cm, 5 cm, 6 cm
> ㄷ. 4 cm, 3 cm, 2 cm
> ㄹ. 6 cm, 1 cm, 9 cm

05 △ABC에서 ∠A의 크기와 다음 조건이 주어질 때, △ABC가 하나로 정해지지 <u>않는</u> 것을 모두 고르면?

(정답 2개)

① $\overline{AB}$, $\overline{AC}$　　② $\overline{AB}$, $\overline{BC}$　　③ $\overline{AC}$, ∠C
④ $\overline{BC}$, ∠B　　⑤ ∠B, ∠C

06 오른쪽 그림과 같이 변 AC, 변 BC의 길이와 ∠C의 크기가 주어질 때, △ABC를 작도하는 순서 중 가장 마지막인 것은?

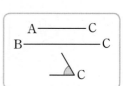

① $\overline{AB}$를 그린다.　　② $\overline{AC}$를 그린다.
③ $\overline{BC}$를 그린다.　　④ ∠B를 그린다.
⑤ ∠C를 그린다.

07 다음 보기에서 △ABC의 모양과 크기가 하나로 정해지는 것을 모두 고르시오.

> 보기
> ㄱ. ∠A=68°, ∠B=62°, $\overline{BC}$=12 cm
> ㄴ. $\overline{AB}$=3 cm, ∠C=84°, $\overline{CA}$=2 cm
> ㄷ. $\overline{AB}$=5 cm, $\overline{BC}$=8 cm, $\overline{CA}$=10 cm

08 $\overline{AB}$=7 cm, ∠B=75°인 △ABC를 작도하려고 한다. 다음 중 △ABC가 하나로 정해지기 위해 필요한 조건이 아닌 것을 모두 고르면? (정답 2개)

① ∠A=45°
② ∠A=110°
③ ∠C=65°
④ $\overline{AC}$=3 cm
⑤ $\overline{BC}$=6 cm

09 다음 중 옳은 것을 모두 고르면? (정답 2개)

① 합동인 두 도형의 넓이는 같다.
② 모양이 같은 두 도형은 합동이다.
③ 넓이가 같은 두 직사각형은 합동이다.
④ 한 변의 길이가 같은 두 마름모는 합동이다.
⑤ 한 변의 길이가 같은 두 정오각형은 합동이다.

10 다음 그림에서 △ABC≡△DEF일 때, $x+y$의 값을 구하시오.

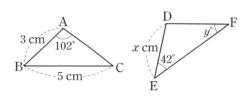

11 다음 중 $\overline{AB}$=$\overline{DE}$, $\overline{AC}$=$\overline{DF}$인 △ABC와 △DEF가 합동이 되기 위해 필요한 조건은?

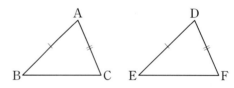

① ∠A=∠D
② ∠B=∠E
③ ∠C=∠F
④ $\overline{BC}$=$\overline{DE}$
⑤ $\overline{AC}$=$\overline{EF}$

12 다음은 $\overline{AB}$=$\overline{BC}$, $\overline{CD}$=$\overline{DA}$인 □ABCD에서 △ABD와 △CBD가 합동임을 보이는 과정이다. □ 안에 알맞은 것을 써넣으시오.

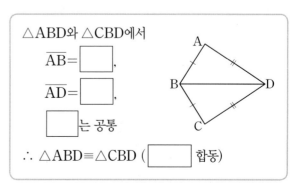

△ABD와 △CBD에서

$\overline{AB}$=□,

$\overline{AD}$=□,

□는 공통

∴ △ABD≡△CBD (□ 합동)

대단원 평가

01 오른쪽 그림과 같은 입체도형에서 면의 개수를 a, 교점의 개수를 b, 교선의 개수를 c라 할 때, $a+b-c$의 값을 구하시오.

02 다음 그림에서 두 점 M, N은 $\overline{AB}$의 삼등분점이고 점 P는 $\overline{NB}$의 중점이다. $\overline{MP}=12$ cm일 때, $\overline{AN}$의 길이는?

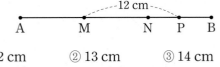

① 12 cm ② 13 cm ③ 14 cm
④ 15 cm ⑤ 16 cm

03 오른쪽 그림에서 x의 값은?

① 31 ② 33
③ 35 ④ 37
⑤ 39

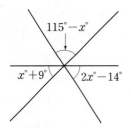

04 오른쪽 사다리꼴 ABCD에서 점 A와 $\overline{BC}$ 사이의 거리를 x cm, 점 A와 $\overline{CD}$ 사이의 거리를 y cm라 할 때, xy의 값을 구하시오.

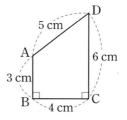

05 오른쪽 그림은 직육면체를 세 모서리의 중점을 지나는 평면으로 잘라서 만든 입체도형이다. 모서리 BC와 꼬인 위치에 있는 모서리의 개수를 a, 면 ABCDE와 수직인 모서리의 개수를 b라 할 때, $a-b$의 값은?

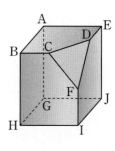

① -2 ② -1 ③ 0
④ 1 ⑤ 2

06 다음 그림에서 $l /\!/ m$, $r /\!/ s$일 때, x의 값을 구하시오.

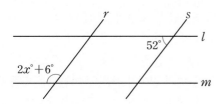

07 오른쪽 그림에서 $l /\!/ m$일 때, $x+y$의 값을 구하시오.

08 다음 그림과 같이 직사각형 모양의 종이를 $\angle EFG=50°$가 되도록 접었을 때, $\angle DEG$의 크기를 구하시오.

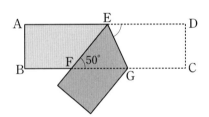

09 다음 그림은 직선 l 위에 있지 않은 한 점 P를 지나고 직선 l과 평행한 직선 m을 작도하는 과정이다. 작도 순서를 나열하시오.

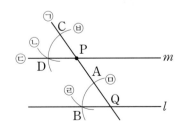

10 삼각형의 세 변의 길이가 x cm, 4 cm, 2 cm일 때, 자연수 x의 개수를 구하시오.

11 길이가 각각 4 cm, 7 cm, 11 cm, 13 cm인 네 개의 선분 중에서 서로 다른 세 개의 선분으로 만들 수 있는 삼각형의 개수를 구하시오.

12 $\triangle ABC$에서 $\angle A$의 크기와 다음 조건이 주어질 때, $\triangle ABC$가 하나로 정해지지 <u>않는</u> 것은?
(단, $\angle A+\angle B+\angle C=180°$)

① $\angle B$, $\angle C$ 　② $\angle B$, $\overline{AB}$ 　③ $\angle C$, $\overline{BC}$
④ $\overline{AB}$, $\overline{AC}$ 　⑤ $\overline{AB}$, $\overline{BC}$

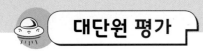
대단원 평가

13 다음 중 오른쪽 그림의 삼각형과 합동인 삼각형은?

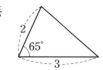

①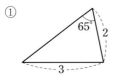

②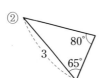

③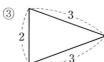

④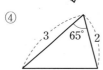

⑤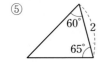

14 다음 그림에서 $\overline{AB}=\overline{DF}$, $\overline{BC}=\overline{FE}$일 때, $\triangle ABC \equiv \triangle DFE$이기 위해 필요한 나머지 조건과 합동 조건을 짝지은 것으로 옳은 것을 모두 고르면? (정답 2개)

① $\overline{AC}=\overline{EF}$, SSS 합동
② $\overline{AC}=\overline{DE}$, SSS 합동
③ $\angle A = \angle D$, SAS 합동
④ $\angle B = \angle F$, SAS 합동
⑤ $\angle C = \angle E$, SAS 합동

15 다음 그림에서 □ABCD≡□FGHE일 때, $x+y$의 값을 구하시오.

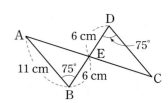

16 오른쪽 그림에서 $\overline{AC}$와 $\overline{BD}$의 교점을 E라 할 때, $\overline{CD}$의 길이를 구하시오.

17 다음은 점 A가 선분 BC의 수직이등분선 l 위의 한 점일 때, $\triangle ABM$과 $\triangle ACM$이 합동임을 보이는 과정이다. □ 안에 알맞은 것을 써넣으시오.
(단, 점 M은 선분 AB의 중점이다.)

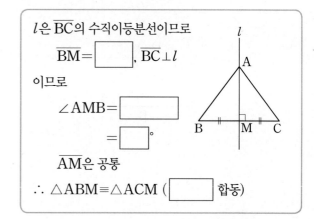

l은 $\overline{BC}$의 수직이등분선이므로

$\overline{BM}=$ ☐ , $\overline{BC} \perp l$

이므로

$\angle AMB=$ ☐

$=$ ☐ $^{\circ}$

$\overline{AM}$은 공통

$\therefore \triangle ABM \equiv \triangle ACM$ (☐ 합동)

II

평면도형

(1) **다각형**: 선분으로만 둘러싸인 평면도형
  ① **변**: 다각형을 이루는 선분
    ➡ n개의 선분으로 둘러싸인 다각형을 n**각형**이라 한다.
  ② **꼭짓점**: 변과 변이 만나는 점
  ③ **내각**: 다각형에서 이웃하는 두 변이 이루는 내부의 각
  ④ **외각**: 한 내각의 꼭짓점에서 한 변과 그 변에 이웃한 변의 연장선으로 이루어진 각
   참고 다각형의 한 꼭짓점에서 (내각의 크기) + (외각의 크기) = 180°

(2) **정다각형**: 변의 길이가 모두 같고 내각의 크기가 모두 같은 다각형

(3) 다각형의 **대각선**: 다각형에서 이웃하지 않는 두 꼭짓점을 이은 선분
  ① n각형의 한 꼭짓점에서 그을 수 있는 대각선의 개수 ➡ $n-3$
  ② n각형의 대각선의 개수 ➡ $\dfrac{n(n-3)}{2}$

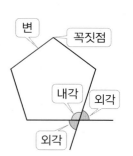

다각형과 정다각형

① 다각형: [ ]으로만 둘러싸인 평면도형

② 정다각형: [ ]의 길이가 모두 같고
        [ ]의 크기가 모두 같은 다각형

01 다음 중 다각형인 것은 ○, 다각형이 아닌 것은 ✕를 ( ) 안에 써넣으시오.

(1)
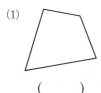
( )

(2)

( )

(3)
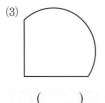
( )

(4)
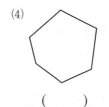
( )

02 다음 중 옳은 것은 ○, 옳지 않은 것은 ✕를 ( ) 안에 써넣으시오.

(1) 선분으로만 둘러싸인 도형을 다각형이라 한다.
                            ( )

(2) 변의 길이가 모두 같은 다각형은 정다각형이다.
                            ( )

(3) 정다각형은 내각의 크기가 모두 같다. ( )

(4) 내각의 크기가 모두 같은 삼각형은 정삼각형이다.
                            ( )

(5) 변의 길이가 모두 같은 사각형은 정사각형이다.
                            ( )

(6) 다각형의 한 꼭짓점에서 외각은 1개이다. ( )

(7) 다각형의 한 꼭짓점에서 내각의 크기와 외각의 크기의 합은 360°이다.
                            ( )

03 다음 조건을 만족시키는 다각형을 구하시오.

(1)
> ㈎ 꼭짓점의 개수는 3이다.
> ㈏ 모든 변의 길이가 같다.
> ㈐ 모든 내각의 크기가 같다.

(2)
> ㈎ 5개의 선분으로 이루어져 있다.
> ㈏ 모든 변의 길이가 같다.
> ㈐ 모든 내각의 크기가 같다.

(3)
> ㈎ 내각의 개수는 6이다.
> ㈏ 모든 변의 길이가 같다.
> ㈐ 모든 내각의 크기가 같다.

(4)
> ㈎ 길이가 같은 9개의 선분으로 둘러싸여 있다.
> ㈏ 모든 내각의 크기가 같다.

(5)
> ㈎ 크기가 같은 10개의 내각을 가지고 있다.
> ㈏ 모든 변의 길이가 같다.

다각형의 내각과 외각

① ☐ : 다각형에서 이웃하는 두 변이 이루는 내부의 각

② ☐ : 한 내각의 꼭짓점에서 한 변과
그 변에 이웃한 변의 연장선으로 이루어진 각

③ 다각형의 한 꼭짓점에서
(내각의 크기)＋(외각의 크기)＝☐°

04 다음 다각형에서 ∠A의 내각과 외각의 크기를 차례대로 구하시오.

(1)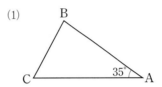

(2)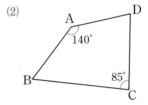

(3)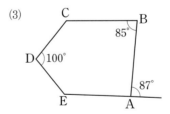

(4)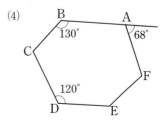

05 다음 다각형에서 x, y의 값을 차례대로 구하시오.

(1)

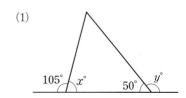

(2)

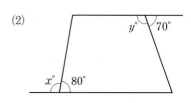

(3)

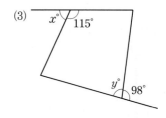

(4)

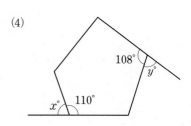

(5)

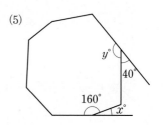

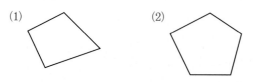
06 다음 다각형의 한 꼭짓점에서 그을 수 있는 대각선의 개수를 구하시오.

(1)   (2)

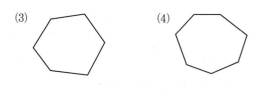

(3)   (4)

07 한 꼭짓점에서 그을 수 있는 대각선의 개수가 다음과 같은 다각형을 구하시오.

(1) 4

(2) 6

(3) 9

(4) 11

08 다음 다각형의 대각선의 개수를 구하시오.

(1) 사각형

(2) 오각형

(3) 칠각형

(4) 팔각형

(5) 십각형

(6) 십이각형

(7) 십오각형

(8) 십팔각형

09 대각선의 개수가 다음과 같은 다각형을 구하시오.

(1) 9

✎ 구하는 다각형을 n각형이라 하면

$$\frac{n(n-3)}{\boxed{}} = 9$$

이때 $n(n-3) = \boxed{} = \boxed{} \times 3$이므로

$n = \boxed{}$

따라서 $\boxed{}$각형이다.

(2) 27

(3) 44

(4) 65

(5) 77

(6) 170

개념 02 삼각형의 내각과 외각

(1) 삼각형의 세 내각의 크기의 합
   삼각형의 세 내각의 크기의 합은 180°이다. ➡ $\angle a + \angle b + \angle c = 180°$

(2) 삼각형의 내각과 외각의 관계
   삼각형의 한 외각의 크기는
   그와 이웃하지 않는 두 내각의 크기의 합과 같다. ➡ $\angle d = \angle a + \angle b$

····◦ **삼각형의 세 내각의 크기의 합** ◦··········

△ABC에서 $\overline{BC}$와 평행하고
점 A를 지나는 직선 DE를 그으면

$\angle B = \angle \boxed{}$ (엇각),

$\angle C = \angle \boxed{}$ (엇각)

$\therefore \ \angle A + \angle B + \angle C$

$\quad = \angle A + \angle DAB + \angle EAC = \boxed{}°$

01 다음 그림에서 x의 값을 구하시오.

(1)

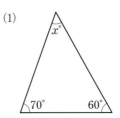

(2)

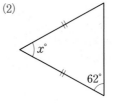

(3)

(4)

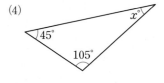

(5)

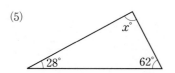

(6)

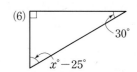

(7)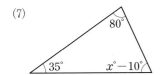

(8)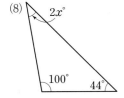

(9)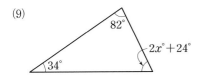

(10)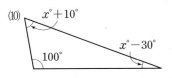

(11)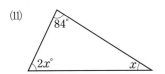

02 삼각형의 세 내각의 크기의 비가 다음과 같을 때, 가장 큰 내각의 크기를 구하시오.

(1) $1 : 2 : 3$

(2) $2 : 3 : 4$

(3) $3 : 4 : 5$

(4) $5 : 2 : 3$

(5) $3 : 7 : 2$

(6) $5 : 4 : 6$

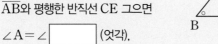

삼각형의 내각과 외각의 관계

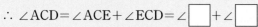

△ABC에서

$\overline{BC}$의 연장선에 한 점 D를 잡고

$\overline{AB}$와 평행한 반직선 CE 그으면

∠A=∠ ☐ (엇각),

∠B=∠ ☐ (동위각)

∴ ∠ACD=∠ACE+∠ECD=∠☐+∠☐

03 다음 그림에서 ∠x의 크기를 구하시오.

(1)

(2)
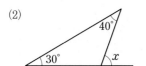

(3)
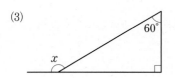

(4)
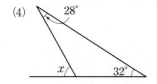

(5)
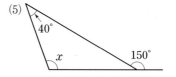

(6)
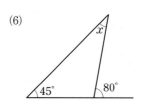

(7)
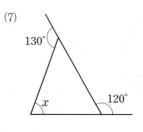

(8)
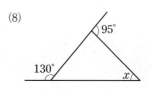

(9)
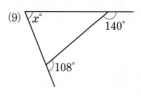

04 다음 그림에서 $\angle x$, $\angle y$의 크기를 차례대로 구하시오.

(1)
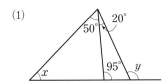

(2)
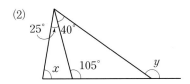

(3)
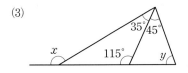

(4)
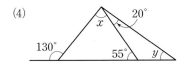

(5)
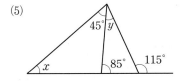

05 다음 그림에서 $\angle x$, $\angle y$의 크기를 차례대로 구하시오.

(1)
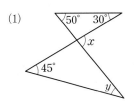

(2)
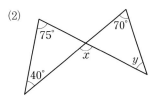

(3)
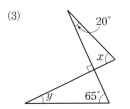

(4)
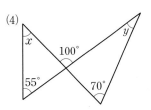

(5)
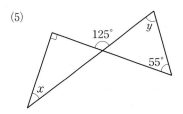

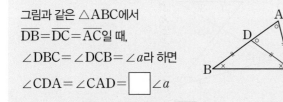

그림과 같은 △ABC에서
$\overline{DB}=\overline{DC}=\overline{AC}$일 때,
∠DBC=∠DCB=∠a라 하면
∠CDA=∠CAD=□∠a
∴ ∠x=∠ABC+∠BAC=□∠a

06 다음 그림에서 ∠x의 크기를 구하시오.

(1)
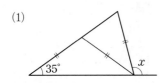

(2)
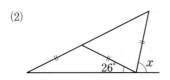

(3)
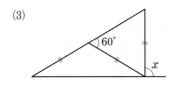

(4)
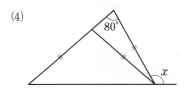

(5)
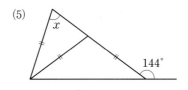

(6)
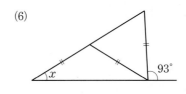

(7)
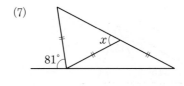

(8)
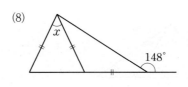

(9)
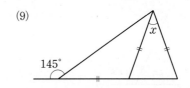

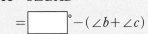

삼각형의 한 내각의 이등분선

그림과 같은 △ABC에서
∠BAC＝2∠BAD
　　＝□°−(∠b+∠c)

∴ ∠x＝∠b+∠BAD

　　＝∠b+$\dfrac{□°−(∠b+∠c)}{□}$

07 다음 그림에서 ∠x의 크기를 구하시오.

(1)
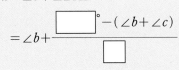

✎ ∠BAD＝75°−□＝□

즉 ∠CAD＝∠BAD이므로 △ADC에서

∠x＝180°−(□+75°)＝□

(2)
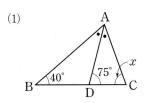

(3)
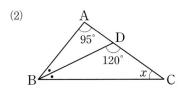

(4)
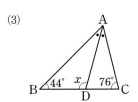

(5)
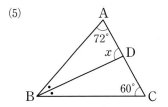

(6)
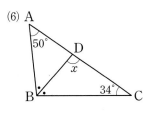

(7)
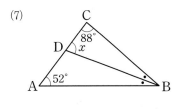

(8)
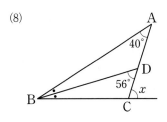

(9)
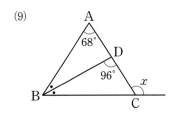

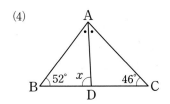

그림에서

$$\angle BAD = \angle a, \ \angle ABC = \angle b,$$
$$\angle ADC = \angle c$$

라 하면 △ABE에서

$\angle BED = \angle a + \angle \boxed{}$ 이므로

△CDE에서 $\angle x = \angle a + \angle \boxed{} + \angle \boxed{}$

08 다음 그림에서 $\angle x$의 크기를 구하시오.

(1)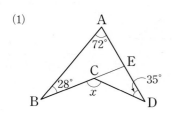

(2)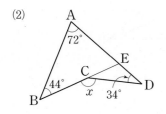

(3)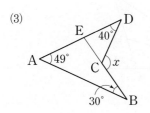

(4)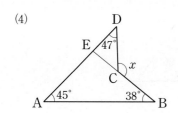

(5)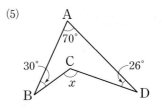

(6)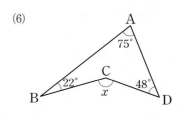

(7)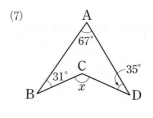

(8)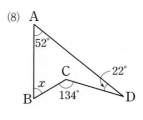

(9)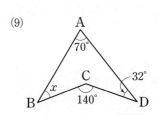

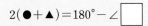

그림과 같은 △ABC에서

$2(● + ▲) = 180° - ∠\boxed{}$

△IBC에서

$∠x = \boxed{}° - (● + ▲)$

$\quad = \boxed{}° - \dfrac{180° - ∠\boxed{}}{2}$

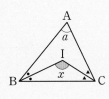

09 다음 그림에서 ∠x의 크기를 구하시오.

(1)

(2)

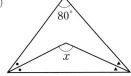

(3)

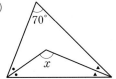

(4)

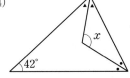

(5)

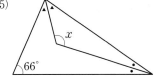

(6)

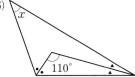

(7)

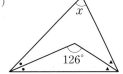

(8)

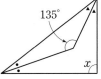

(9)

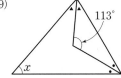

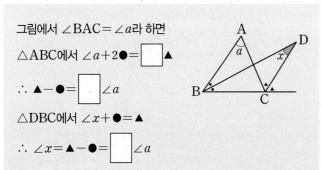

그림에서 ∠BAC=∠a라 하면

△ABC에서 ∠a+2● = □ ▲

∴ ▲−● = □ ∠a

△DBC에서 ∠x+● = ▲

∴ ∠x = ▲−● = □ ∠a

10 다음 그림에서 ∠x의 크기를 구하시오.

(1)
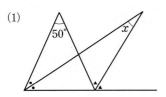

(2)
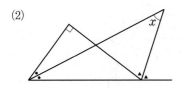

(3)
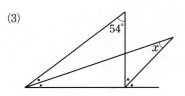

(4)
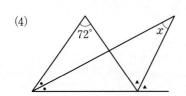

(5)
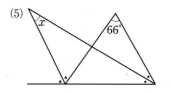

(6)
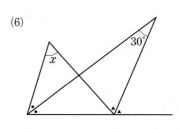

(7)
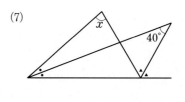

(8)
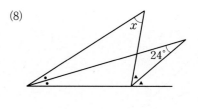

(9)
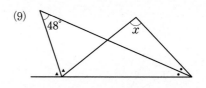

삼각형의 내각과 외각; 별모양

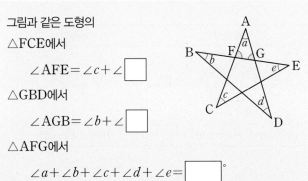

그림과 같은 도형의

△FCE에서

$\angle AFE = \angle c + \angle \boxed{}$

△GBD에서

$\angle AGB = \angle b + \angle \boxed{}$

△AFG에서

$\angle a + \angle b + \angle c + \angle d + \angle e = \boxed{}°$

11 다음 그림에서 $\angle x$의 크기를 구하시오.

(1)

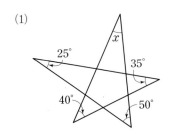

(2)

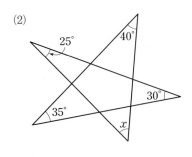

(3)

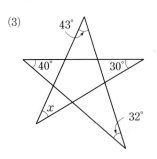

(4)

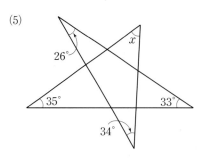

(5)

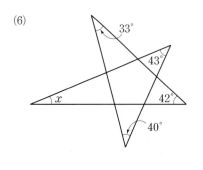

(6)

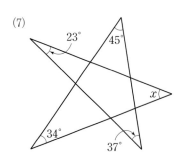

(7)

다각형의 내각의 크기의 합

(1) n각형의 내각의 크기의 합 ➡ $180° \times (n-2)$

다각형	사각형	오각형	육각형	$\cdots$	n각형
한 꼭짓점에서 대각선을 그어 생기는 삼각형의 개수	$4-2=2$	$5-2=3$	$6-2=4$	$\cdots$	$n-2$
내각의 크기의 합	$180° \times 2 = 360°$	$180° \times 3 = 540°$	$180° \times 4 = 720°$	$\cdots$	$180° \times (n-2)$

(2) 정n각형의 한 내각의 크기 ➡ $\dfrac{180° \times (n-2)}{n}$

··· **다각형의 내각의 크기의 합** ··············

n각형의 내각의 크기의 합 ➡ $\boxed{}° \times (n - \boxed{})$

01 다음 다각형의 내각의 크기의 합을 구하시오.

(1) 칠각형

(2) 팔각형

(3) 십각형

(4) 십이각형

(5) 십오각형

(6) 십칠각형

02 내각의 크기의 합이 다음과 같은 다각형을 구하시오.

(1) $540°$

(2) $1260°$

(3) $1980°$

(4) $2520°$

(5) $3600°$

03 다음 그림에서 ∠x의 크기를 구하시오.

(1)

(2)
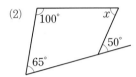

(3)
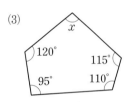

(4)
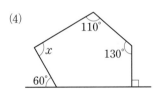

(5)
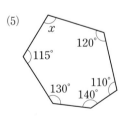

(6)
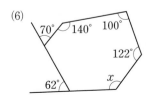

··· 🎷 **정다각형의 한 내각의 크기** 🎷 ···············

정n각형의 한 내각의 크기 ➡ $\dfrac{180° \times (n - \boxed{})}{\boxed{}}$

04 다음 정다각형의 한 내각의 크기를 구하시오.

(1) 정오각형

(2) 정팔각형

(3) 정십각형

(4) 정십이각형

05 한 내각의 크기가 다음과 같은 정다각형을 구하시오.

(1) 120°

(2) 140°

(3) 156°

(4) 162°

개념 04 다각형의 외각의 크기의 합

(1) n각형의 외각의 크기의 합 ➡ $360°$

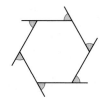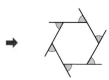

(2) 정n각형의 한 외각의 크기 ➡ $\dfrac{360°}{n}$

다각형의 외각의 크기의 합

n각형의 외각의 크기의 합 ➡ $\boxed{}°$

01 다음은 n각형의 외각의 크기의 합을 구하는 과정이다. □ 안에 알맞은 것을 써넣으시오.

n각형의 한 꼭짓점에서

내각과 외각의 크기의 합은 $\boxed{}$ 이므로

(내각의 크기의 합)+(외각의 크기의 합)

$=180°\times\boxed{}$

따라서

(외각의 크기의 합)

$=180°\times\boxed{}-$(내각의 크기의 합)

$=180°\times\boxed{}-180°\times(n-\boxed{})$

$=180°\times\boxed{}-180°\times n+180°\times\boxed{}$

$=\boxed{}$

02 다음 다각형의 외각의 크기의 합을 구하시오.

(1) 사각형

(2) 육각형

(3) 구각형

(4) 십일각형

(5) 십삼각형

(6) 십팔각형

(7) 이십각형

(8) 이십오각형

03 다음 그림에서 $\angle x$의 크기를 구하시오.

(1)
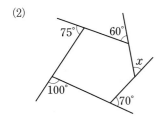

(2)
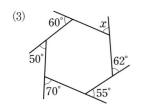

(3)
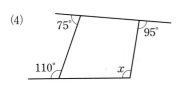

(4)
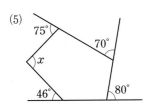

(5)
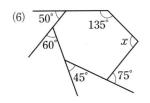

(6)

················◦ **정다각형의 한 외각의 크기** ◦···············

정n각형의 한 외각의 크기 ➡ $\dfrac{360^\circ}{\boxed{}}$

04 다음 정다각형의 한 외각의 크기를 구하시오.

(1) 정오각형

(2) 정육각형

(3) 정십각형

(4) 정십이각형

05 한 외각의 크기가 다음과 같은 정다각형을 구하시오.

(1) 90°

(2) 40°

(3) 24°

(4) 18°

06 한 꼭짓점에서 그은 대각선의 개수가 다음과 같은 정다각형의 한 외각의 크기를 구하시오.

(1) 5

 구하는 다각형을 정n각형이라 하면

$$n - \boxed{} = 5 \qquad \therefore n = \boxed{}$$

따라서 정$\boxed{}$각형의 한 외각의 크기는

$$\frac{360°}{\boxed{}} = \boxed{}$$

(2) 6

(3) 9

(4) 12

(5) 15

(6) 17

07 한 꼭짓점에서 내각과 외각의 크기의 비가 다음과 같은 정다각형을 구하시오.

(1) 2 : 1

 한 외각의 크기는 $\boxed{} \times \dfrac{1}{2+1} = \boxed{}$

이므로 구하는 다각형을 정n각형이라 하면

$$\frac{360°}{n} = \boxed{} \qquad \therefore n = \boxed{}$$

따라서 정$\boxed{}$각형이다.

(2) 3 : 2

(3) 3 : 1

(4) 4 : 1

(5) 5 : 1

(6) 13 : 2

08 내각의 크기의 합이 다음과 같은 정다각형의 한 외각의 크기를 구하시오.

(1) $720°$

✎ 구하는 다각형을 정n각형이라 하면

$180° \times (n - \boxed{}) = 720°$

$n - \boxed{} = 4 \qquad \therefore n = \boxed{}$

따라서 정$\boxed{}$각형의 한 외각의 크기는

$\dfrac{360°}{\boxed{}} = \boxed{}$

(2) $1080°$

(3) $1260°$

(4) $1440°$

(5) $1800°$

(6) $2880°$

09 내각과 외각의 크기의 합이 다음과 같은 정다각형의 한 외각의 크기를 구하시오.

(1) $720°$

✎ 구하는 다각형을 정n각형이라 하면

한 꼭짓점에서 내각과 외각의 크기의 합은

$\boxed{}$이므로 $\boxed{} \times n = 720°$

$\therefore n = \boxed{}$

따라서 정$\boxed{}$각형의 한 외각의 크기는

$\dfrac{360°}{\boxed{}} = \boxed{}$

(2) $1080°$

(3) $1440°$

(4) $1620°$

(5) $2160°$

(6) $2700°$

01 다음 중 옳은 것을 모두 고르면? (정답 2개)

① 마름모는 정다각형이다.
② 다각형은 변의 개수와 꼭짓점의 개수가 같다.
③ 한 꼭짓점에서 대각선의 개수가 1인 다각형은 삼각형이다.
④ 내각은 다각형에서 한 변과 그 변에 이웃한 변의 연장선으로 이루어진 각이다.
⑤ 다각형의 한 꼭짓점에서 내각과 외각의 크기의 합은 180°이다.

02 대각선의 개수가 54인 다각형은?

① 구각형   ② 십각형   ③ 십일각형
④ 십이각형   ⑤ 십삼각형

03 다음 그림에서 x의 값을 구하시오.

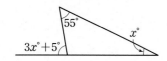

04 삼각형의 세 내각의 크기의 비가 $4:9:5$일 때, 가장 작은 각의 크기를 구하시오.

05 오른쪽 그림에서 $\angle x + \angle y$의 크기는?

① 130°   ② 135°
③ 140°   ④ 145°
⑤ 150°

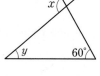

06 다음 그림에서 x의 값을 구하시오.

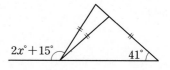

07 오른쪽 그림에서 $\angle x$의 크기는?

① 31° ② 32°

③ 33° ④ 34°

⑤ 35°

10 내각의 크기의 합이 2160°인 다각형의 대각선의 개수를 구하시오.

08 오른쪽 그림과 같은 도형에서 x의 값을 구하시오.

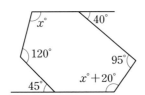

11 한 꼭짓점에서 내각과 외각의 크기의 비가 7 : 2인 정다각형은?

① 정구각형 ② 정십각형 ③ 정십이각형

④ 정십오각형 ⑤ 정십팔각형

09 한 꼭짓점에서 그을 수 있는 대각선이 15개인 정다각형의 한 내각의 크기를 구하시오.

12 내각과 외각의 크기의 합이 1800°인 정다각형의 변의 개수를 a, 한 외각의 크기를 b°라 할 때, $a+b$의 값을 구하시오.

원과 부채꼴

(1) **원**: 평면 위의 한 점 O로부터 일정한 거리에 있는 모든 점으로 이루어진 도형
　　　　└ 원의 중심　　　└ 반지름의 길이

(2) **호와 현**

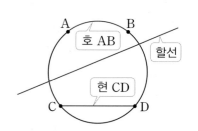

① **호 AB**: 원 위의 두 점 A, B를 양 끝으로 하는 원의 두 부분

기호 $\overparen{AB}$ → $\overparen{AB}$는 보통 길이가 짧은 쪽의 호를 나타낸다.

② **현 CD**: 원 위의 두 점 C, D를 이은 선분

참고 ・원의 중심을 지나는 현은 원의 지름이다.
　　　　・원의 지름은 길이가 가장 긴 현이다.

③ **할선**: 원 위의 두 점을 지나는 직선

(3) **부채꼴과 활꼴**

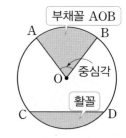

① **부채꼴 AOB**

　원 O에서 두 반지름 OA, OB와 호 AB로 이루어진 도형

② **부채꼴 AOB의 중심각 (호 AB의 중심각)**

　두 반지름 OA, OB가 이루는 ∠AOB

③ **활꼴**: 원 O에서 현 CD와 호 CD로 이루어진 도형

참고 부채꼴인 동시에 활꼴인 도형은 반원이다.

⌐ 원에 대한 용어 ¬

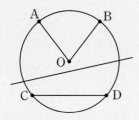

① 원: 평면 위의 한 점으로부터 [　　] 한 거리에 있는 모든
　　점으로 이루어진 도형

② [　　]: 원 위의 두 점을 양 끝으로 하는 원의 일부분

③ [　　]: 원 위의 두 점을 이은 선분

④ [　　]: 원 위의 두 점을 지나는 직선

⑤ [　　] AOB: 원 O에서 두 반지름 OA, OB와
　　　　　　　호 AB로 이루어진 도형

⑥ [　　]: 원 O에서 현 CD와 호 CD로 이루어진 도형

---

01 다음을 원 O 위에 나타내시오.

(1) 호 AB

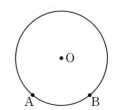

(2) 부채꼴 AOB

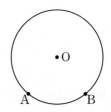

(3) 현 AB

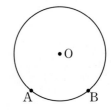

(4) 현 AB와 호 AB로 이루어진 활꼴

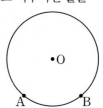

02 다음을 원 O 위에 나타내시오.

(1) 현 AB

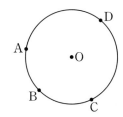

(2) 호 CD

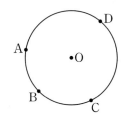

(3) 부채꼴 BOC

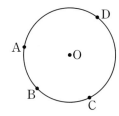

(4) 현 AD와 호 AD로 이루어진 활꼴

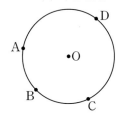

03 오른쪽 그림과 같은 원 O에서 다음을 기호로 나타내시오.

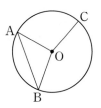

(1) ∠AOB에 대한 호

(2) ∠AOB에 대한 현

(3) 호 AB에 대한 중심각

(4) 부채꼴 AOC에 대한 중심각

04 다음 중 옳은 것은 ○, 옳지 않은 것은 ✕를 ( ) 안에 써넣으시오.

(1) 원 위의 두 점을 이은 선분을 호라 한다.　(　)

(2) 한 원에서 길이가 가장 긴 현은 지름이다.　(　)

(3) 원에서 현과 호로 이루어진 도형은 부채꼴이다.
　(　)

(4) 할선은 원 위의 두 점을 지나는 직선이다.　(　)

(5) 원의 중심을 지나는 현은 그 원의 반지름이다.
　(　)

(6) 부채꼴이 활꼴이 될 때 중심각의 크기는 180°이다.
　(　)

06 부채꼴의 성질

(1) 부채꼴의 중심각의 크기와 호의 길이, 넓이

한 원 또는 합동인 두 원에서

① 중심각의 크기가 같은 두 부채꼴의 호의 길이는 같다.

➡ 호의 길이가 같은 두 부채꼴의 중심각의 크기는 같다.

② 중심각의 크기가 같은 두 부채꼴의 넓이는 같다.

➡ 넓이가 같은 두 부채꼴의 중심각의 크기는 같다.

③ 부채꼴의 호의 길이와 넓이는 각각 중심각의 크기에 정비례한다.

(2) 중심각의 크기와 현의 길이

한 원 또는 합동인 두 원에서

① 중심각의 크기가 같은 두 현의 길이는 같다.

➡ 길이가 같은 두 현의 중심각의 크기는 같다.

② 현의 길이는 중심각의 크기에 정비례하지 않는다.

·····◦ 부채꼴의 중심각과 호 ◦ ·················

한 원 또는 합동인 두 원에서

① 중심각의 크기가 같은 두 부채꼴의 호의 길이는 〔   〕.

② 부채꼴의 호의 길이는 중심각의 크기에 〔   〕한다.

01 다음 그림에서 x의 값을 구하시오.

(1)

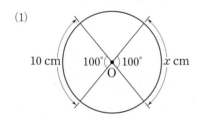

(2)

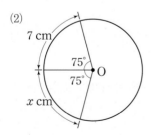

(3)

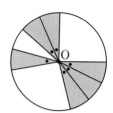

(4)

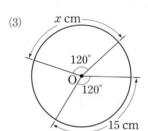

(5)

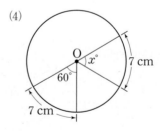

02 다음 그림에서 x의 값을 구하시오.

(1)
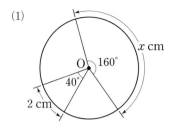

(2)
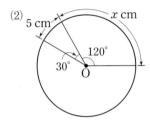

(3)
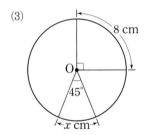

(4)
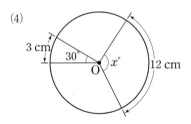

(5)
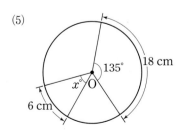

03 다음 그림에서 x, y의 값을 차례대로 구하시오.

(1)
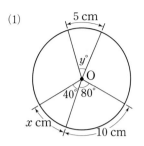

(2)
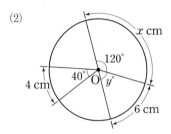

(3)
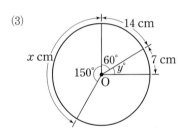

(4)
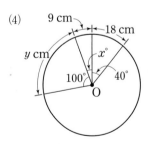

(5)
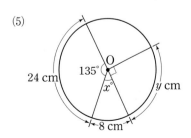

04 호의 길이의 비가 다음과 같을 때, $\angle x$의 크기를 구하시오.

(1) $\widehat{AB} : \widehat{BC} = 3 : 2$

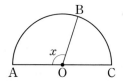

(2) $\widehat{AB} : \widehat{BC} = 2 : 7$

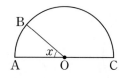

(3) $\widehat{AB} : \widehat{BC} = 7 : 8$

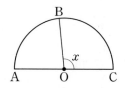

(4) $\widehat{AB} : \widehat{BC} : \widehat{CA} = 3 : 4 : 5$

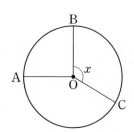

(5) $\widehat{AB} : \widehat{BC} : \widehat{CA} = 3 : 8 : 7$

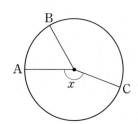

05 다음 그림에서 x의 값을 구하시오.

(1)

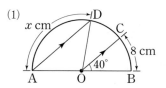

✎ $\overline{AD} /\!/ \overline{OC}$이므로

$\angle DAO = \angle COB = \boxed{}$ (동위각)

$\overline{OD}$를 그으면 $\triangle AOD$에서 $\overline{OA} = \overline{OD}$이므로

$\angle ADO = \angle DAO = \boxed{}$,

$\angle AOD = 180° - 2 \times \boxed{} = \boxed{}$

즉 $\widehat{AD} : \widehat{CB} = \angle AOD : \angle COB$이므로

$x : 8 = \boxed{} : 40$ ∴ $x = \boxed{}$

(2)

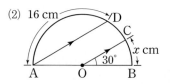

(3)

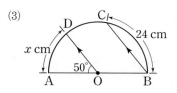

(4)

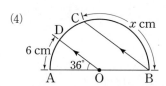

(5)

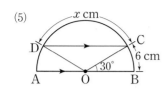

✏️ $\overline{DC} // \overline{AB}$이므로

$$\angle DCO = \angle COB = \boxed{} \text{ (엇각)}$$

$\overline{OD}$를 그으면 $\triangle DOC$에서 $\overline{OC} = \overline{OD}$이므로

$$\angle ODC = \angle OCD = \boxed{}.$$

$$\angle DOC = 180° - 2 \times \boxed{} = \boxed{}$$

즉 $\overarc{BC} : \overarc{CD} = \angle BOC : \angle COD$이므로

$$6 : x = 30 : \boxed{} \qquad \therefore x = \boxed{}$$

(6)

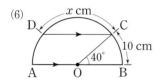

(7)

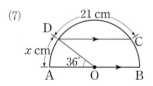

(8)

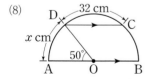

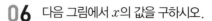

부채꼴의 중심각의 크기와 넓이

한 원 또는 합동인 두 원에서

① 중심각의 크기가 같은 두 부채꼴의 넓이는 $\boxed{}$.

② 부채꼴의 넓이는 중심각의 크기에 $\boxed{}$한다.

06 다음 그림에서 x의 값을 구하시오.

(1)

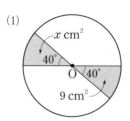

(2)

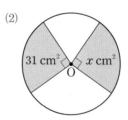

(3)

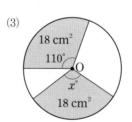

(4)

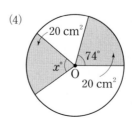

07 다음 그림에서 x의 값을 구하시오.

(1)
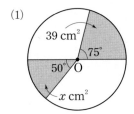

(2)
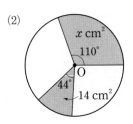

(3)
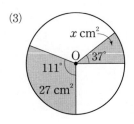

(4)
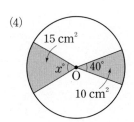

(5)
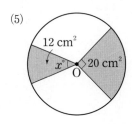

(6)
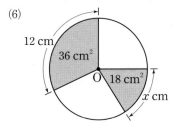

(7)
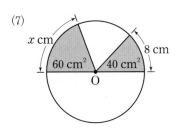

(8)
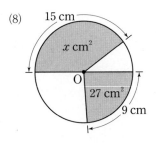

(9)
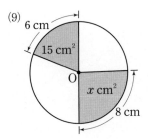

(10)
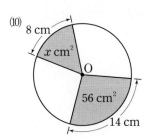

08 다음 그림에서 원 O의 넓이를 구하시오.

(1)
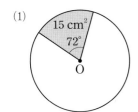

(2)
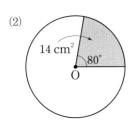

(3)
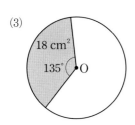

(4)
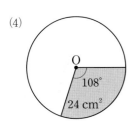

(5)
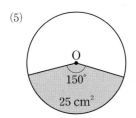

중심각의 크기와 현의 길이

한 원 또는 합동인 두 원에서

① 중심각의 크기가 같은 두 현의 길이는 ☐.

② 현의 길이는 중심각의 크기에 정비례하지 않는다.

09 다음 그림에서 x의 값을 구하시오.

(1)
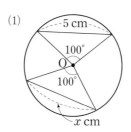

(2)
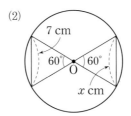

(3)
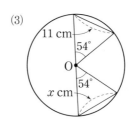

(4)
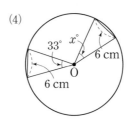

(5)
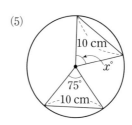

원의 둘레의 길이와 넓이

개념 **07**

(1) **원주율**: 원의 지름의 길이에 대한 원의 둘레의 길이의 비 ➡ **기호** π ('파이')

➡ (원주율) $= \dfrac{(원의 \ 둘레의 \ 길이)}{(지름의 \ 길이)} = 3.14159265358979\ldots = \pi$

참고 원주율 π는 원의 크기에 상관없이 항상 일정하다.

(2) **원의 둘레의 길이와 넓이**

반지름의 길이가 r인 원의 둘레의 길이를 l, 넓이를 S라 하면

① $l = 2\pi r$ ② $S = \pi r^2$

·····◖ **원의 둘레의 길이와 넓이** ◗·············

(1) (원주율) $= \dfrac{(원의 \ \boxed{}의 \ 길이)}{(\boxed{}의 \ 길이)} = \pi$

(2) 반지름의 길이가 r인 원의 둘레의 길이를 l, 넓이를 S라 하면

① $l = \boxed{} \times r$ ② $S = \boxed{} \times r^2$

01 다음과 같은 원의 둘레의 길이 l과 넓이 S를 구하시오.

(1) 반지름의 길이가 3 cm인 원

➡ $l = \boxed{}$ cm, $S = \boxed{}$ cm²

(2) 반지름의 길이가 5 cm인 원

➡ $l = \boxed{}$ cm, $S = \boxed{}$ cm²

(3) 반지름의 길이가 8 cm인 원

➡ $l = \boxed{}$ cm, $S = \boxed{}$ cm²

(4) 지름의 길이가 8 cm인 원

➡ $l = \boxed{}$ cm, $S = \boxed{}$ cm²

(5) 지름의 길이가 12 cm인 원

➡ $l = \boxed{}$ cm, $S = \boxed{}$ cm²

(6) 지름의 길이가 18 cm인 원

➡ $l = \boxed{}$ cm, $S = \boxed{}$ cm²

(7) 지름의 길이가 22 cm인 원

➡ $l = \boxed{}$ cm, $S = \boxed{}$ cm²

02 둘레의 길이 l이 다음과 같은 원의 반지름의 길이 r와 넓이 S를 구하시오.

(1) $l=8\pi$ cm ➡ $r=$ ☐ cm, $S=$ ☐ cm^2

(2) $l=10\pi$ cm ➡ $r=$ ☐ cm, $S=$ ☐ cm^2

(3) $l=14\pi$ cm ➡ $r=$ ☐ cm, $S=$ ☐ cm^2

(4) $l=20\pi$ cm ➡ $r=$ ☐ cm, $S=$ ☐ cm^2

(5) $l=24\pi$ cm ➡ $r=$ ☐ cm, $S=$ ☐ cm^2

(6) $l=26\pi$ cm ➡ $r=$ ☐ cm, $S=$ ☐ cm^2

03 넓이 S가 다음과 같은 원의 반지름의 길이 r와 둘레의 길이 l을 구하시오.

(1) $S=9\pi$ cm^2 ➡ $r=$ ☐ cm, $l=$ ☐ cm

(2) $S=36\pi$ cm^2 ➡ $r=$ ☐ cm, $l=$ ☐ cm

(3) $S=81\pi$ cm^2 ➡ $r=$ ☐ cm, $l=$ ☐ cm

(4) $S=121\pi$ cm^2 ➡ $r=$ ☐ cm, $l=$ ☐ cm

(5) $S=196\pi$ cm^2 ➡ $r=$ ☐ cm, $l=$ ☐ cm

(6) $S=225\pi$ cm^2 ➡ $r=$ ☐ cm, $l=$ ☐ cm

04 다음 그림에서 색칠한 부분의 둘레의 길이와 넓이를 구하시오.

(1)

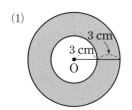

┌ 둘레의 길이: ☐ cm
└ 넓이: ☐ cm²

(2)

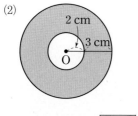

┌ 둘레의 길이: ☐ cm
└ 넓이: ☐ cm²

(3)

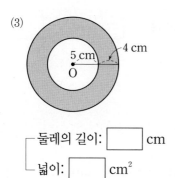

┌ 둘레의 길이: ☐ cm
└ 넓이: ☐ cm²

(4)

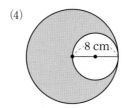

┌ 둘레의 길이: ☐ cm
└ 넓이: ☐ cm²

(5)

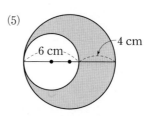

┌ 둘레의 길이: ☐ cm
└ 넓이: ☐ cm²

(6)

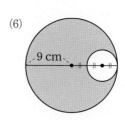

┌ 둘레의 길이: ☐ cm
└ 넓이: ☐ cm²

(7)
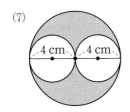

　　둘레의 길이: ☐ cm
　　넓이: ☐ cm²

(8)
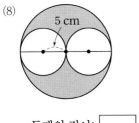

　　둘레의 길이: ☐ cm
　　넓이: ☐ cm²

(9)
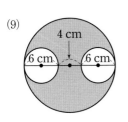

　　둘레의 길이: ☐ cm
　　넓이: ☐ cm²

(10)
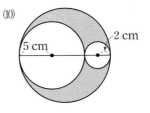

　　둘레의 길이: ☐ cm
　　넓이: ☐ cm²

(11)
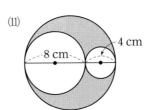

　　둘레의 길이: ☐ cm
　　넓이: ☐ cm²

(12)
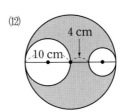

　　둘레의 길이: ☐ cm
　　넓이: ☐ cm²

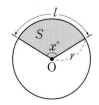

08 부채꼴의 호의 길이와 넓이

(1) 부채꼴의 호의 길이와 넓이

반지름의 길이가 r, 중심각의 크기가 $x°$인 부채꼴의 호의 길이를 l, 넓이를 S라 하면

① $l = 2\pi r \times \dfrac{x}{360}$ ② $S = \pi r^2 \times \dfrac{x}{360}$

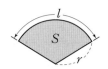

참고 부채꼴의 호의 길이와 넓이는 각각 중심각의 크기에 정비례하므로

① $l : 2\pi r = x : 360$에서 $l = 2\pi r \times \dfrac{x}{360}$

② $S : \pi r^2 = x : 360$에서 $S = \pi r^2 \times \dfrac{x}{360}$

(2) 부채꼴의 호의 길이와 넓이 사이의 관계

반지름의 길이가 r, 호의 길이가 l인 부채꼴의 넓이를 S라 하면

$S = \dfrac{1}{2}rl$ → 부채꼴의 반지름과 호의 길이를 알면 중심각의 크기를 몰라도 넓이를 구할 수 있다.

···◦ **부채꼴의 호의 길이와 넓이** ◦··············

반지름의 길이가 r, 중심각의 크기가 $x°$인 부채꼴의
호의 길이를 l, 넓이를 S라 하면

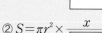
① $l = 2\pi r \times \dfrac{x}{\boxed{}}$

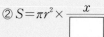
② $S = \pi r^2 \times \dfrac{x}{\boxed{}}$

01 다음 부채꼴의 호의 길이 l과 넓이 S를 구하시오.

(1)

6 cm

$l = \boxed{}$ cm
$S = \boxed{}$ cm²

(2)
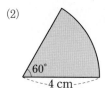
60°
4 cm

$l = \boxed{}$ cm
$S = \boxed{}$ cm²

(3)
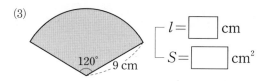
120°   9 cm

$l = \boxed{}$ cm
$S = \boxed{}$ cm²

(4)
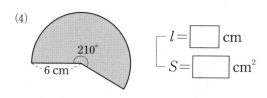
210°   6 cm

$l = \boxed{}$ cm
$S = \boxed{}$ cm²

(5)
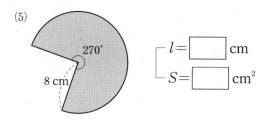
270°   8 cm

$l = \boxed{}$ cm
$S = \boxed{}$ cm²

02 다음과 같은 부채꼴의 반지름의 길이를 구하시오.

(1)

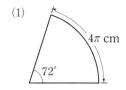

4π cm

72°

(2)

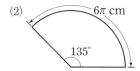

6π cm

135°

(3) 중심각의 크기가 60°, 호의 길이가 5π cm

(4) 중심각의 크기가 150°, 호의 길이가 10π cm

(5) 중심각의 크기가 240°, 호의 길이가 12π cm

03 다음과 같은 부채꼴의 중심각의 크기를 구하시오.

(1)

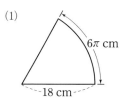

6π cm

18 cm

(2)

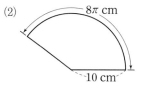

8π cm

10 cm

(3) 반지름의 길이가 16 cm, 호의 길이가 4π cm

(4) 반지름의 길이가 9 cm, 호의 길이가 6π cm

(5) 반지름의 길이가 12 cm, 호의 길이가 20π cm

04 다음과 같은 부채꼴의 반지름의 길이를 구하시오.

(1)

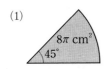

(2)

(3) 중심각의 크기가 36°, 넓이가 $10\pi \text{ cm}^2$

(4) 중심각의 크기가 150°, 넓이가 $15\pi \text{ cm}^2$

(5) 중심각의 크기가 240°, 넓이가 $6\pi \text{ cm}^2$

05 다음과 같은 부채꼴의 중심각의 크기를 구하시오.

(1)

(2)

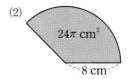

(3) 반지름의 길이가 4 cm, 넓이가 $4\pi \text{ cm}^2$

(4) 반지름의 길이가 6 cm, 넓이가 $12\pi \text{ cm}^2$

(5) 반지름의 길이가 9 cm, 넓이가 $36\pi \text{ cm}^2$

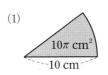

07 다음과 같은 부채꼴의 호의 길이를 구하시오.

(1)

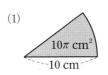
10π cm²
10 cm

····◇ 부채꼴의 호의 길이와 넓이 사이의 관계 ◇····

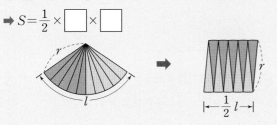

반지름의 길이가 r, 호의 길이가 l인 부채꼴의 넓이를 S라 하면

➡ $S = \dfrac{1}{2} \times \boxed{} \times \boxed{}$

(2)

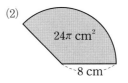
24π cm²
8 cm

06 다음과 같은 부채꼴의 넓이를 구하시오.

(1)

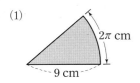
2π cm
9 cm

(2)

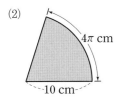
4π cm
10 cm

(3)

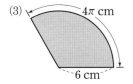
4π cm
6 cm

(3) 반지름의 길이가 6 cm, 넓이가 15π cm²

(4) 반지름의 길이가 9 cm, 넓이가 45π cm²

(4)

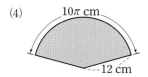
10π cm
12 cm

(5) 반지름의 길이가 12 cm, 넓이가 48π cm²

(5)

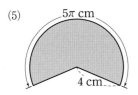
5π cm
4 cm

08 다음과 같은 부채꼴의 반지름의 길이를 구하시오.

(1)
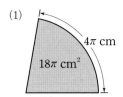

(2)
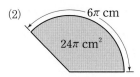

(3) 호의 길이가 2π cm, 넓이가 15π cm^2

(4) 호의 길이가 7π cm, 넓이가 21π cm^2

(5) 호의 길이가 8π cm, 넓이가 40π cm^2

09 다음과 같은 부채꼴의 중심각의 크기를 구하시오.

(1)
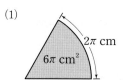

🖊 반지름의 길이를 r cm라 하면 넓이는

$\dfrac{1}{2} \times r \times \boxed{} = 6\pi$ 이므로 $r = \boxed{}$

중심각의 크기를 $x°$라 하면 호의 길이는

$2\pi \times \boxed{} \times \dfrac{x}{360} = 2\pi$ 이므로 $x = \boxed{}$

따라서 중심각의 크기는 $\boxed{}$ 이다.

(2)
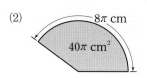

(3) 호의 길이가 2π cm, 넓이가 9π cm^2

(4) 호의 길이가 4π cm, 넓이가 32π cm^2

(5) 호의 길이가 10π cm, 넓이가 60π cm^2

10 다음 그림에서 색칠한 부분의 둘레의 길이와 넓이를 구하시오.

(1)
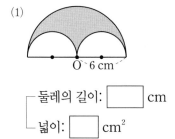

둘레의 길이: ⬜ cm

넓이: ⬜ cm²

(2)
둘레의 길이: (⬜)cm

넓이: ⬜ cm²

(3)
둘레의 길이: (⬜)cm

넓이: ⬜ cm²

(4)
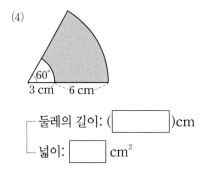

둘레의 길이: (⬜)cm

넓이: ⬜ cm²

(5)
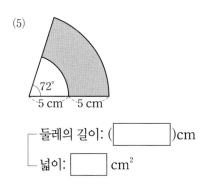

둘레의 길이: (⬜)cm

넓이: ⬜ cm²

(6)
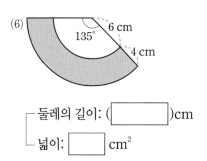

둘레의 길이: (⬜)cm

넓이: ⬜ cm²

11 다음 그림에서 색칠한 부분의 둘레의 길이와 넓이를 구하시오.

(1)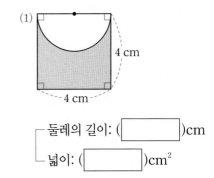

4 cm

4 cm

┌ 둘레의 길이: (_____)cm
└ 넓이: (_____)cm²

(2)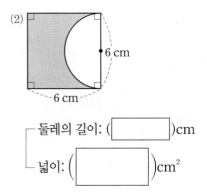

6 cm

6 cm

┌ 둘레의 길이: (_____)cm
└ 넓이: (_____)cm²

(3)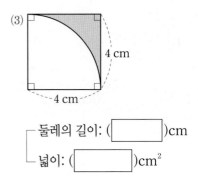

4 cm

4 cm

┌ 둘레의 길이: (_____)cm
└ 넓이: (_____)cm²

(4)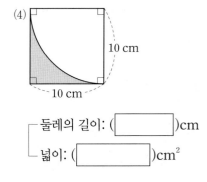

10 cm

10 cm

┌ 둘레의 길이: (_____)cm
└ 넓이: (_____)cm²

(5)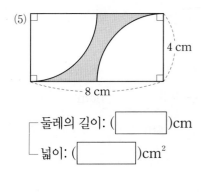

4 cm

8 cm

┌ 둘레의 길이: (_____)cm
└ 넓이: (_____)cm²

(6)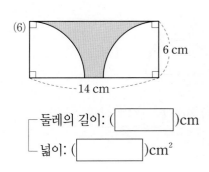

6 cm

14 cm

┌ 둘레의 길이: (_____)cm
└ 넓이: (_____)cm²

(7)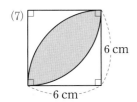

✏ (둘레의 길이)$=\left(2\pi \times \boxed{} \times \dfrac{1}{4}\right) \times 2$

$\qquad\qquad = \boxed{}\,(\text{cm})$

(넓이)$=\left(\text{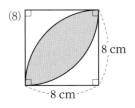} \right) \times 2$

$\qquad = \left(\pi \times 6^2 \times \boxed{} - \dfrac{1}{2} \times 6 \times \boxed{}\right) \times 2$

$\qquad = \left(\boxed{}\pi - \boxed{} \right) \times 2$

$\qquad = \boxed{}\pi - \boxed{}\,(\text{cm}^2)$

(8)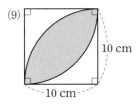

┌ 둘레의 길이: $\boxed{}$ cm

└ 넓이: $(\boxed{})\text{cm}^2$

(9)

┌ 둘레의 길이: $\boxed{}$ cm

└ 넓이: $(\boxed{})\text{cm}^2$

(10)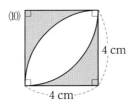

✏ (둘레의 길이)$=\left(2\pi \times \boxed{} \times \dfrac{1}{4} + 2 \times \boxed{}\right) \times 2$

$\qquad\qquad = \boxed{}\pi + \boxed{}\,(\text{cm})$

(넓이)$=\left(\text{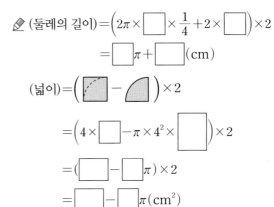} \right) \times 2$

$\qquad = \left(4 \times \boxed{} - \pi \times 4^2 \times \boxed{}\right) \times 2$

$\qquad = \left(\boxed{} - \boxed{}\pi \right) \times 2$

$\qquad = \boxed{} - \boxed{}\pi\,(\text{cm}^2)$

(11)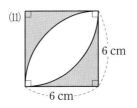

┌ 둘레의 길이: $(\boxed{})\text{cm}$

└ 넓이: $(\boxed{})\text{cm}^2$

(12)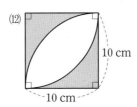

┌ 둘레의 길이: $(\boxed{})\text{cm}$

└ 넓이: $(\boxed{})\text{cm}^2$

12 다음 그림에서 색칠한 부분의 둘레의 길이와 넓이를 구하시오.

(1)

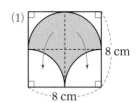

8 cm

8 cm

둘레의 길이: ☐ cm

넓이: ☐ cm²

(2)

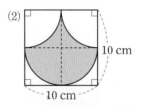

10 cm

10 cm

둘레의 길이: ☐ cm

넓이: ☐ cm²

(3)

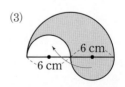

6 cm

6 cm

둘레의 길이: ☐ cm

넓이: ☐ cm²

(4)

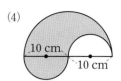

10 cm

10 cm

둘레의 길이: ☐ cm

넓이: ☐ cm²

(5)

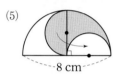

8 cm

둘레의 길이: ☐ cm

넓이: ☐ cm²

(6)

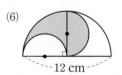

12 cm

둘레의 길이: ☐ cm

넓이: ☐ cm²

(7)
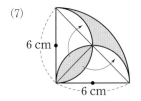
6 cm
6 cm

┌ 둘레의 길이: ☐ cm
└ 넓이: (☐)cm²

(8)
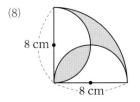
8 cm
8 cm

┌ 둘레의 길이: ☐ cm
└ 넓이: (☐)cm²

(9)
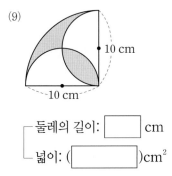
10 cm
10 cm

┌ 둘레의 길이: ☐ cm
└ 넓이: (☐)cm²

(10)
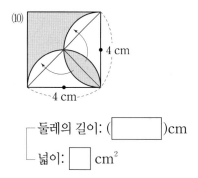
4 cm
4 cm

┌ 둘레의 길이: (☐)cm
└ 넓이: ☐ cm²

(11)
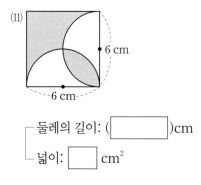
6 cm
6 cm

┌ 둘레의 길이: (☐)cm
└ 넓이: ☐ cm²

(12)
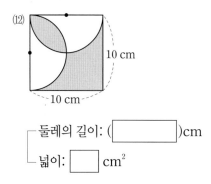
10 cm
10 cm

┌ 둘레의 길이: (☐)cm
└ 넓이: ☐ cm²

01 반지름의 길이가 6 cm인 원에서 가장 긴 현의 길이는?

① 3 cm   ② 6 cm   ③ 9 cm
④ 12 cm   ⑤ 15 cm

02 원 O에서 두 반지름 OA, OB와 호 AB로 이루어진 도형 AOB가 활꼴일 때, 이 도형의 중심각의 크기를 구하시오.

03 오른쪽 그림에서 $x+y$의 값은?

① 56   ② 58
③ 60   ④ 62
⑤ 64

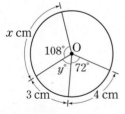

04 다음 그림의 원 O에서
$$\angle AOB : \angle BOC : \angle COA = 2 : 3 : 4$$
이고, 부채꼴 BOC의 넓이가 18 cm²일 때, 원 O의 넓이를 구하시오.

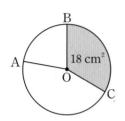

05 오른쪽 그림의 원 O에서 $\overset{\frown}{AB}=\dfrac{1}{2}\overset{\frown}{CD}$일 때, 다음 중 옳은 것을 모두 고르면? (정답 2개)

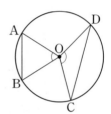

① $2\overline{AB}=\overline{CD}$
② $\overset{\frown}{AB} : \overset{\frown}{CD}=2 : 1$
③ $\angle COD=2\angle AOB$
④ $\triangle COD=2\triangle AOB$
⑤ $2 \times ($부채꼴 OAB의 넓이$)=($부채꼴 OCD의 넓이$)$

06 오른쪽 그림과 같이 한 변의 길이가 10 cm인 정오각형에서 색칠한 부분의 넓이는?

① 25π cm²   ② 30π cm²   ③ 35π cm²
④ 40π cm²   ⑤ 45π cm²

07 오른쪽 그림과 같이 반지름의 길이가 6 cm이고, 넓이가 15π cm²인 부채꼴의 중심각의 크기는?

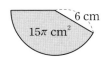

① 120°   ② 135°   ③ 144°
④ 150°   ⑤ 160°

10 오른쪽 그림에서 색칠한 부분의 넓이가 $(a+b\pi)$cm²일 때, $\dfrac{a}{b}$의 값을 구하시오.

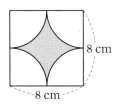

08 오른쪽 그림과 같이 반지름의 길이가 12 cm이고, 넓이가 18π cm²인 부채꼴의 호의 길이를 구하시오.

11 오른쪽 그림에서 색칠한 부분의 둘레의 길이를 a cm, 넓이를 b cm²라 할 때, $a-b$의 값을 구하시오.

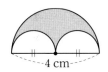

09 오른쪽 그림과 같이 호의 길이가 8π cm이고, 넓이가 24π cm²인 부채꼴의 중심각의 크기를 구하시오.

12 오른쪽 그림에서 색칠한 부분의 둘레의 길이를 a cm, 넓이를 b cm²라 할 때, $\dfrac{a}{b}$의 값을 구하시오.

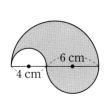

01 한 꼭짓점에서 대각선을 모두 그으면 8개의 삼각형으로 나누어지는 다각형의 변의 개수는?

① 7   ② 8   ③ 9
④ 10   ⑤ 11

02 이십일각형의 대각선의 개수를 구하시오.

03 오른쪽 그림에서 $\angle x - \angle y$의 크기는?

① 24°   ② 26°
③ 28°   ④ 32°
⑤ 34°

04 오른쪽 그림에서 $\angle x$의 크기를 구하시오.

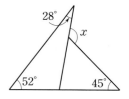

05 다음 그림에서 $\angle a - \angle b + \angle c$의 크기는?

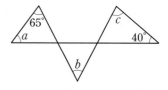

① 65°   ② 70°   ③ 75°
④ 80°   ⑤ 85°

06 오른쪽 그림에서 $\angle x$의 크기를 구하시오.

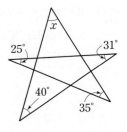

07 대각선의 개수가 35인 다각형의 내각의 크기의 합은?

① 720°   ② 900°   ③ 1080°

④ 1260°   ⑤ 1440°

10 오른쪽 그림의 반원에서
$\overset{\frown}{AB} : \overset{\frown}{CD} = 4 : 5$이고,
∠BOC=72°일 때,
∠COD의 크기를 구하시오.

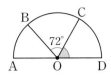

08 내각의 크기의 합이 1800°인 정다각형의 한 꼭짓점에서
내각과 외각의 크기의 비는?

① 3 : 2   ② 5 : 1   ③ 7 : 2

④ 9 : 1   ⑤ 13 : 2

11 오른쪽 그림에서 x의 값은?

① 6   ② 7

③ 9   ④ 12

⑤ 14

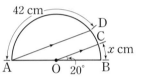

09 오른쪽 그림의 원 O에서
$\overset{\frown}{AB} = \overset{\frown}{BC}$,
$\overline{AB}=5$ cm, $\overline{AO}=4$ cm
일 때, 사각형 OABC의 둘레의
길이를 구하시오.

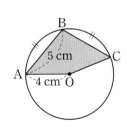

12 둘레의 길이가 16π cm인 원의 넓이를 구하시오.

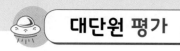
13 호의 길이가 π cm, 넓이가 5π cm²인 부채꼴의 중심각의 크기는?

① 15°　　　　② 18°　　　　③ 20°
④ 24°　　　　⑤ 36°

16 오른쪽 그림에서 색칠한 부분의 둘레의 길이는?

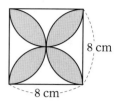

① 8π cm　　　② 12π cm
③ 14π cm　　　④ 16π cm
⑤ 18π cm

14 오른쪽 그림과 같이 지름의 길이가 20 cm인 반원에서 색칠한 부채꼴의 넓이의 합은?

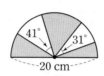

① 20π cm²　　② 25π cm²　　③ 30π cm²
④ 35π cm²　　⑤ 40π cm²

17 오른쪽 그림에서 색칠한 부분의 넓이가 $(a+b\pi)$ cm²일 때, $\dfrac{a}{b}$의 값을 구하시오.

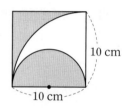

15 오른쪽 그림에서 색칠한 부분의 넓이를 구하시오.

18 오른쪽 그림에서 색칠한 부분의 넓이를 구하시오.

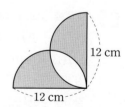

III

입체도형

01 다면체

(1) **다면체**: 다각형인 면으로만 둘러싸인 입체도형

    ① 다면체의 면: 다면체를 둘러싸고 있는 다각형

    ② 다면체의 모서리: 다각형의 변

    ③ 다면체의 꼭짓점: 다각형의 꼭짓점

    참고 다면체는 둘러싸인 면의 개수에 따라 사면체, 오면체, 육면체, ...라고 한다.

(2) 다면체의 종류

    ① 각기둥: 두 밑면은 서로 평행하고 합동인 다각형이고, 옆면은 모두 직사각형인 다면체

    ② 각뿔: 밑면은 다각형이고, 옆면은 모두 삼각형인 다면체

    ③ **각뿔대**: 각뿔을 밑면에 평행한 평면으로 잘라서 생기는 두 다면체 중에서 각뿔이 아닌 쪽의 입체도형

    ➡ • 밑면: 각뿔대에서 서로 평행한 두 면   • 옆면: 각뿔대에서 밑면이 아닌 면

        • 높이: 각뿔대의 두 밑면에 수직인 선분의 길이

참고

	n각기둥	n각뿔	n각뿔대
밑면의 모양	n각형	n각형	n각형
옆면의 모양	직사각형	삼각형	사다리꼴
면의 개수	$n+2$ $\to (n+2)$면체	$n+1$ $\to (n+1)$면체	$n+2$ $\to (n+2)$면체
모서리의 개수	$3n$	$2n$	$3n$
꼭짓점의 개수	$2n$	$n+1$	$2n$

사각기둥   사각뿔   사각뿔대

···◦ **다면체** ◦·····························

다면체: ⬚ 인 면으로만 둘러싸인 입체도형

01 다음 중 다면체인 것은 ○, 다면체가 아닌 것은 ×를 ( ) 안에 써넣으시오.

(1)
             (   )

(2)
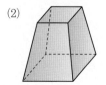
             (   )

(3)

             (   )

(4)
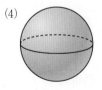
             (   )

(5)
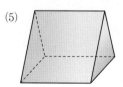
             (   )

(6)

             (   )

02 다음 입체도형을 보고 표를 완성하시오.

(1)

면의 개수	
몇 면체인가?	
모서리의 개수	
꼭짓점의 개수	

(2)

면의 개수	
몇 면체인가?	
모서리의 개수	
꼭짓점의 개수	

(3)

면의 개수	
몇 면체인가?	
모서리의 개수	
꼭짓점의 개수	

(4)

면의 개수	
몇 면체인가?	
모서리의 개수	
꼭짓점의 개수	

03 다음을 만족시키는 다면체를 보기 에서 모두 구하시오.

보기

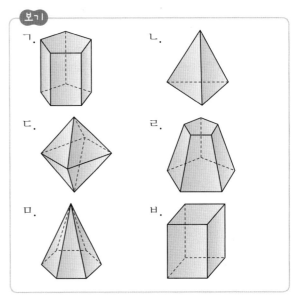

(1) 칠면체

(2) 꼭짓점의 개수가 10인 다면체

(3) 모서리의 개수가 12인 다면체

(4) (면의 개수) = (꼭짓점의 개수)인 다면체

(5) (면의 개수) > (꼭짓점의 개수)인 다면체

...◦⟨ **다면체의 종류** ⟩·············

① 각기둥: 두 밑면은 서로 평행하고 [ ]인 다각형이고,

옆면은 모두 [ ]인 다면체

② 각뿔: 밑면은 [ ]이고,

옆면은 모두 [ ]인 다면체

③ 각뿔대: 각뿔을 밑면에 [ ]한 평면으로 잘라서 생기는

두 다면체 중에서 [ ]이 아닌 쪽의 입체도형

04 다음 표를 완성하시오.

(1)

	삼각기둥	삼각뿔	삼각뿔대
밑면의 모양			
옆면의 모양			
면의 개수			
모서리의 개수			
꼭짓점의 개수			

(2)

	사각기둥	사각뿔	사각뿔대
밑면의 모양			
옆면의 모양			
면의 개수			
모서리의 개수			
꼭짓점의 개수			

(3)

	오각기둥	오각뿔	오각뿔대
밑면의 모양			
옆면의 모양			
면의 개수			
모서리의 개수			
꼭짓점의 개수			

(4)

	칠각기둥	칠각뿔	칠각뿔대
밑면의 모양			
옆면의 모양			
면의 개수			
모서리의 개수			
꼭짓점의 개수			

(5)

	n각기둥	n각뿔	n각뿔대
밑면의 모양			
옆면의 모양			
면의 개수			
모서리의 개수			
꼭짓점의 개수			

05 다음 조건을 모두 만족시키는 입체도형을 구하시오.

(1)
> ㈎ 두 밑면이 서로 평행하다.
> ㈏ 두 밑면이 서로 합동이다.
> ㈐ 밑면의 모양은 육각형이다.
> ㈑ 옆면의 모양은 직사각형이다.

➡ ....

(2)
> ㈎ 두 밑면이 서로 평행하다.
> ㈏ 두 밑면은 합동이 아니다.
> ㈐ 옆면의 모양은 사다리꼴이다.
> ㈑ 모서리의 개수는 9이다.

➡ ....

(3)
> ㈎ 옆면의 모양은 삼각형이다.
> ㈏ 면의 개수와 꼭짓점의 개수가 같다.
> ㈐ 모서리의 개수는 20이다.

➡ ....

(4)
> ㈎ 밑면의 개수는 1이다.
> ㈏ 옆면의 모양은 삼각형이다.
> ㈐ 꼭짓점의 개수는 16이다.

➡ ....

(5)
> ㈎ 두 밑면이 서로 평행하다.
> ㈏ 옆면의 모양은 직사각형이 아닌 사다리꼴이다.
> ㈐ 면의 개수는 11이다.

➡ ....

06 다음 전개도로 만들 수 있는 입체도형을 구하시오.

(1)
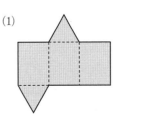
➡ ....

(2)
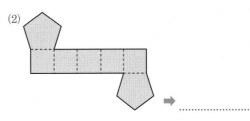
➡ ....

(3)
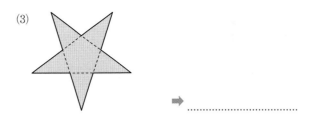
➡ ....

(4)
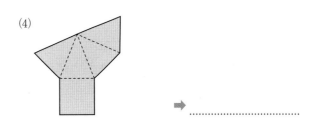
➡ ....

(5)
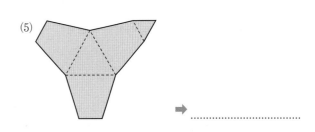
➡ ....

(6)
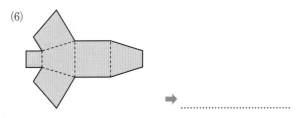
➡ ....

(1) **정다면체**: 모든 면이 합동인 정다각형이고, 각 꼭짓점에 모인 면의 개수가 같은 다면체
(2) 정다면체의 종류

	정사면체	정육면체	정팔면체	정십이면체	정이십면체
정다면체					
전개도					

참고 정다면체가 다섯 가지뿐인 이유: 입체도형이 되려면 한 꼭짓점에서 3개 이상의 면이 만나야 하고,
한 꼭짓점에 모인 면의 내각의 크기의 합이 360°보다 작아야 한다.

정사면체	정팔면체	정이십면체	정육면체	정십이면체

····○ **정다면체** ○··············

(1) 정다면체: 모든 면이 □인 정다각형이고,

각 꼭짓점에 모인 면의 □가 같은 다면체

(2) 정다면체의 종류: 정□면체, 정□면체, 정□면체,

정□면체, 정□면체의 다섯 가지 뿐이다.

01 다음을 만족시키는 정다면체를 모두 쓰시오.

(1) 각 면의 모양이 정삼각형인 정다면체

➡ ....

(2) 각 면의 모양이 정사각형인 정다면체

➡ ....

(3) 각 면의 모양이 정오각형인 정다면체

➡ ....

(4) 각 꼭짓점에 모인 면이 3개인 정다면체

➡ ....

(5) 각 꼭짓점에 모인 면이 4개인 정다면체

➡ ....

(6) 각 꼭짓점에 모인 면이 5개인 정다면체

➡ ....

02 다음 정다면체에 대하여 표를 완성하시오.

(1) 정사면체

면의 모양	
한 꼭짓점에 모인 면의 개수	
모서리의 개수	
꼭짓점의 개수	

(2) 정육면체

면의 모양	
한 꼭짓점에 모인 면의 개수	
모서리의 개수	
꼭짓점의 개수	

(3) 정팔면체

면의 모양	
한 꼭짓점에 모인 면의 개수	
모서리의 개수	
꼭짓점의 개수	

(4) 정십이면체

면의 모양	
한 꼭짓점에 모인 면의 개수	
모서리의 개수	
꼭짓점의 개수	

(5) 정십이면체

면의 모양	
한 꼭짓점에 모인 면의 개수	
모서리의 개수	
꼭짓점의 개수	

03 다음 전개도로 만들 수 있는 정다면체를 찾아 연결하시오.

(1) 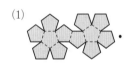 · · ㉠

(2) 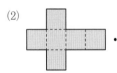 · · ㉡

(3) 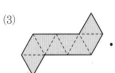 · · ㉢

(4)   · · ㉣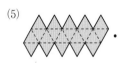

(5)   · · ㉤

04 다음 중 정육면체의 전개도인 것은 ○, 정육면체의 전개도 가 아닌 것은 ✕를 ( ) 안에 써넣으시오.

(1)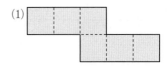

( )

(2)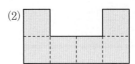

( )

(3)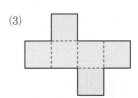

( )

(4)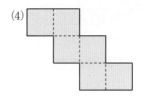

( )

(5)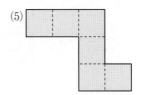

( )

(6)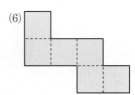

( )

05 다음 전개도로 정다면체를 만들 때, □ 안에 알맞은 것을 써 넣으시오.

(1)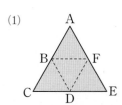

• 점 A와 겹쳐지는 꼭짓점 ➡ 점 ☐, 점 ☐

• 모서리 BC와 겹쳐지는 모서리 ➡ 모서리 ☐

• 모서리 DE와 꼬인 위치에 있는 모서리

➡ 모서리 ☐

(2)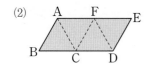

• 점 B와 겹쳐지는 꼭짓점 ➡ 점 ☐

• 모서리 AB와 겹쳐지는 모서리 ➡ 모서리 ☐

• 모서리 AB와 꼬인 위치에 있는 모서리

➡ 모서리 ☐

(3)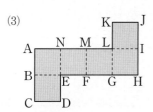

• 점 A와 겹쳐지는 꼭짓점 ➡ 점 ☐

• 모서리 CD와 겹쳐지는 모서리 ➡ 모서리 ☐

• 면 BCDE와 평행한 면 ➡ 면 ☐

(4)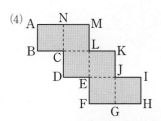

• 점 A와 겹쳐지는 꼭짓점 ➡ 점 ☐

• 모서리 CD와 겹쳐지는 모서리 ➡ 모서리 ☐

• 면 CDEL과 평행한 면 ➡ 면 ☐

03 회전체

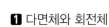

Ⅲ-1 다면체와 회전체

(1) **회전체**: 평면도형을 한 직선을 축으로 하여 1회전 시킬 때 생기는 입체도형

   ① **회전축**: 회전시킬 때 축으로 사용한 직선 l

   ② **모선**: 회전하면서 옆면을 만드는 선분

   참고 • 구는 회전축이 무수히 많다.

        • 구에서는 모선을 생각할 수 없다.

(2) **원뿔대**: 원뿔을 밑면에 평행한 평면으로 잘라서 생기는 두 입체도형 중에서 원뿔이 아닌 쪽의 입체도형

  ➡ • 밑면: 원뿔대에서 서로 평행한 두 면

     • 옆면: 원뿔대에서 밑면이 아닌 곡면

     • 높이: 원뿔대의 두 밑면에 수직인 선분의 길이

(3) 회전체의 성질

   ① 회전체를 회전축에 수직인 평면으로 자른 단면의 경계는 항상 원이다.

   ② 회전체를 회전축을 포함하는 평면으로 자를 때 생기는 단면은 회전축을 대칭축으로 하는 선대칭도형이며

       모두 합동이다.

········◖ **회전체** ◗·······························

(1) 회전체: 평면도형을 한 직선을 〔 〕으로 하여 1회전 시킬 때

     생기는 입체도형

(2) 원뿔대: 원뿔을 밑면에 〔   〕한 평면으로 잘라서 생기는

     두 입체도형 중에서 〔   〕이 아닌 쪽의 입체도형

01 다음 중 회전체인 것은 ○, 회전체가 아닌 것은 ✕를 ( )
안에 써넣으시오.

(1)

(   )

(2)

(   )

(3)

(   )

(4)

(   )

(5)

(   )

(6)

(   )

02 다음 그림과 같은 평면도형을 직선 l을 회전축으로 하여 1회전 시킬 때 생기는 회전체의 겨냥도를 그리시오.

(1)

(2)

(3)

(4)

(5)

··········◖ **회전체의 성질** ◗··························

① 회전체를 회전축에 수직인 평면으로 자른 단면의 경계는 항상

　 ☐ 이다.

② 회전체를 회전축을 포함하는 평면으로 자를 때 생기는 단면은

　 회전축을 대칭축으로 하는 ☐ 도형이며

　 모두 ☐ 이다.

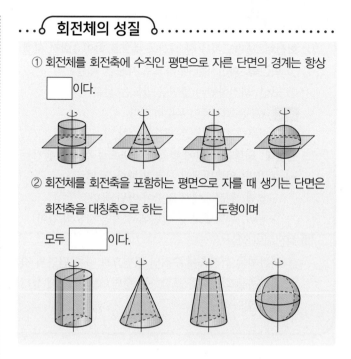

03 다음 회전체를 회전축에 수직인 평면으로 자를 때 생기는 단면의 모양을 그리시오.

(1)

(2)

(3)
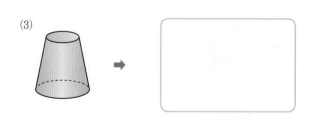

(4)

04 다음 회전체를 회전축을 포함하는 평면으로 자를 때 생기는 단면의 모양을 그리시오.

(1)

(2)

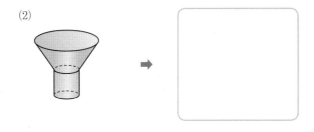

(3)

(4)

(5)

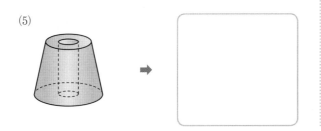

05 다음과 같은 평면도형을 직선 l을 회전축으로 하여 1회전 시킬 때 생기를 회전체를 회전축을 포함하는 평면으로 자른 단면을 그리고, 단면의 넓이를 구하시오.

(1)

(2)

(3)

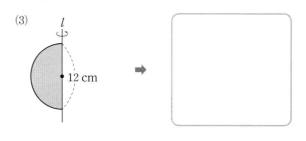

(4)

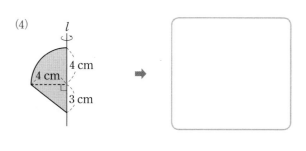

04 회전체의 전개도

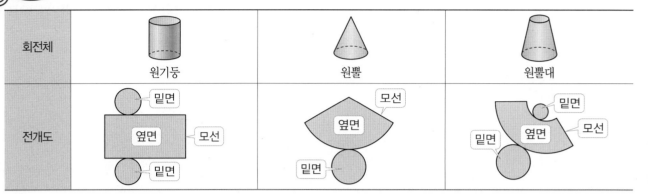

회전체	원기둥	원뿔	원뿔대
전개도	밑면 / 옆면 / 모선 / 밑면	모선 / 옆면 / 밑면	밑면 / 옆면 / 모선 / 밑면

참고 구의 전개도는 그릴 수 없다.

···◦ **원기둥의 전개도** ◦····················

원기둥의 전개도에서

(직사각형의 가로의 길이)=(밑면인 원의 □□의 길이)

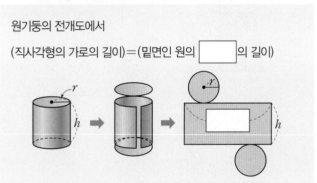

01 다음 그림과 같은 회전체의 전개도에서 a, b의 값을 차례대로 구하시오.

(1)
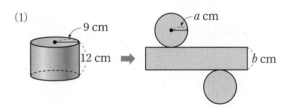

(2)
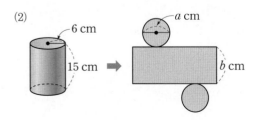

(3)
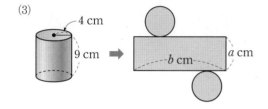

(4)
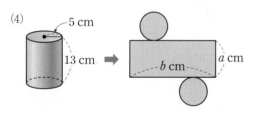

(5)
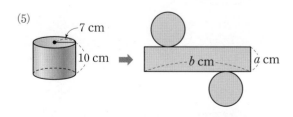

•··◦ 원뿔의 전개도 ◦·····

원뿔의 전개도에서

(부채꼴의 반지름의 길이)＝(원뿔의 [　　　]의 길이)

(부채꼴의 호의 길이)＝(밑면인 원의 [　　　]의 길이)

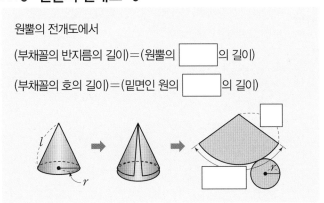

02 다음 그림과 같은 회전체의 전개도에 대하여 a, b의 값을 차례대로 구하시오.

(1)
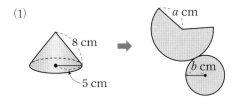

(2)
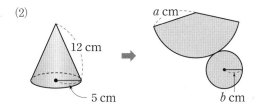

(3)
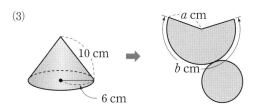

(4)
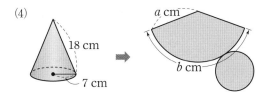

•··◦ 원뿔대의 전개도 ◦·····

원뿔대의 전개도에서

(잘린 부채꼴의 호의 길이)＝(밑면인 원의 [　　　]의 길이)

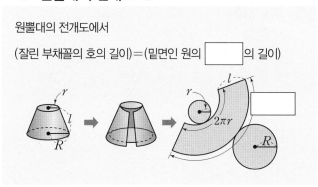

03 다음 그림과 같은 회전체의 전개도에 대하여 a, b의 값을 차례대로 구하시오.

(1)
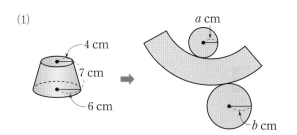

(2)
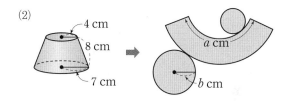

(3)
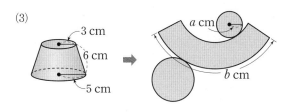

(4)
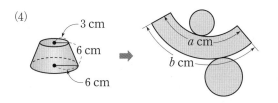

01 다음 보기에서 다면체를 모두 고르시오.

보기
ㄱ. 삼각뿔　　ㄴ. 육각기둥　　ㄷ. 원기둥
ㄹ. 구　　　　ㅁ. 정육면체　　ㅂ. 오각뿔

02 다음 입체도형 중 면의 개수와 꼭짓점의 개수가 같은 것을 모두 고르면? (정답 2개)

① 사각기둥　　② 사각뿔　　③ 오각기둥
④ 원뿔대　　　⑤ 칠각뿔

03 칠각기둥의 면의 개수를 a, 육각뿔의 꼭짓점의 개수를 b, 오각뿔대의 모서리의 개수를 c라 할 때, $a+b-c$의 값을 구하시오.

04 다음 중 정다면체와 그 면의 모양을 짝지은 것으로 옳은 것을 모두 고르면? (정답 2개)

① 정사면체 ― 정사각형
② 정육면체 ― 정삼각형
③ 정팔면체 ― 정삼각형
④ 정십이면체 ― 정오각형
⑤ 정이십면체 ― 정육각형

05 다음 보기에서 한 꼭짓점에 모인 면이 3개인 것을 모두 고르시오.

보기
ㄱ. 정사면체　　　　ㄴ. 정육면체
ㄷ. 정팔면체　　　　ㄹ. 정십이면체
ㅁ. 정이십면체

06 정육면체의 모서리의 개수를 a, 정팔면체의 꼭짓점의 개수를 b라 할 때, $\dfrac{a}{b}$의 값을 구하시오.

07 오른쪽 그림의 입체도형은 어느 도형을
회전시킨 것인가?

①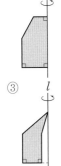

②

③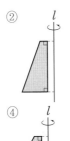

④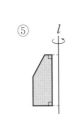

⑤

08 다음 중 어떤 평면으로 잘라도 그 단면이 항상 원이 되는
회전체는?

① 원기둥　　② 원뿔　　③ 원뿔대
④ 구　　⑤ 반구

09 다음 중 회전축에 수직인 평면으로 자를 때 생기는 단면이
항상 합동인 회전체는?

① 원기둥　　② 원뿔　　③ 원뿔대
④ 구　　⑤ 반구

10 오른쪽 그림과 같은 회전체를 회전
축을 포함하는 평면으로 자를 때 생
기는 단면의 넓이를 구하시오.

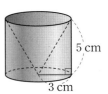

11 오른쪽 그림과 같은 직각삼각형 ABC
를 변 AC를 회전축으로 하여 1회전
시킬 때 생기는 입체도형에서 밑면의
둘레의 길이는?

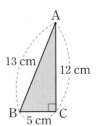

① 5π cm　　② 10π cm
③ 12π cm　　④ 13π cm
⑤ 24π cm

12 오른쪽 그림과 같은 원뿔대의
전개도에서 두 호 $\widehat{AD}$, $\widehat{BC}$
의 길이의 합을 구하시오.

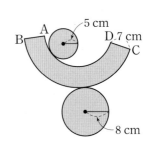

개념 05 기둥의 겉넓이

(1) 각기둥의 겉넓이

→ (밑넓이)×2+(옆넓이)

= (밑넓이)×2+(밑면의 둘레의 길이)×(높이)

└→ 각기둥의 옆면은 모두 직사각형

(2) 원기둥의 겉넓이

밑면의 반지름의 길이가 r, 높이가 h인 원기둥의 겉넓이

→ (밑넓이)×2+(옆넓이)

= $2\pi r^2 + 2\pi rh$ └→ 원기둥의 옆면은 직사각형

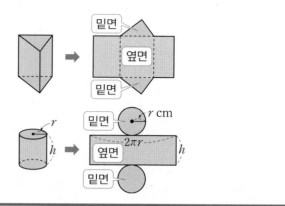

··········○⌇ **각기둥의 겉넓이** ⌇○··························

(각기둥의 겉넓이)

= (밑넓이) × ☐ + (옆넓이)

= (밑넓이) × ☐ + (밑면의 ☐ 의 길이) × (☐)

01 다음 그림과 같은 삼각기둥의 겉넓이를 구하시오.

(1)
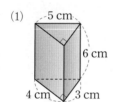

✐ (밑넓이) = $\dfrac{1}{2} \times 3 \times$ ☐ = ☐ (cm²)

(옆넓이) = (3+4+☐) × ☐ = ☐ (cm²)

∴ (겉넓이) = ☐ × 2 + ☐ = ☐ (cm²)

(2)
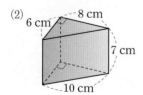

(3)
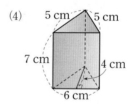

(4)
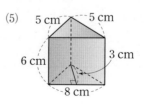

(5)

02 다음 그림과 같은 사각기둥의 겉넓이를 구하시오.

(1)

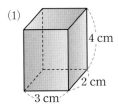

4 cm
2 cm
3 cm

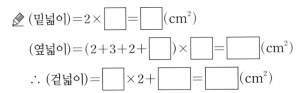

✎ (밑넓이)$=2\times\boxed{}=\boxed{}$(cm^2)

(옆넓이)$=(2+3+2+\boxed{})\times\boxed{}=\boxed{}$(cm^2)

∴ (겉넓이)$=\boxed{}\times2+\boxed{}=\boxed{}$(cm^2)

(2)

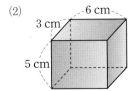

6 cm
3 cm
5 cm

(3)

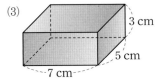

3 cm
5 cm
7 cm

(4)

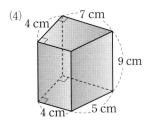

7 cm
4 cm
9 cm
4 cm
5 cm

(5)

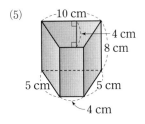

10 cm
4 cm
8 cm
5 cm
5 cm
4 cm

(6)

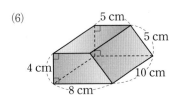

5 cm
5 cm
4 cm
10 cm
8 cm

03 옆넓이가 다음과 같은 각기둥의 높이를 구하시오.

(1) 옆넓이가 102 cm²인 삼각기둥

(2) 옆넓이가 200 cm²인 삼각기둥

(3) 옆넓이가 210 cm²인 사각기둥

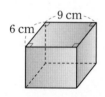

(4) 옆넓이가 216 cm²인 사각기둥

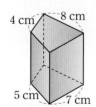

·····◦ **원기둥의 겉넓이** ◦·····················

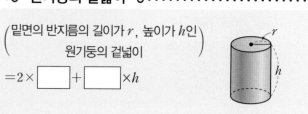

$\left(\begin{array}{c}\text{밑면의 반지름의 길이가 } r\text{, 높이가 } h\text{인} \\ \text{원기둥의 겉넓이}\end{array}\right)$

$= 2 \times \boxed{} + \boxed{} \times h$

04 다음 그림과 같은 원기둥의 겉넓이를 구하시오.

(1)

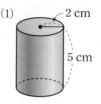

✎ (밑넓이) $= \pi \times \boxed{}^2 = \boxed{}$ (cm²)

(옆넓이) $= (2\pi \times \boxed{}) \times 5 = \boxed{}$ (cm²)

∴ (겉넓이) $= \boxed{} \times 2 + \boxed{} = \boxed{}$ (cm²)

(2)

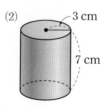

(3)

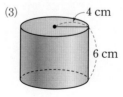

(4)

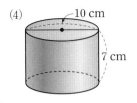

10 cm
7 cm

(5)

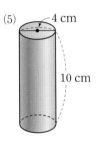

4 cm
10 cm

(6)

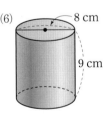

8 cm
9 cm

05 옆넓이가 다음과 같은 원기둥의 높이를 구하시오.

(1) 옆넓이가 28π cm²인 원기둥

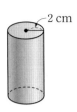

2 cm

(2) 옆넓이가 140π cm²인 원기둥

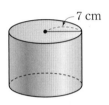

7 cm

(3) 옆넓이가 99π cm²인 원기둥

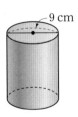

9 cm

(4) 옆넓이가 180π cm²인 원기둥

15 cm

06 다음 그림과 같은 기둥의 겉넓이를 구하시오.

(1)

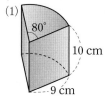

✐ (밑넓이)$= \pi \times \boxed{}^2 \times \dfrac{\boxed{}}{360} = \boxed{}(\text{cm}^2)$

(옆넓이)$= \left(2\pi \times 9 \times \dfrac{\boxed{}}{360} + 9 + 9 \right) \times \boxed{}$

$= \boxed{} + 180(\text{cm}^2)$

∴ (겉넓이)$= \boxed{} \times 2 + (\boxed{} + 180)$

$= \boxed{} + 180(\text{cm}^2)$

(2)

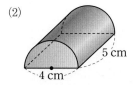

(3)

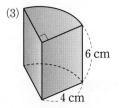

(4)

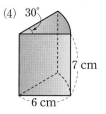

(5)

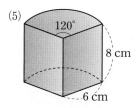

(6)

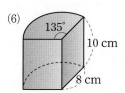

06 기둥의 부피

2 입체도형의 겉넓이와 부피

(1) 각기둥의 부피

밑면의 넓이가 S, 높이가 h인 각기둥의 부피

➡ (밑넓이)×(높이)=Sh

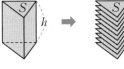

(2) 원기둥의 부피

밑면의 반지름의 길이가 r, 높이가 h인 원기둥의 부피

➡ (밑넓이)×(높이)=$\pi r^2 h$

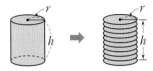

·····◦ **각기둥의 부피** ◦·························

(밑면의 넓이가 S, 높이가 h인 각기둥의 부피)

= (밑넓이)×□=$S×$□

01 다음 그림과 같은 삼각기둥의 부피를 구하시오.

(1)
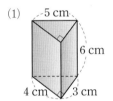
5 cm
6 cm
4 cm 3 cm

(2)
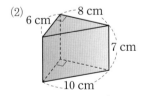
6 cm 8 cm
7 cm
10 cm

(3)
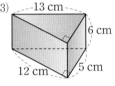
13 cm
6 cm
12 cm 5 cm

(4)
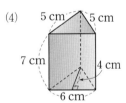
5 cm 5 cm
7 cm
4 cm
6 cm

(5)
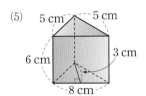
5 cm 5 cm
6 cm 3 cm
8 cm

02 다음 그림과 같은 사각기둥의 부피를 구하시오.

(1)
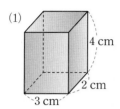

(2)
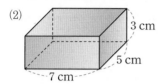

(3)
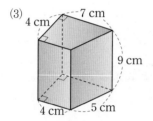

(4)
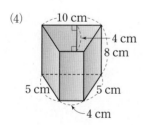

(5)
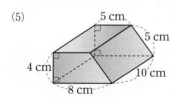

03 부피가 다음과 같은 각기둥의 높이를 구하시오.

(1) 부피가 70 cm³인 삼각기둥
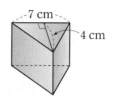

(2) 부피가 180 cm³인 삼각기둥

(3) 부피가 168 cm³인 사각기둥
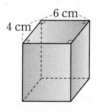

(4) 부피가 208 cm³인 사각기둥
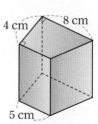

$$\begin{pmatrix} \text{밑면의 반지름의 길이가 } r, \\ \text{높이가 } h\text{인 원기둥의 부피} \end{pmatrix} = \boxed{} \times h$$

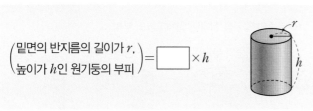

04 다음 그림과 같은 원기둥의 부피를 구하시오.

(1)

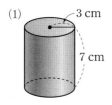

3 cm

7 cm

(2)

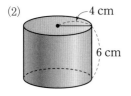

4 cm

6 cm

(3)

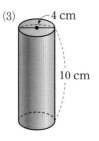

4 cm

10 cm

(4)

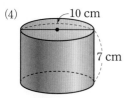

10 cm

7 cm

05 다음과 같은 원기둥의 높이를 구하시오.

(1) 밑면의 반지름의 길이가 3 cm, 부피가 99π cm³인 원기둥

(2) 밑면의 반지름의 길이가 4 cm, 부피가 80π cm³인 원기둥

(3) 밑면의 반지름의 길이가 5 cm, 부피가 150π cm³인 원기둥

(4) 밑면의 지름의 길이가 12 cm, 부피가 108π cm³인 원기둥

(5) 밑면의 지름의 길이가 14 cm, 부피가 245π cm³인 원기둥

(6) 밑면의 지름의 길이가 20 cm, 부피가 700π cm³인 원기둥

06 다음 그림과 같은 기둥의 부피를 구하시오.

(1)
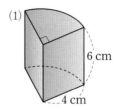
6 cm
4 cm

(2)
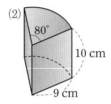
80°
10 cm
9 cm

(3)
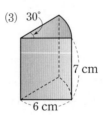
30°
7 cm
6 cm

(4)
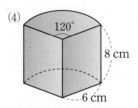
120°
8 cm
6 cm

(5)
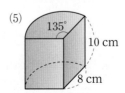
135°
10 cm
8 cm

....○〔 **다양한 입체도형의 부피** 〕○................

(1) 기둥의 일부를 잘라낸 입체도형의 부피

➡ (큰 기둥의 부피) ◯ (작은 기둥의 부피)

(2) 두 기둥을 합친 입체도형의 부피

➡ (큰 기둥의 부피) ◯ (작은 기둥의 부피)

07 다음 그림과 같은 입체도형의 부피를 구하시오.

(1)
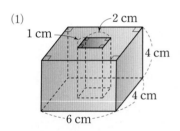
2 cm
1 cm
4 cm
4 cm
6 cm

(2)
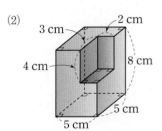
3 cm
2 cm
4 cm
8 cm
5 cm
5 cm

(3)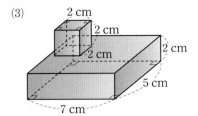

(4)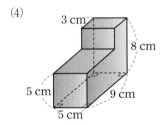

(5)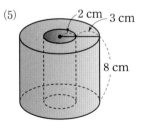

(6)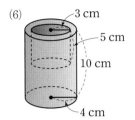

(7)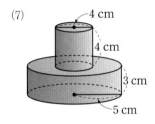

(8)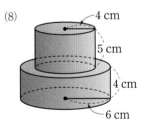

(1) 각뿔의 겉넓이
➡ (밑넓이)＋(옆넓이)
└─ 각뿔의 옆면은 모두 삼각형

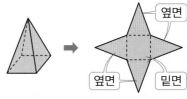

(2) 원뿔의 겉넓이
밑면의 반지름의 길이가 r, 모선의 길이가 l인 원뿔의 겉넓이
➡ (밑넓이)＋(옆넓이)＝$\pi r^2+\pi rl$
└─ 원뿔의 옆면은 부채꼴 └─ $\frac{1}{2}\times l\times 2\pi r$

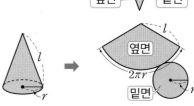

참고 (뿔대의 겉넓이)＝(두 밑넓이의 합)＋(옆넓이)

⋯⋯▸〔 **각뿔의 겉넓이** 〕⋯⋯⋯⋯⋯⋯⋯⋯⋯⋯⋯⋯⋯⋯⋯⋯⋯⋯⋯

(각뿔의 겉넓이)＝(밑넓이)＋(⬚)

01 다음 그림과 같은 사각뿔의 겉넓이를 구하시오.

(1)

✎ (밑넓이)＝$4\times$ ⬚ ＝ ⬚ (cm^2)

(옆넓이)＝$\left(\dfrac{1}{2}\times 4\times \boxed{}\right)\times 4=\boxed{}(\mathrm{cm}^2)$

∴ (겉넓이)＝ ⬚ ＋ ⬚ ＝ ⬚ (cm^2)

(2)
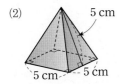

(3)

(4)
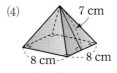

(5)
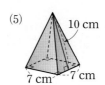

02 겉넓이가 다음과 같은 사각뿔에 대하여 x의 값을 구하시오.

(1) 겉넓이가 33 cm²인 사각뿔

(2) 겉넓이가 72 cm²인 사각뿔

(3) 겉넓이가 96 cm²인 사각뿔

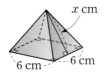

(4) 겉넓이가 225 cm²인 사각뿔

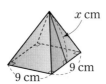

03 다음 그림과 같은 사각뿔대의 겉넓이를 구하시오.

(1)
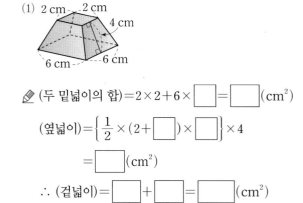

✎ (두 밑넓이의 합) $=2\times2+6\times\boxed{}=\boxed{}$(cm²)

(옆넓이) $=\left\{\dfrac{1}{2}\times(2+\boxed{})\times\boxed{}\right\}\times4$

$=\boxed{}$(cm²)

∴ (겉넓이) $=\boxed{}+\boxed{}=\boxed{}$(cm²)

(2)
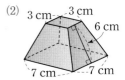

(3)
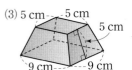

$$\begin{pmatrix} \text{밑면의 반지름의 길이가 } r, \\ \text{모선의 길이가 } l \text{인} \\ \text{원뿔의 겉넓이} \end{pmatrix} = \pi r^2 + \boxed{}$$

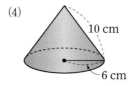

04 다음 그림과 같은 원뿔의 겉넓이를 구하시오.

(1)

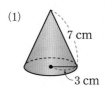

✏️ (밑넓이)$= \pi \times \boxed{}^2 = \boxed{}(\text{cm}^2)$

(옆넓이)$= \pi \times 3 \times \boxed{} = \boxed{}(\text{cm}^2)$

∴ (겉넓이)$= \boxed{} + \boxed{} = \boxed{}(\text{cm}^2)$

(2)

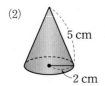

(3)

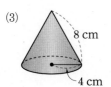

(4)

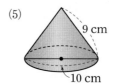

(5)

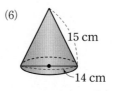

(6)

05 다음 그림과 같은 전개도로 만든 원뿔의 겉넓이를 구하시오.

(1)

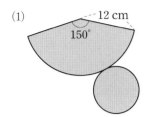

✎ 밑면의 반지름의 길이를 r cm라 하면

$$2\pi r = 2\pi \times \boxed{} \times \frac{\boxed{}}{360}$$ 이므로 $r = \boxed{}$

∴ (겉넓이) $= \pi \times \boxed{}^2 + \pi \times \boxed{} \times 12$

$= \boxed{}$ (cm²)

(2)

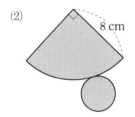

(3)

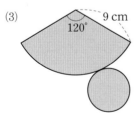

(4)

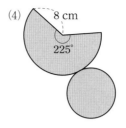

(5)

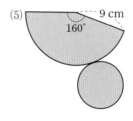

(6)

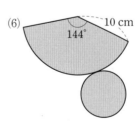

06 다음 그림과 같은 전개도로 만든 원뿔의 겉넓이를 구하시오.

(1)

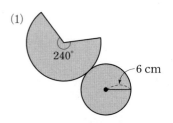

✎ 원뿔의 모선의 길이를 l cm라 하면

$$2\pi \times l \times \dfrac{\boxed{}}{360}=2\pi \times \boxed{}\ \text{이므로}\ l=\boxed{}$$

$$\therefore\ (\text{겉넓이})=\pi \times \boxed{}^{2}+\pi \times 6 \times \boxed{}$$

$$=\boxed{}(\text{cm}^{2})$$

(2)

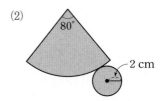

(3)

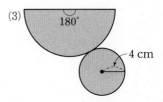

(4)

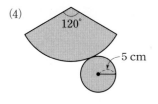

(5)

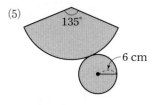

(6)

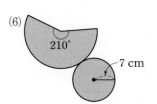

07 다음 그림과 같은 원뿔대의 겉넓이를 구하시오.

(1)

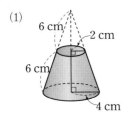

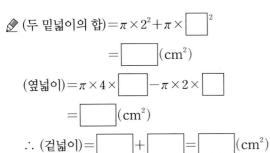

✎ (두 밑넓이의 합)$= \pi \times 2^2 + \pi \times \boxed{}^2$

$= \boxed{}(\mathrm{cm}^2)$

(옆넓이)$= \pi \times 4 \times \boxed{} - \pi \times 2 \times \boxed{}$

$= \boxed{}(\mathrm{cm}^2)$

∴ (겉넓이)$= \boxed{} + \boxed{} = \boxed{}(\mathrm{cm}^2)$

(2)

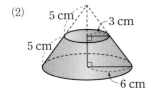

(3)

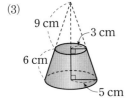

(4)

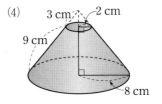

(5)

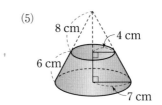

(6)

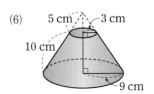

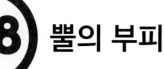

뿔의 부피

(1) 각뿔의 부피

　밑면의 넓이가 S, 높이가 h인 각뿔의 부피

　➡ $\frac{1}{3} \times$ (밑넓이) $\times$ (높이) $= \frac{1}{3} Sh$

　　참고 (각뿔대의 부피) $=$ (큰 각뿔의 부피) $-$ (작은 각뿔의 부피)

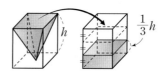

(2) 원뿔의 부피

　밑면의 반지름의 길이가 r, 높이가 h인 원뿔의 부피

　➡ $\frac{1}{3} \times$ (밑넓이) $\times$ (높이) $= \frac{1}{3} \pi r^2 h$

　　참고 (원뿔대의 부피) $=$ (큰 원뿔의 부피) $-$ (작은 원뿔의 부피)

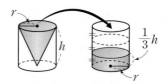

····ᄋ 각뿔의 부피 ᄋ·····························

(밑면의 넓이가 S, 높이가 h인 각뿔의 부피)

$= \boxed{} \times$ (밑넓이) $\times$ (높이) $= \boxed{} \times Sh$

01 다음 그림과 같은 삼각뿔의 부피를 구하시오.

(1)
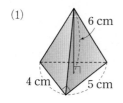
6 cm
4 cm　5 cm

(2)
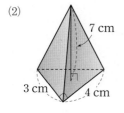
7 cm
3 cm　4 cm

(3)
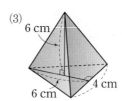
6 cm
6 cm　4 cm

(4)
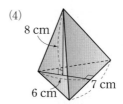
8 cm
6 cm　7 cm

(5)
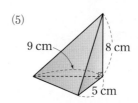
9 cm　8 cm
5 cm

02 다음 그림과 같은 사각뿔의 부피를 구하시오.

(1)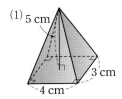
5 cm
3 cm
4 cm

(2)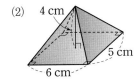
4 cm
5 cm
6 cm

(3)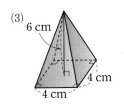
6 cm
4 cm
4 cm

(4)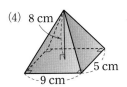
8 cm
5 cm
9 cm

(5)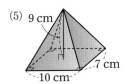
9 cm
7 cm
10 cm

03 다음을 구하시오.

(1) 밑면의 넓이가 10 cm², 부피가 20 cm³인 삼각뿔의 높이

(2) 밑면의 넓이가 12 cm², 부피가 32 cm³인 사각뿔의 높이

(3) 밑면의 넓이가 15 cm², 부피가 60 cm³인 오각뿔의 높이

(4) 높이가 5 cm, 부피가 25 cm³인 사각뿔의 밑면의 넓이

(5) 높이가 9 cm, 부피가 54 cm³인 오각뿔의 밑면의 넓이

(6) 높이가 12 cm, 부피가 68 cm³인 육각뿔의 밑면의 넓이

04 다음 그림과 같은 사각뿔대의 부피를 구하시오.

(1)
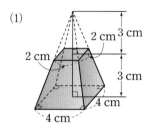

(2)
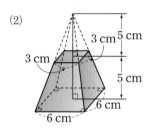

(3)
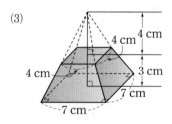

(4)
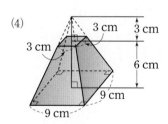

○··· **원뿔의 부피** ○ ··························

(밑면의 반지름의 길이가 r, 높이가 h인 원뿔의 부피)

$$= \boxed{} \times \pi r^2 \times \boxed{}$$

05 다음 그림과 같은 원뿔의 부피를 구하시오.

(1)

6 cm
2 cm

(2) 9 cm
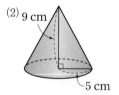
5 cm

(3) 6 cm
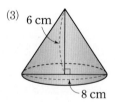
8 cm

(4) 12 cm
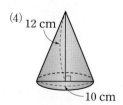
10 cm

06 다음을 구하시오.

(1) 밑면의 반지름의 길이가 3 cm, 부피가 27π cm³인 원뿔의 높이

(2) 밑면의 반지름의 길이가 4 cm, 부피가 32π cm³인 원뿔의 높이

(3) 밑면의 반지름의 길이가 6 cm, 부피가 96π cm³인 원뿔의 높이

(4) 높이가 5 cm, 부피가 15π cm³인 원뿔의 밑면의 반지름의 길이

(5) 높이가 9 cm, 부피가 48π cm³인 원뿔의 밑면의 반지름의 길이

(6) 높이가 6 cm, 부피가 98π cm³인 원뿔의 밑면의 반지름의 길이

07 다음 그림과 같은 원뿔대의 부피를 구하시오.

(1)
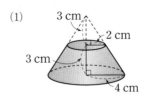

(2)
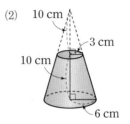

(3)
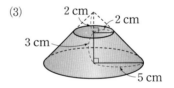

(4)
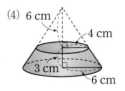

08 다음 그림과 같은 입체도형의 부피를 구하시오.

(1)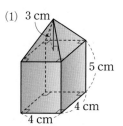
3 cm
5 cm
4 cm
4 cm

(2)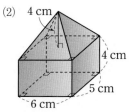
4 cm
4 cm
5 cm
6 cm

(3)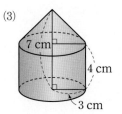
7 cm
4 cm
3 cm

(4)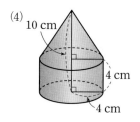
10 cm
4 cm
4 cm

(5)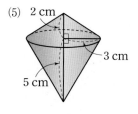
2 cm
3 cm
5 cm

(6)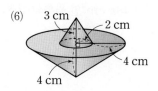
3 cm
2 cm
4 cm
4 cm

09 구의 겉넓이

(반지름의 길이가 r인 구의 겉넓이) $= 4\pi r^2$

참고 $\begin{pmatrix} \text{반지름의 길이가 } r\text{인} \\ \text{구의 겉넓이} \end{pmatrix} = \begin{pmatrix} \text{반지름의 길이가 } 2r\text{인} \\ \text{원의 넓이} \end{pmatrix}$

➡ (구의 겉넓이) $= \pi \times (2r)^2 = 4\pi r^2$

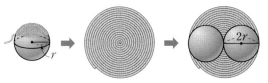

끈을 구의 표면에 빈틈없이 감았다가 풀어서 원을 만들면
그 지름은 구의 지름의 2배가 된다.

····〔 구의 겉넓이 〕··························

(반지름의 길이가 r인 구의 겉넓이)

$= \boxed{} \times \pi \times \boxed{}$

01 다음 그림과 같은 구의 겉넓이를 구하시오.

(1)
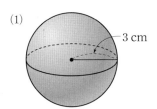
3 cm

(2)
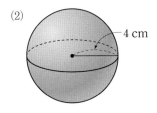
4 cm

(3)
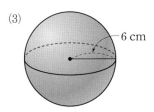
6 cm

(4)
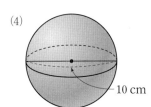
10 cm

(5)
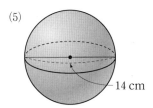
14 cm

(6)
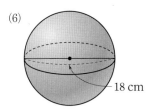
18 cm

(7)
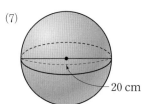
20 cm

02 다음 그림과 같이 구의 일부분을 잘라낸 입체도형의 겉넓이를 구하시오.

(1)

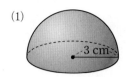

3 cm

(2)

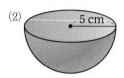

5 cm

(3)

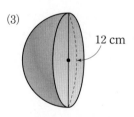

12 cm

(4)

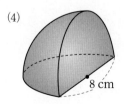

8 cm

(5)

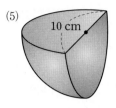

10 cm

(6)

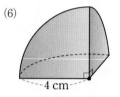

4 cm

(7)

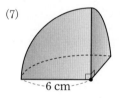

6 cm

(8)

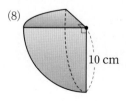

10 cm

(9)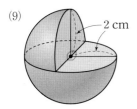
2 cm

(10)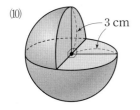
3 cm

(11)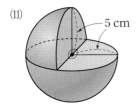
5 cm

(12)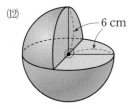
6 cm

(13)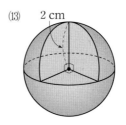
2 cm

(14)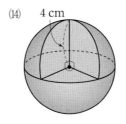
4 cm

(15)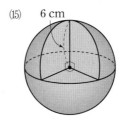
6 cm

(16)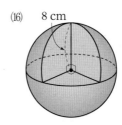
8 cm

10 구의 부피

2 입체도형의 겉넓이와 부피

(반지름의 길이가 r인 구의 부피) $= \dfrac{4}{3}\pi r^3$

참고 $\begin{pmatrix} \text{반지름의 길이가 } r \text{인} \\ \text{구의 부피} \end{pmatrix} = \begin{pmatrix} \text{반지름의 길이가 } r, \\ \text{높이가 } 2r \text{인 원기둥의 부피} \end{pmatrix} \times \dfrac{2}{3}$

➡ (구의 부피) $= (\pi r^2 \times 2r) \times \dfrac{2}{3} = \dfrac{4}{3}\pi r^3$

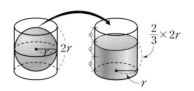

········○ **구의 부피** ○ ·······················

(반지름의 길이가 r인 구의 부피)

$= \boxed{} \times \pi \times \boxed{}$

01 다음 그림과 같은 구의 부피를 구하시오.

(1)

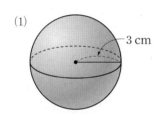
3 cm

(2)

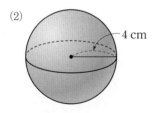
4 cm

(3)

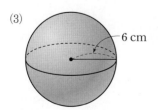
6 cm

(4)

3 cm

(5)

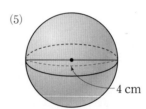
4 cm

(6)

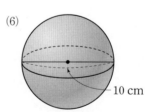
10 cm

(7)

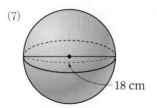
18 cm

02 다음 그림과 같이 구의 일부분을 잘라낸 입체도형의 부피를 구하시오.

(1)

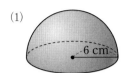

(2)

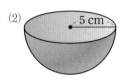

(3)

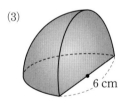

(4)

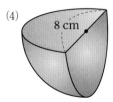

(5)

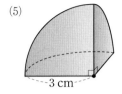

(6)

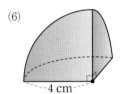

(7)

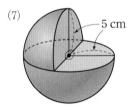

(8)

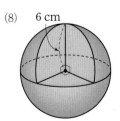

03 다음 그림과 같은 입체도형의 부피를 구하시오.

(1)

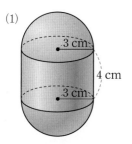
3 cm
4 cm
3 cm

(2)

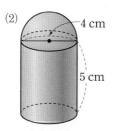
4 cm
5 cm

(3)

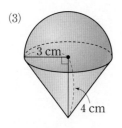
3 cm
4 cm

(4)

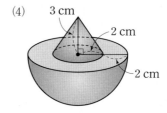
3 cm
2 cm
2 cm

(5)

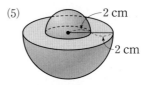
2 cm
2 cm

(6)

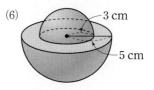
3 cm
5 cm

04 다음 두 입체도형의 부피가 같을 때, x의 값을 구하시오.

(1)

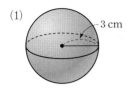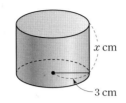

3 cm

x cm

3 cm

(2)

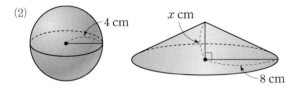

4 cm

x cm

8 cm

(3)

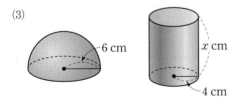

6 cm

x cm

4 cm

(4)

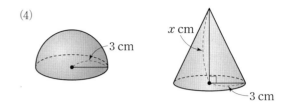

3 cm

x cm

3 cm

(5)

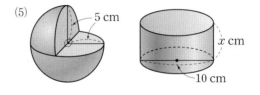

5 cm

x cm

10 cm

(6)

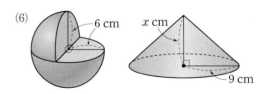

6 cm

x cm

9 cm

01 한 변의 길이가 5 cm인 정사각형을 밑면으로 하는 직육면체의 부피가 100 cm³일 때, 이 직육면체의 옆넓이는?

① 40 cm²   ② 60 cm²   ③ 80 cm²

④ 100 cm²   ⑤ 120 cm²

04 오른쪽 그림과 같이 밑면이 반원인 기둥의 겉넓이가 $(a\pi+b)$cm일 때, $b-a$의 값을 구하시오. (단, a, b는 자연수)

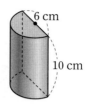

02 오른쪽 그림과 같은 삼각기둥의 겉넓이를 구하시오.

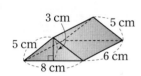

05 밑면인 원의 반지름의 길이가 4 cm, 겉넓이가 60π cm²인 원뿔의 모선의 길이는?

① 10 cm   ② 11 cm   ③ 12 cm

④ 13 cm   ⑤ 14 cm

03 오른쪽 그림과 같은 전개도로 만든 입체도형의 겉넓이를 구하시오.

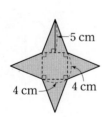

06 오른쪽 그림과 같은 평면도형을 회전시킬 때 생기는 입체도형의 겉넓이를 구하시오.

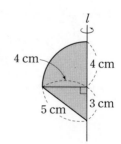

정답 및 해설 → **42**쪽

07 밑면이 오른쪽 그림과 같고 높이 가 2 cm인 오각기둥의 부피를 구하시오.

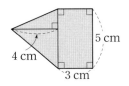

08 오른쪽 그림과 같은 사각뿔대 의 부피를 구하시오.

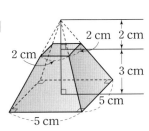

09 오른쪽 그림은 정육면체의 일 부를 잘라낸 것이다. 이 입체 도형의 부피를 구하시오.

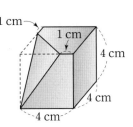

10 오른쪽 그림과 같이 밑면의 반지 름의 길이가 3 cm인 원기둥 안에 원뿔과 구가 꼭 맞게 들어 있다. 이때 원뿔, 구, 원기둥의 부피의 비는?

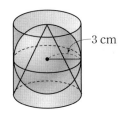

① 1 : 2 : 3   ② 1 : 3 : 5   ③ 2 : 3 : 4

④ 2 : 3 : 6   ⑤ 3 : 4 : 5

11 오른쪽 그림과 같이 원기둥 위에 작은 원뿔을 올려 놓은 입체도형의 부피를 구하시오.

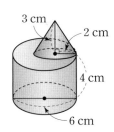

12 오른쪽 그림과 같은 평면도형을 직선 l을 축으로 하여 1회전 시킬 때 생기는 입체 도형의 부피를 구하시오.

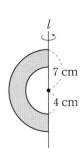

대단원 평가

01 다음 <u>보기</u>의 입체도형 중에서 칠면체인 것을 모두 고르시오.

> **보기**
> ㄱ. 삼각기둥   ㄴ. 오각기둥   ㄷ. 사각뿔
> ㄹ. 육각뿔   ㅁ. 오각뿔대   ㅂ. 육각뿔대

02 다음 중 다면체에 대한 설명으로 옳지 <u>않은</u> 것을 모두 고르면? (정답 2개)

① n각기둥의 옆면은 모두 직사각형이다.
② n각뿔은 $(n+2)$면체이다.
③ n각뿔대의 두 밑면은 서로 평행하지만 합동은 아니다.
④ 모든 면이 합동인 정다각형으로 이루어진 다면체를 정다면체라고 한다.
⑤ 정다면체의 면의 모양은 정삼각형, 정사각형, 정오각형 뿐이다.

03 n각뿔의 면의 개수, 모서리의 개수, 꼭짓점의 개수를 모두 합하면 42이다. 이때 n의 값을 구하시오.

04 다음 중 정다면체와 꼭짓점의 개수를 바르게 짝지은 것은?

① 정사면체 — 6   ② 정육면체 — 10
③ 정팔면체 — 12   ④ 정십이면체 — 15
⑤ 정이십면체 — 12

05 오른쪽 그림과 같은 전개도로 만들어지는 정다면체에 대한 설명으로 옳은 것을 다음 <u>보기</u>에서 모두 고르시오.

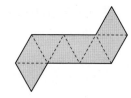

> **보기**
> ㄱ. 정팔면체이다.
> ㄴ. 어느 두 면도 평행하지 않다.
> ㄷ. 한 꼭짓점에 모인 면의 수는 3이다.
> ㄹ. 모서리의 개수는 12이다.

06 오른쪽 그림과 같은 사다리꼴 ABCD를 어느 한 변을 회전축으로 하여 1회전 시켜서 원뿔대를 만들려고 한다. 회전축이 될 수 있는 변과 모선이 되는 변을 차례대로 구하시오.

정답 및 해설 ◇ **42**쪽

07 다음 중 회전체를 회전축을 포함하는 평면으로 자를 때 나타날 수 있는 단면의 모양이 <u>아닌</u> 것을 모두 고르면?

(정답 2개)

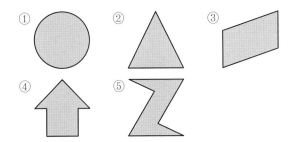

10 오른쪽 직육면체와 겉넓이가 같은 정육면체의 한 면의 넓이를 구하시오.

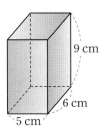

08 오른쪽 그림과 같이 직선 l로부터 3 cm 떨어진 직사각형을 직선 l을 회전축으로 하여 1회전 시킬 때 생기는 회전체를 회전축에 수직인 평면으로 잘랐다. 이때 생기는 단면의 넓이를 구하시오.

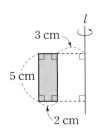

11 다음 그림과 같은 두 원기둥의 부피가 같을 때, h의 값을 구하시오.

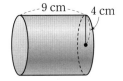 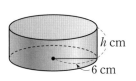

09 오른쪽 그림과 같은 전개도로 만들어지는 원뿔대에서 두 밑면의 반지름의 길이의 합은?

① 4 cm ② 5 cm
③ 6 cm ④ 7 cm
⑤ 8 cm

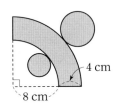

12 오른쪽 그림과 같은 평면도형을 직선 l을 축으로 하여 1회전 시킬 때 생기는 입체도형의 겉넓이를 구하시오.

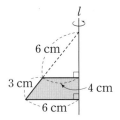

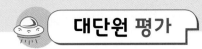

13 오른쪽 그림과 같이 한 모서리의 길이가 6 cm인 정육면체를 세 꼭짓점 B, G, D를 지나는 평면으로 자를 때 생기는 삼각뿔의 부피는?

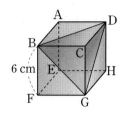

① 24 cm³ ② 36 cm³ ③ 48 cm³
④ 60 cm³ ⑤ 72 cm³

14 다음 그림과 같은 전개도로 만들어지는 사각기둥의 겉넓이를 a cm², 부피를 b cm³라 할 때, $a+b$의 값을 구하시오.

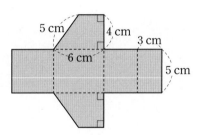

15 다음 그림과 같은 원기둥, 원뿔, 구의 부피의 비를 가장 간단한 자연수의 비로 나타내시오.

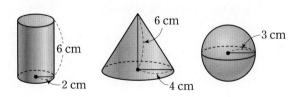

16 오른쪽 그림과 같은 반구의 겉넓이가 48π cm²일 때, 반구의 부피를 구하시오.

17 오른쪽 그림과 같은 평면도형을 회전시킬 때 생기는 입체도형의 부피를 구하시오.

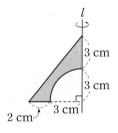

18 다음 그림과 같이 직육면체에서 밑면과 옆면에 각각 평행하게 잘라낸 입체도형의 겉넓이를 a cm², 부피를 b cm³라 할 때, $a-b$의 값을 구하시오.

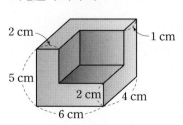

IV

통계

대푯값; 평균, 중앙값, 최빈값

(1) **변량**: 자료를 수량으로 나타낸 것

(2) **대푯값**: 자료의 중심적인 경향이나 특징을 대표적인 하나의 수로 나타낸 값 → 평균, 중앙값, 최빈값 등이 있다.

　① **평균**: 자료 전체의 합을 자료의 개수로 나눈 값 ➡ (평균)$=\dfrac{(변량의 총합)}{(변량의 개수)}$

　② **중앙값**: 자료의 변량을 작은 값부터 크기순으로 나열했을 때, 자료의 <u>한가운데에 있는 값</u>

　　┌ 변량의 개수가 홀수이면 ➡ 한가운데에 있는 하나의 값
　　└ 변량의 개수가 짝수이면 ➡ 한가운데에 있는 두 변량의 평균

　③ **최빈값**: 자료에서 가장 많이 나타난 값

　참고 • 최빈값은 숫자로 나타내지 못하는 자료의 경우에도 구할 수 있다.

　　　• 최빈값은 자료에 따라 둘 이상이 될 수도 있다.

····◦ **평균** ◦·····································

$$(평균)=\dfrac{(변량의\ \boxed{})}{(변량의\ \boxed{})}$$

01 다음 자료의 평균을 구하시오.

(1)
| 14, 13, 10, 19 |

(2)
| 2, 6, 7, 9, 16 |

(3)
| 8, 10, 8, 9, 7, 12 |

(4)
| 5, 10, 13, 17, 8, 11, 13 |

02 다음 자료의 평균이【 】안의 수와 같을 때, x의 값을 구하시오.

(1)
| 24, x, 20 |　【 20 】

✎ $\dfrac{24+x+20}{3}=\boxed{}$ 이므로 $x+44=\boxed{}$

　∴ $x=\boxed{}$

(2)
| x, 1, 9, 12 |　【 8 】

(3)
| 6, 4, 2, x, 10 |　【 5 】

(4)
| 12, 20, x, 15, 21 |　【 18 】

03 다음을 구하시오.

(1) a, b의 평균이 5일 때, a, b, 8의 평균

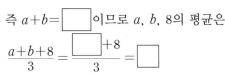 a, b의 평균이 5이므로 $\dfrac{a+b}{2}=\boxed{}$

즉 $a+b=\boxed{}$이므로 a, b, 8의 평균은

$\dfrac{a+b+8}{3}=\dfrac{\boxed{}+8}{3}=\boxed{}$

(2) a, b의 평균이 12일 때, $a+3$, $b+1$의 평균

(3) a, b의 평균이 10일 때, a, 15, b, 9의 평균

(4) a, b의 평균이 9일 때, a, $a+b$, $b+3$의 평균

(5) a, b, c의 평균이 7일 때, a, 3, b, 6, c의 평균

· · · ◦ **중앙값** ◦ ·

(1) **중앙값** 자료의 한가운데에 있는 값

(2) 변량의 개수에 따른 중앙값

┌ 홀수이면 ➡ $\boxed{}$에 있는 하나의 값

└ 짝수이면 ➡ 한가운데에 있는 두 변량의 $\boxed{}$

04 다음 자료의 중앙값을 구하시오.

(1)
10,	9,	7,	1,	5

(2)
88,	70,	69,	90,	82

(3)
35,	40,	43,	28,	51,	33,	41

(4)
12,	21,	10,	18

(5)
19,	11,	8,	15,	23,	19

(6)
68,	75,	60,	84,	77,	62,	90,	81

05 다음은 자료의 변량을 작은 값부터 크기순으로 나열한 것이다. 이 자료의 중앙값이 【 】안의 수와 같을 때, x의 값을 구하시오.

(1)
| 3, 8, x, 13, 15 |
【 10 】

(2)
| 3, 5, x, 10 |
【 6 】

(3)
| 80, x, 88, 91 |
【 85 】

(4)
| 25, 30, 34, x, 41, 50 |
【 34 】

(5)
| 11, 14, x, 22, 25, 28 |
【 18 】

최빈값

최빈값: 자료에서 가장 [ ] 나타난 값

➡ 최빈값은 자료에 따라 둘 이상이 될 수도 있다.

06 다음 자료의 최빈값을 구하시오.

(1)
| 4, 6, 5, 8, 6, 9 |

(2)
| 1, 2, 1, 3, 3, 1, 4, 1 |

(3)
| 60, 10, 30, 30, 50, 60 |

(4)
| 15, 16, 20, 15, 15, 20, 14, 20 |

(5)
| 야구, 축구, 농구, 배구, 야구 |

(6)
| 입, 눈, 코, 코, 입, 눈, 코, 입 |

07 다음 자료의 최빈값을 구하시오.

(1) 미술 동아리 학생 25명이 가장 좋아하는 색깔

색깔	검정	노랑	초록	파랑
학생 수(명)	7	6	7	5

(2) 서혜네 반 학생 30명이 가장 좋아하는 과일

과일	사과	귤	배	수박	딸기
학생 수(명)	8	10	6	2	4

(3) 철우네 반 36명의 다회용 컵의 용량

용량(mL)	250	300	350	400	450
학생 수(명)	9	8	4	9	6

08 다음 중 옳은 것은 ○, 옳지 않은 것은 ×를 ( ) 안에 써넣으시오.

(1) 자료가 수량으로 주어지지 않은 경우에는 대푯값을 구할 수 없다. ( )

(2) 평균은 변량의 총합을 변량의 개수로 나눈 것이다. ( )

(3) 중앙값은 자료에 나와 있지 않은 값이 될 수도 있다. ( )

(4) 평균, 중앙값, 최빈값은 항상 1개만 존재한다. ( )

09 다음 자료의 평균, 중앙값, 최빈값을 구하시오.

(1)
44	50
50	36

평균 : ....
중앙값 : ....
최빈값 : ....

(2)
12	19	16
	11	12

평균 : ....
중앙값 : ....
최빈값 : ....

(3)
22	33	35
28	28	22

평균 : ....
중앙값 : ....
최빈값 : ....

(4)
5	15	5	10
	10	13	5

평균 : ....
중앙값 : ....
최빈값 : ....

02 줄기와 잎 그림

1 자료의 정리와 해석

(1) **줄기와 잎 그림**: 줄기와 잎을 이용하여 자료를 나타낸 그림

(2) 줄기와 잎 그림을 그리는 순서

① 변량을 줄기와 잎으로 구분한다.

이때 줄기는 십의 자리의 숫자, 잎은 일의 자리의 숫자로 정한다. → 변량이 세 자리 자연수일 때에도 보통 일의 자리의 수만을 잎으로 한다.

② 세로선을 긋고 세로선의 왼쪽에 줄기를 작은 수부터 크기순으로 세로로 쓴다.

③ 세로선의 오른쪽에 각 줄기에 해당하는 잎을 가로로 쓴다.

이때 중복되는 변량의 잎은 중복된 횟수만큼 쓴다. → 잎의 총개수는 변량의 개수와 같다.

참고 잎을 작은 수부터 크기순으로 나열하면 자료를 분석하고 중앙값, 최빈값을 구할 때 편리하다.

예

시험 점수 (단위: 점)

84	88	80	76	92
96	86	72	88	84
76	72	84	78	90

➡

시험 점수 (7 | 2는 72점)

줄기	잎
7	2 2 6 6 8
8	0 4 4 4 6 8 8
9	0 2 6

···○ **줄기와 잎 그림 그리기** ○················

① 변량을 줄기와 잎으로 구분한다. 이때 줄기는 ▢의 자리의 숫자, 잎은 ▢의 자리의 숫자로 정한다.

② 세로선을 긋고 세로선의 왼쪽에 ▢를 작은 수부터 크기순으로 세로로 쓴다.

③ 세로선의 오른쪽에 각 줄기에 해당하는 ▢을 가로로 쓴다.

01 다음 자료를 보고 줄기와 잎 그림을 완성하시오.

(1) 경애네 반 학생들의 수학 성적

(단위: 점)

| 65 | 71 | 70 | 85 | 75 |
| 92 | 68 | 88 | 84 | 80 |

(6 | 5는 65점)

줄기	잎
6	5 8
7	
8	
9	

(2) 영후네 반 학생들의 봉사 활동 시간

(단위: 시간)

| 12 | 23 | 25 | 8 | 24 | 19 | 21 |
| 9 | 14 | 15 | 28 | 18 | 21 | 32 |

(0 | 8은 8시간)

줄기	잎
0	8
1	
2	
3	

(3) 3반 학생들의 멀리뛰기 기록

(단위: cm)

155	147	127	131	142	135
149	134	120	147	138	125
157	156	141	130	154	144

(12 | 0은 120 cm)

줄기	잎
12	
13	
14	
15	

⋯⋯〔 줄기와 잎 그림 이해하기 〕⋯⋯⋯⋯⋯⋯

① 줄기: 줄기와 잎 그림에서 세로선의 〔　〕쪽에 있는 수

② 잎: 줄기와 잎 그림에서 세로선의 〔　〕쪽에 있는 수

③ (변량의 수) ＝ (〔　〕의 총개수)

02 아래는 어느 마을의 제과점별 하루 밀가루 사용량을 조사하여 나타낸 줄기와 잎 그림이다. 다음을 구하시오.

밀가루 사용량　　　　(3|0은 30 kg)

줄기	잎
3	0　5　8
4	0　2　5　6　8　9
5	0　1　3　4　5　7　8
6	0　2　5　7

(1) 밀가루 사용량이 가장 적은 제과점의 밀가루 사용량

(2) 줄기가 6인 잎

(3) 잎이 가장 적은 줄기

(4) 이 마을의 제과점 수

(5) 밀가루 사용량이 55 kg 초과인 제과점 수

03 아래는 소영이네 반 학생들의 한 달 동안 운동 시간을 조사하여 나타낸 줄기와 잎 그림이다. 다음을 구하시오.

운동 시간　　　　(1|2는 12시간)

줄기	잎
1	2　5　7　8　8
2	0　1　4　5　6　7
3	0　1　2　2　3　5　6　8
4	0　4　5　6　8
5	7

(1) 줄기가 4인 잎

(2) 잎이 가장 많은 줄기

(3) 운동 시간이 25시간 이상 35시간 미만인 학생 수

(4) 소영이네 반 학생 수

(5) 운동 시간이 많은 쪽에서 5번째인 학생의 운동 시간

(6) 소영이네 반 학생들의 운동 시간의 중앙값

04 아래는 어느 동호회 회원들의 나이를 조사하여 나타낸 줄기와 잎 그림이다. 다음을 구하시오.

동호회 회원들의 나이 (1|4는 14살)

줄기	잎							
1	4	6	7					
2	0	3	4	5	5	8	8	8	9
3	2	5	5	5	6	6	7	
4	0	9						
5	2							

(1) 동호회 회원 수

(2) 나이가 적은 쪽에서 6번째인 회원의 나이

(3) 나이가 많은 쪽에서 4번째인 회원의 나이

(4) 나이가 가장 적은 회원과 가장 많은 회원의 나이의 합

(5) 이 동호회 회원들의 나이의 최빈값

(6) 나이가 24살 이하인 회원들의 나이의 평균

05 아래는 효주네 반 학생들의 줄넘기 횟수를 조사하여 나타낸 줄기와 잎 그림이다. 다음을 구하시오.

줄넘기 횟수 (10|2는 102회)

줄기	잎						
10	2	3	4	4	4	6	7
11	0	1	5	9			
12	2	4	6	7	8		
13	9						
14	0	6	7				

(1) 잎이 가장 적은 줄기

(2) 효주네 반 학생 수

(3) 줄넘기 횟수가 가장 많은 학생과 가장 적은 학생의 줄넘기 횟수의 차

(4) 줄넘기 횟수가 130회 초과인 학생들의 줄넘기 횟수의 평균

(5) 효주네 반 학생들의 줄넘기 횟수의 중앙값

(6) 효주네 반 학생들의 줄넘기 횟수의 최빈값

06 아래는 A반과 B반의 한 학기 동안의 독서량을 조사하여 나타낸 줄기와 잎 그림이다. 다음을 구하시오.

독서량 (0|3은 3권)

잎(A반)	줄기	잎(B반)
7 6 5	0	3 8 9
6 5 5 2 0	1	5 7
7 6 4 1	2	0 1 3 8
1 0	3	2 2 5 6

(1) A반의 학생 수

(2) B반의 학생 수

(3) 잎이 가장 많은 줄기

(4) 독서량이 25권 이상인 학생이 더 적은 반

(5) 독서량이 많은 쪽에서 8번째인 학생의 독서량

(6) 두 반 학생들의 한 학기 동안의 독서량의 최빈값

07 아래는 유정이네 반 남학생과 여학생의 수행 평가 점수를 조사하여 나타낸 줄기와 잎 그림이다. 물음에 답하시오.

수행 평가 점수 (6|4는 64점)

잎(남학생)	줄기	잎(여학생)
9 7 5	6	4 4
8 2 0	7	1 2 9
6 6 5 3	8	0 2 3 6 7 8
7 1	9	5 6

(1) 잎이 가장 적은 줄기를 구하시오.

(2) 유정이네 반 학생 수를 구하시오.

(3) 유정이네 반 학생의 수행 평가 점수의 중앙값을 구하시오.

(4) 점수가 가장 높은 학생과 가장 낮은 학생의 점수 차를 구하시오.

(5) 점수가 85점 초과인 학생은 전체의 몇 %인지 구하시오.

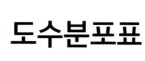

03 도수분포표

1 자료의 정리와 해석

(1) **도수분포표**: 주어진 자료를 몇 개의 계급으로 나누고 각 계급에 속하는 도수를 조사하여 나타낸 표

    ① **계급**: 변량을 일정한 간격으로 나눈 구간

    ② **계급의 크기**: 구간의 너비 → 계급의 양 끝 값의 차

    참고 계급값: 각 계급의 가운데 값 ➡ $(계급값)=\dfrac{(계급의\ 양\ 끝\ 값의\ 합)}{2}$

    ③ **도수**: 각 계급에 속하는 변량의 개수 → (도수의 총합)=(변량의 총개수)

(2) 도수분포표를 만드는 방법

    ① 주어진 자료에서 가장 작은 변량과 가장 큰 변량을 찾는다.

    ② 계급의 개수와 크기를 정한다. → 계급의 크기는 모두 같게 하는 것이 일반적이다.

    ③ 각 계급에 속하는 변량의 개수를 세어 계급의 도수를 구한다. → 변량의 개수를 셀 때 ////// 또는 正을 사용하면 편리하다.

예

[자료] (단위: 점)

78	90	75
80	78	84
88	95	82

➡

[도수분포표]

점수(점)		도수(명)
$70^{이상} \sim 80^{미만}$	///	3
80 ~ 90	////	4
90 ~ 100	//	2
합계		9

○ 도수분포표 만들기 ○

① 주어진 자료에서 가장 [ ] 변량과 가장 [ ] 변량을 찾는다.

② [ ]의 개수와 크기를 정한다.

③ 각 계급에 속하는 변량의 개수를 세어 계급의 [ ]를 구한다.

01 다음 자료의 도수분포표를 완성하시오.

(1)

던지기 (단위: m)

25	32	40	38	51	42
39	28	47	54	35	46

➡

던지기(m)		도수(명)
$20^{이상} \sim 30^{미만}$	//	2
30 ~ 40	////	
40 ~ 50		
50 ~ 60		
합계		12

(2)

몸무게 (단위: kg)

65	45	54	56	53	48
47	51	43	52	64	62

➡

몸무게(kg)		도수(명)
$40^{이상} \sim 50^{미만}$	////	4
50 ~ 60		
60 ~ 70		
합계		

(3)

나이 (단위: 살)

24	28	15	20	26	17
30	22	18	29	21	24
34	19	25	31	27	28

➡

나이(살)		도수(명)
$15^{이상} \sim 20^{미만}$		
20 ~ 25		
	正一	6
30 ~ 35		
합계		

도수분포표 이해하기

① 계급의 크기: 계급의 양 끝 값의 [　]

② 도수: 각 계급에 속하는 [　]의 수

③ (계급값)= $\dfrac{(\text{계급의 양 끝 값의 합})}{[\quad]}$

02 다음 도수분포표에서 계급의 개수와 계급의 크기를 구하시오.

(1)

성적(점)	학생 수(명)
$70^{이상} \sim 80^{미만}$	10
80 ～ 90	5
90 ～ 100	1
합계	16

➡ 계급의 개수: ....

계급의 크기: ....

(2)

시간(분)	학생 수(명)
$20^{이상} \sim 24^{미만}$	3
24 ～ 28	6
28 ～ 32	7
32 ～ 36	4
합계	20

➡ 계급의 개수: ....

계급의 크기: ....

(3)

몸무게(kg)	학생 수(명)
$40^{이상} \sim 45^{미만}$	6
45 ～ 50	7
50 ～ 55	9
55 ～ 60	8
60 ～ 65	5
합계	35

➡ 계급의 개수: ....

계급의 크기: ....

03 다음 도수분포표에서 □ 안에 알맞은 수를 써넣으시오.

(1)

책의 수(권)	도수(명)
$0^{이상} \sim 3^{미만}$	11
3 ～ 6	4
6 ～ 9	9
9 ～ 12	2
합계	[　]

(2)

횟수(회)	도수(명)
$0^{이상} \sim 4^{미만}$	6
4 ～ 8	14
8 ～ 12	12
12 ～ 16	3
합계	[　]

(3)

키(cm)	도수(명)
$140^{이상} \sim 150^{미만}$	4
150 ～ 160	13
160 ～ 170	[　]
170 ～ 180	5
합계	30

(4)

방문자 수(명)	도수(일)
$20^{이상} \sim 25^{미만}$	7
25 ～ 30	[　]
30 ～ 35	18
35 ～ 40	14
합계	50

04 아래는 어느 농장에서 수확한 감자의 무게를 조사하여 나타낸 도수분포표이다. 다음을 구하시오.

무게(g)	도수(개)
$200^{이상} \sim 250^{미만}$	7
$250 \sim 300$	15
$300 \sim 350$	10
$350 \sim 400$	9
$400 \sim 450$	4
합계	45

(1) 계급의 개수

(2) 계급의 크기

(3) 도수가 가장 큰 계급

(4) 무게가 300 g 이상 350 g 미만인 계급의 도수

(5) 무게가 235 g인 감자가 속하는 계급의 도수

(6) 무게가 350 g 이상인 감자의 개수

05 아래는 어느 도서관을 이용하는 사람들의 나이를 조사하여 나타낸 도수분포표이다. 다음을 구하시오.

나이(살)	도수(명)
$5^{이상} \sim 15^{미만}$	5
$15 \sim 25$	18
$25 \sim 35$	21
$35 \sim 45$	10
$45 \sim 55$	16
합계	A

(1) A의 값

(2) 계급의 크기

(3) 도수가 가장 작은 계급에 속하는 사람 수

(4) 나이가 22살인 사람이 속하는 계급

(5) 도수가 가장 큰 계급의 계급값

(6) 나이가 20번째로 많은 사람이 속하는 계급

06 아래는 어느 마라톤 대회에 참가한 사람들의 완주 기록을 조사하여 나타낸 도수분포표이다. 물음에 답하시오.

기록(분)	도수(명)
$20^{이상} \sim 24^{미만}$	3
24 ～ 28	
28 ～ 32	9
32 ～ 36	4
36 ～ 40	2
합계	30

(1) 계급의 크기를 구하시오.

(2) 기록이 30분인 사람이 속하는 계급의 도수를 구하시오.

(3) 기록이 24분 이상 28분 미만인 계급의 도수를 구하시오.

(4) 도수가 가장 작은 계급의 계급값을 구하시오.

(5) 도수가 두 번째로 큰 계급에 속하는 사람들은 전체의 몇 %인지 구하시오.

(6) 기록이 32분 이상 40분 미만인 사람은 전체의 몇 %인지 구하시오.

07 아래는 어느 게임에 참가한 학생들이 획득한 점수를 조사하여 나타낸 도수분포표이다. 물음에 답하시오.

점수(점)	도수(명)
$100^{이상} \sim 120^{미만}$	5
120 ～ 140	11
140 ～ 160	16
160 ～ 180	
180 ～ 200	2
합계	40

(1) 계급의 크기를 구하시오.

(2) 기록이 120점 이상 140점 미만인 계급의 도수를 구하시오.

(3) 기록이 168점인 사람이 속하는 계급의 도수를 구하시오.

(4) 도수가 두 번째로 큰 계급의 계급값을 구하시오.

(5) 도수가 가장 작은 계급에 속하는 학생들은 전체의 몇 %인지 구하시오.

(6) 점수가 100점 이상 140점 미만인 학생은 전체의 몇 %인지 구하시오.

04 히스토그램

(1) **히스토그램**: 다음과 같은 방법으로 그린 그래프를 **히스토그램**이라 한다.

  ① 가로축에 각 계급의 양 끝 값을 차례대로 써넣는다.

  ② 세로축에 도수를 차례대로 써넣는다.

  ③ 각 계급의 크기를 가로로, 도수를 세로로 하는 직사각형을 차례대로 그린다.

(2) 히스토그램의 특징

  ① 자료의 분포 상태를 한눈에 알 수 있다.

  ② (직사각형의 넓이)＝(계급의 크기)×(그 계급의 도수)

    ➡ 각 직사각형의 넓이는 각 계급의 도수에 정비례한다.

  ③ (직사각형의 넓이의 합)＝(계급의 크기)×(도수의 총합)

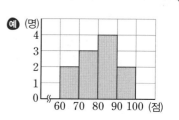

····◦ **히스토그램으로 나타내기** ◦··············

① 가로축에 각 ☐ 의 양 끝 값을 써넣는다.

② 세로축에 ☐ 를 써넣는다.

③ 각 계급의 크기를 ☐ 로, 도수를 ☐ 로 하는 직사각형
   을 그린다.

01 다음 도수분포표를 히스토그램으로 나타내시오.

(1)

시간(분)	학생 수(명)
$5^{이상} \sim 10^{미만}$	5
10 ~ 15	11
15 ~ 20	6
20 ~ 25	4
합계	26

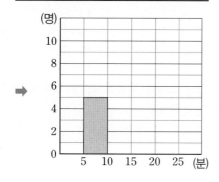

(2)

점수(점)	학생 수(명)
$50^{이상} \sim 60^{미만}$	3
60 ~ 70	5
70 ~ 80	7
80 ~ 90	3
90 ~ 100	6
합계	24

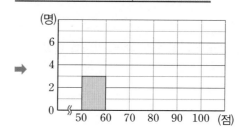

(3)

무게(g)	개수(개)
$80^{이상} \sim 90^{미만}$	2
90 ~ 100	6
100 ~ 110	5
110 ~ 120	10
120 ~ 130	7
합계	30

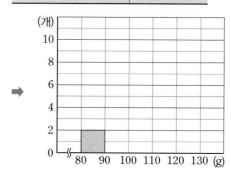

히스토그램 이해하기

① (직사각형의 가로의 길이) = (계급의 [   ])

② (각 직사각형의 세로의 길이) = (각 계급의 [   ])

③ (직사각형의 넓이) = (계급의 크기) × (그 계급의 도수)

02 아래는 주성이네 반 학생들의 등교 시간을 조사하여 나타낸 히스토그램이다. □ 안에 알맞은 수를 써넣으시오.

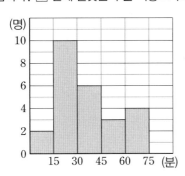

(1) (계급의 개수) = ([   ]의 개수) = [   ]

(2) (계급의 크기) = (직사각형의 [   ]의 길이)

         = [   ] (분)

(3) (30분 이상 45분 미만인 계급의 도수)

     = (그 계급의 직사각형의 [   ]의 길이)

     = [   ] (명)

(4) 도수가 가장 큰 계급

    ➡ [   ]의 길이가 가장 긴 직사각형의 계급

    ➡ [   ]분 이상 [   ]분 미만

(5) (주성이네 반 학생 수)

     = (모든 직사각형의 [   ]의 길이의 합)

     = 2 + [   ] + 6 + [   ] + 4 = [   ]

03 아래는 영아네 반 학생들이 가지고 있는 펜의 개수를 조사하여 나타낸 히스토그램이다. 다음을 구하시오.

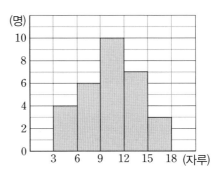

(1) 계급의 개수

(2) 계급의 크기

(3) 12자루 이상 15자루 미만인 계급의 도수

(4) 도수가 가장 작은 계급

(5) 펜을 10자루 가지고 있는 학생이 속하는 계급의 도수

(6) 영아네 반 학생 수

04 아래는 윤미네 반 학생들의 공 던지기 기록을 조사하여 나타낸 히스토그램이다. 물음에 답하시오.

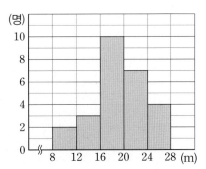

(1) 계급의 크기를 구하시오.

(2) 기록이 20 m 이상 28 m 미만인 학생 수를 구하시오.

(3) 윤미네 반 학생 수를 구하시오.

(4) 도수가 가장 큰 계급의 계급값을 구하시오.

(5) 도수가 두 번째로 작은 계급의 직사각형의 넓이를 구하시오.

(6) 모든 직사각형의 넓이의 합을 구하시오.

05 아래는 어느 동호회 회원들의 몸무게를 조사하여 나타낸 히스토그램이다. 물음에 답하시오.

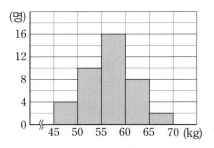

(1) 계급의 크기를 구하시오.

(2) 몸무게가 55 kg 이상 65 kg 미만인 회원 수를 구하시오.

(3) 이 동호회의 회원 수를 구하시오.

(4) 몸무게가 45 kg 이상 55 kg 미만인 회원은 전체의 몇 %인지 구하시오.

(5) 몸무게가 63 kg인 회원이 속하는 계급의 직사각형의 넓이를 구하시오.

(6) 모든 직사각형의 넓이의 합을 구하시오.

06 다음은 어떤 자료를 조사하여 나타낸 히스토그램인데 일부가 찢어져 보이지 않는다. 보이지 않는 계급의 도수를 구하시오.

(1) 학생 18명의 역사 퀴즈 점수

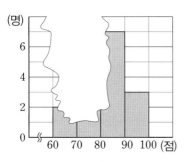

➡ 70점 이상 80점 미만인 계급의 도수: .... 명

(2) 학생 24명의 등교하는 데 걸리는 시간

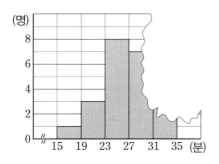

➡ 31분 이상 35분 미만인 계급의 도수: .... 명

(3) 학생 26명의 제기차기 개수

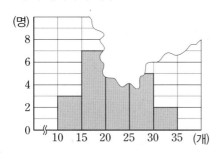

➡ 20개 이상 25개 미만인 계급의 도수: .... 명

07 아래는 중학생 40명의 하루 동안의 문자 전송 건수를 조사하여 나타낸 히스토그램인데 일부가 찢어져 보이지 않는다. 다음을 구하시오.

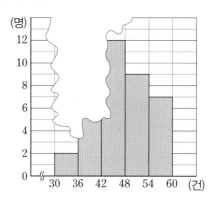

(1) 문자 전송 건수가 36건 이상 42건 미만인 학생 수

(2) 도수가 가장 큰 계급

(3) 모든 직사각형의 넓이의 합

(4) 도수가 7명인 계급의 직사각형의 넓이

(5) 문자 전송 건수가 50건인 학생이 속하는 계급의 직사각형의 넓이

(6) 도수가 가장 큰 계급과 도수가 가장 작은 계급의 직사각형의 넓이의 차

05 도수분포다각형

1 자료의 정리와 해석

(1) **도수분포다각형**: 히스토그램을 이용하여 다음과 같은 방법으로 그린 그래프를 **도수분포다각형**이라 한다.

① 각 직사각형의 윗변의 중앙에 점을 찍는다.

② 양 끝에 도수가 0인 계급이 하나씩 더 있다고 생각하고 그 중앙에 점을 찍는다.

③ 위에서 찍은 점을 차례대로 선분으로 연결한다. → 도수분포다각형은 도수분포표로부터 직접 그릴 수도 있다.

(2) 도수분포다각형의 특징

① 도수의 분포 상태를 연속적으로 관찰할 수 있다.

② (도수분포다각형과 가로축으로 둘러싸인 부분의 넓이)=(히스토그램의 직사각형의 넓이의 합)

참고 두 개 이상의 자료를 비교할 때 도수분포다각형이 히스토그램보다 편리하다.

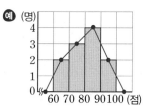

······ **도수분포다각형으로 나타내기** ··········

① 각 직사각형의 윗변의 [ ]에 점을 찍는다.

② 양 끝에 도수가 [ ]인 계급이 하나씩 더 있다고 생각하고 그 중앙에 점을 찍는다.

③ 위에서 찍은 점을 [ ]으로 연결한다.

01 다음 도수분포표를 히스토그램과 도수분포다각형으로 나타내시오.

(1)

길이(m)	도수(개)
$24^{이상}$ ~ $28^{미만}$	3
28 ~ 32	9
32 ~ 36	6
36 ~ 40	5
합계	23

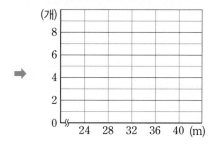

(2)

점수(점)	도수(명)
$60^{이상}$ ~ $70^{미만}$	2
70 ~ 80	5
80 ~ 90	9
90 ~ 100	7
합계	23

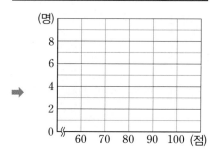

(3)

시간(초)	도수(명)
$5^{이상}$ ~ $10^{미만}$	4
10 ~ 15	9
15 ~ 20	5
20 ~ 25	7
합계	25

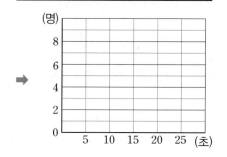

도수분포다각형 이해하기

① 도수분포다각형에서 계급의 개수를 셀 때는 양 끝에 도수가
　□ 인 계급은 세지 않는다.
② (도수분포다각형과 가로축으로 둘러싸인 부분의 넓이)
　=(히스토그램의 직사각형의 넓이의 합)
　=(계급의 □)×(□ 의 총합)

02 아래는 일주일 동안 현호네 반 학생들의 봉사 활동 시간을 조사하여 나타낸 도수분포다각형이다. 다음을 구하시오.

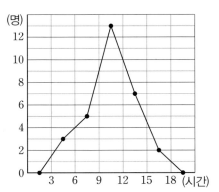

(1) 계급의 개수

(2) 계급의 크기

(3) 도수가 가장 큰 계급

(4) 봉사 활동 시간이 12시간 이상인 학생 수

(5) 현호네 반 학생 수

03 아래는 어느 체육관에 신규 접수한 회원들의 몸무게를 조사하여 나타낸 도수분포다각형이다. 다음을 구하시오.

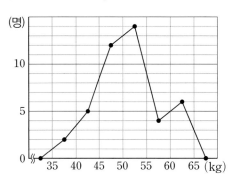

(1) 계급의 개수

(2) 계급의 크기

(3) 도수가 가장 작은 계급

(4) 50 kg 이상 55 kg 미만인 계급의 도수

(5) 몸무게가 50 kg 미만인 회원 수

(6) 신규 접수한 회원 수

04 다음 도수분포다각형과 가로축으로 둘러싸인 부분의 넓이를 구하시오.

(1)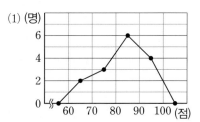

(2)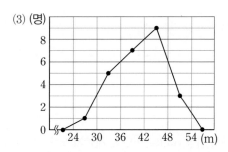

(3)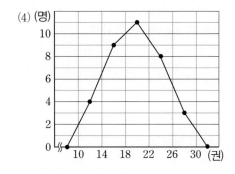

(4) (명)

05 다음은 어떤 자료를 조사하여 나타낸 도수분포다각형인데 일부가 찢어져 보이지 않는다. 보이지 않는 계급의 도수를 구하시오.

(1) 학생 20명의 수행 평가 점수

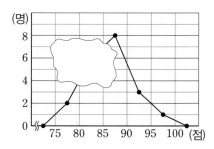

➡ 80점 이상 85점 미만인 계급의 도수

(2) 직원 33명의 출근하는 데 걸리는 시간

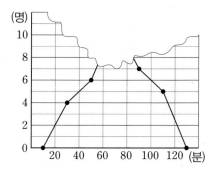

➡ 60분 이상 80분 미만인 계급의 도수

(3) 학생 30명의 일주일 동안 구입한 간식의 수

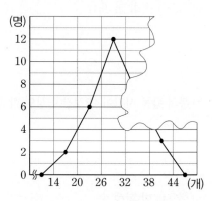

➡ 32개 이상 38개 미만인 계급의 도수

06 아래는 학생 20명의 퍼즐을 맞추는 데 걸리는 시간을 조사하여 나타낸 도수분포다각형인데 일부가 찢어져 보이지 않는다. □ 안에 알맞은 수를 써넣으시오.

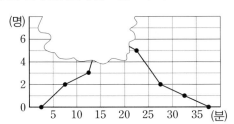

(1) 15분 이상 20분 미만인 계급의 도수는 □명이다.

(2) 퍼즐을 맞추는 데 걸리는 시간이 15분 이상 25분 미만인 학생은 전체의 □%이다.

07 아래는 학생 25명의 턱걸이 횟수를 조사하여 나타낸 도수분포다각형인데 일부가 찢어져 보이지 않는다. □ 안에 알맞은 수를 써넣으시오.

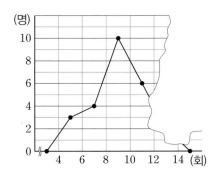

(1) 턱걸이 횟수가 13회인 학생이 속하는 계급의 도수는 □명이다.

(2) 턱걸이 횟수가 10회 이상인 학생은 전체의 □%이다.

08 아래는 1반과 2반 학생들의 제기차기 횟수를 조사하여 나타낸 도수분포다각형이다. □ 안에 알맞은 수를 써넣으시오.

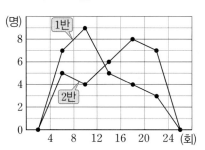

(1) 1반의 학생 수는 □,
2반의 학생 수는 □이다.

(2) 16회 이상 20회 미만인 계급에 속한 학생은 2반이 1반보다 □명 더 많다.

09 아래는 남학생과 여학생의 일 년 동안 관람한 영화의 편 수를 조사하여 나타낸 도수분포다각형이다. □ 안에 알맞은 수를 써넣으시오.

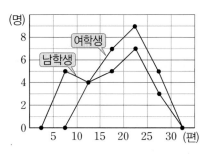

(1) 조사한 학생 수는 남학생이 여학생보다 □명 더 적다.

(2) 남학생과 여학생의 도수의 합이 가장 큰 계급은 □편 이상 □편 미만이다.

(3) 영화를 10편 이상 15편 미만 관람함 여학생은 전체 여학생의 □%이다.

상대도수와 상대도수의 분포표

(1) **상대도수**: 도수의 총합에 대한 각 계급의 도수의 비율

  → (계급의 상대도수)$=\dfrac{(계급의\ 도수)}{(도수의\ 총합)}$ → (계급의 도수)=(계급의 상대도수)×(도수의 총합)

(2) **상대도수의 분포표**: 각 계급의 상대도수를 나타낸 표

(3) **상대도수의 특징**

  ① 각 계급의 상대도수는 0 이상 1 이하의 수이다.

  ② 각 계급의 상대도수는 그 계급의 도수에 정비례한다.

  ③ 상대도수의 총합은 항상 1이다.

  참고 • 상대도수는 도수의 총합이 다른 두 집단의 자료를 비교할 때 편리하다.

    • 상대도수는 크기를 쉽게 비교하기 위해 일반적으로 소수로 나타낸다.

예

책의 수 (권)	도수 (명)	상대도수
0^{이상} ~ 5^{미만}	5	0.25
5 ~ 10	4	0.2
10 ~ 15	9	0.45
15 ~ 20	2	0.1
합계	20	1

···◦ 상대도수 ◦···

① (계급의 상대도수)$=\dfrac{(계급의\ \boxed{})}{(도수의\ 총합)}$

② 각 계급의 상대도수는 그 계급의 도수에 $\boxed{}$ 한다.

③ (상대도수의 총합)$=\boxed{}$

01 다음 중 옳은 것은 ○, 옳지 않은 것은 ×를 ( ) 안에 써넣으시오.

(1) 도수의 총합에 대한 각 계급의 도수의 비율을 상대도수라 한다. ( )

(2) 도수의 총합이 다른 두 집단의 자료를 비교할 때 상대도수를 이용하면 편리하다. ( )

(3) 상대도수의 총합은 도수의 총합에 따라 달라진다. ( )

(4) 어떤 계급의 도수는 그 계급의 상대도수에 전체 도수를 곱한 값으로 구할 수 있다. ( )

(5) 각 계급의 상대도수는 그 계급의 도수에 반비례한다. ( )

02 전체 도수와 어떤 계급의 도수가 다음과 같을 때, 그 계급의 상대도수를 구하시오.

(1) 전체 도수가 10, 어떤 계급의 도수가 3

(2) 전체 도수가 24, 어떤 계급의 도수가 6

(3) 전체 도수가 35, 어떤 계급의 도수가 7

(4) 전체 도수가 40, 어떤 계급의 도수가 18

(5) 전체 도수가 50, 어떤 계급의 도수가 21

03 다음 히스토그램과 도수분포다각형에 대하여 주어진 계급의 상대도수를 구하시오.

(1) (명)

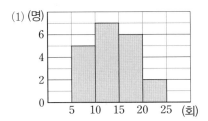

➡ 20회 이상 25회 미만인 계급의 상대도수

(2) (개)

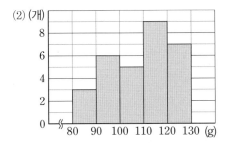

➡ 90 g 이상 100 g 미만인 계급의 상대도수

(3) (명)

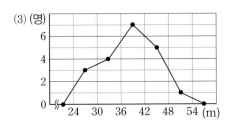

➡ 36 m 이상 42 m 미만인 계급의 상대도수

(4) (명)

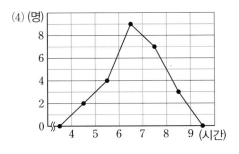

➡ 5시간 이상 6시간 미만인 계급의 상대도수

04 전체 도수와 어떤 계급의 상대도수가 다음과 같을 때, 그 계급의 도수를 구하시오.

(1) 전체 도수가 12, 어떤 계급의 상대도수가 0.25

(2) 전체 도수가 20, 어떤 계급의 상대도수가 0.1

(3) 전체 도수가 32, 어떤 계급의 상대도수가 0.5

(4) 전체 도수가 50, 어떤 계급의 상대도수가 0.38

05 어떤 계급의 도수와 그 계급의 상대도수가 다음과 같을 때, 도수의 총합을 구하시오.

(1) 어떤 계급의 도수가 5, 그 계급의 상대도수가 0.1

(2) 어떤 계급의 도수가 12, 그 계급의 상대도수가 0.6

(3) 어떤 계급의 도수가 15, 그 계급의 상대도수가 0.5

(4) 어떤 계급의 도수가 8, 그 계급의 상대도수가 0.25

상대도수의 분포표: 각 계급의 ⬚ 를 나타낸 표

➡ (계급의 상대도수)= (계급의 도수) / (도수의 ⬚)

06 다음 상대도수의 분포표를 완성하시오.

(1)

책의 수(권)	도수(명)	상대도수
$10^{이상} \sim 20^{미만}$	5	$\dfrac{5}{25}=0.2$
20 ～ 30	10	
30 ～ 40	8	
40 ～ 50	2	
합계	25	1

(2)

시간(초)	도수(명)	상대도수
$8^{이상} \sim 16^{미만}$	9	
16 ～ 24	6	
24 ～ 32	12	
32 ～ 40	3	
합계	30	

(3)

기록(m)	도수(명)	상대도수
$25^{이상} \sim 35^{미만}$	8	
35 ～ 45	10	
45 ～ 55	17	
55 ～ 65	6	
65 ～ 75	9	
합계	50	

07 다음 상대도수의 분포표에서 A, B의 값을 구하시오.

(1)

횟수(회)	도수(명)	상대도수
$0^{이상} \sim 6^{미만}$	2	
6 ～ 12	A	B
12 ～ 18	9	
18 ～ 24	4	
합계	20	1

➡ $A=$ ⬚ , $B=$ ⬚

(2)

방문자 수(명)	도수(일)	상대도수
$100^{이상} \sim 150^{미만}$	4	
150 ～ 200	8	
200 ～ 250	A	B
250 ～ 300	7	
합계	25	1

➡ $A=$ ⬚ , $B=$ ⬚

(3)

시간(초)	도수(명)	상대도수
$20^{이상} \sim 24^{미만}$	5	
24 ～ 28	A	B
28 ～ 32	9	
32 ～ 36	4	
36 ～ 40	3	
합계	30	1

➡ $A=$ ⬚ , $B=$ ⬚

08 다음 상대도수의 분포표에서 도수의 총합과 A의 값을 구하시오.

(1)

키(cm)	도수(그루)	상대도수
$30^{이상} \sim 40^{미만}$	6	A
40 ~ 50	12	0.24

➡ (도수의 총합)= ⬜, $A=$ ⬜

(2)

나이(살)	도수(명)	상대도수
$8^{이상} \sim 12^{미만}$	9	0.36
12 ~ 16	7	A

➡ (도수의 총합)= ⬜, $A=$ ⬜

(3)

성적(점)	도수(명)	상대도수
$50^{이상} \sim 60^{미만}$	4	A
60 ~ 70	6	0.15

➡ (도수의 총합)= ⬜, $A=$ ⬜

(4)

무게(g)	도수(개)	상대도수
$45^{이상} \sim 60^{미만}$	15	0.25
60 ~ 75	18	A

➡ (도수의 총합)= ⬜, $A=$ ⬜

09 다음 상대도수의 분포표에서 A, B, C의 값을 구하시오.

(1)

무게(kg)	도수(명)	상대도수
$48^{이상} \sim 52^{미만}$	7	
52 ~ 56	B	
56 ~ 60	3	C
60 ~ 64	4	0.2
합계	A	1

➡ $A=$ ⬜, $B=$ ⬜, $C=$ ⬜

(2)

길이(cm)	도수(명)	상대도수
$15^{이상} \sim 20^{미만}$	9	0.3
20 ~ 25	12	C
25 ~ 30	B	
30 ~ 35	6	
합계	A	1

➡ $A=$ ⬜, $B=$ ⬜, $C=$ ⬜

(3)

타수(타)	도수(명)	상대도수
$200^{이상} \sim 250^{미만}$	10	C
250 ~ 300	7	
300 ~ 350	14	0.35
350 ~ 400	4	
400 ~ 450	B	
합계	A	1

➡ $A=$ ⬜, $B=$ ⬜, $C=$ ⬜

10 아래는 어느 중학교 학생들의 일 년 동안 공연 관람 횟수를 조사하여 나타낸 상대도수의 분포표이다. 물음에 답하시오.

횟수(회)	도수(명)	상대도수
$3^{이상} \sim\ 9^{미만}$	B	0.15
9 ~ 15	8	
15 ~ 21	18	0.45
21 ~ 27	6	
27 ~ 33	4	
합계		A

(1) A의 값을 구하시오.

(2) 조사한 전체 학생 수를 구하시오.

(3) B의 값을 구하시오.

(4) 관람 횟수가 5번째로 많은 학생이 속하는 계급의 상대도수를 구하시오.

(5) 미술관을 30번 관람한 학생이 속하는 계급에 속하는 학생은 전체의 몇 %인지 구하시오.

(6) 관람 횟수가 15회 미만인 학생은 전체의 몇 %인지 구하시오.

11 아래는 A, B 중학교 학생들의 수면 시간을 조사하여 나타낸 상대도수의 분포표이다. 다음 괄호 안의 알맞은 것에 ○표 하고, □ 안에 알맞은 수를 써넣으시오.

수면 시간(시간)	상대도수	
	A 중학교	B 중학교
$5^{이상} \sim\ 6^{미만}$	0.12	0.11
6 ~ 7	0.22	0.18
7 ~ 8	0.31	0.33
8 ~ 9	0.19	0.29
9 ~ 10	0.16	0.09
합계	1	1

(1) 수면 시간이 9시간 이상 10시간 미만인 학생들의 비율이 더 높은 쪽은 (A , B) 중학교이다.

(2) 수면 시간이 7시간 이상 9시간 미만인 학생들의 비율이 더 높은 쪽은 (A , B) 중학교이다.

(3) 위의 상대도수의 분포표를 통해 각 학교의 전체 학생 수를 알 수 (있다, 없다).

(4) 두 중학교에서 도수가 가장 큰 계급은 □ 시간 이상 □ 시간 미만으로 같다.

(5) A 중학교 학생 중 수면 시간이 6시간 이상 7시간 미만인 학생은 A 중학교 학생 전체의 □ %이다.

(6) B 중학교 학생 중 수면 시간이 8시간 이상 10시간 미만인 학생은 B 중학교 학생 전체의 □ %이다.

상대도수의 분포를 나타낸 그래프

(1) 상대도수의 분포를 나타낸 그래프

상대도수의 분포표를 히스토그램이나 도수분포다각형과 같은 모양으로 나타낸 것

(2) 상대도수의 그래프를 그리는 순서

① 가로축에는 각 계급의 양 끝 값을 차례대로 써넣는다.

② 세로축에는 상대도수를 차례대로 써넣는다.

③ 히스토그램 또는 도수분포다각형과 같은 방법으로 그린다.

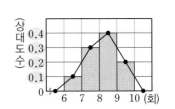

상대도수의 그래프 그리기

① 가로축에는 각 [ ]의 양 끝 값을 차례대로 써넣는다.

② 세로축에는 [ ]를 차례대로 써넣는다.

③ 히스토그램 또는 도수분포다각형과 같은 방법으로 그린다.

01 다음 상대도수의 분포표를 히스토그램과 도수분포다각형 모양의 그래프로 나타내시오.

(1)

시간(분)	상대도수
$12^{이상} \sim 18^{미만}$	0.1
18 ~ 24	0.26
24 ~ 30	0.42
30 ~ 36	0.22
합계	1

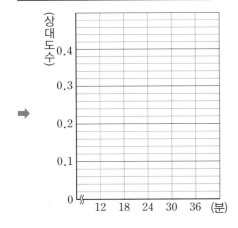

(2)

점수(점)	상대도수
$30^{이상} \sim 40^{미만}$	0.28
40 ~ 50	0.36
50 ~ 60	0.16
60 ~ 70	0.2
합계	1

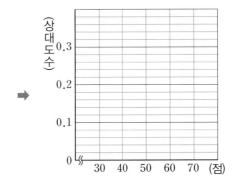

(3)

횟수(회)	상대도수
$10^{이상} \sim 15^{미만}$	0.22
15 ~ 20	0.34
20 ~ 25	0.3
25 ~ 30	0.14
합계	1

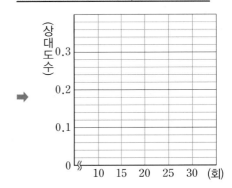

····◖ **상대도수의 그래프 이해하기** ◗ ···········

① 그래프의 가로축 ➡ 계급의 양 끝 값

② 그래프의 세로축 ➡ 각 계급의 [   ]

③ (계급의 도수)＝(계급의 상대도수)×(도수의 [   ])

02 아래는 학생 100명의 오른손 한 뼘의 길이에 대한 상대도수의 분포를 나타낸 그래프이다. 물음에 답하시오.

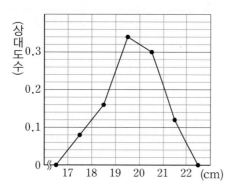

(1) 상대도수가 가장 큰 계급을 구하시오.

(2) 18 cm 이상 19 cm 미만인 계급에 속하는 학생은 전체의 몇 %인지 구하시오.

(3) 오른손 한 뼘의 길이가 20 cm 이상인 학생은 전체의 몇 %인지 구하시오.

(4) 오른손 한 뼘의 길이가 17.2 cm인 학생이 속하는 계급의 도수를 구하시오.

(5) 오른손 한 뼘의 길이가 20 cm 미만인 학생 수를 구하시오.

03 아래는 학생 80명의 한 학기 동안의 봉사 활동 시간에 대한 상대도수의 분포를 나타낸 그래프이다. 물음에 답하시오.

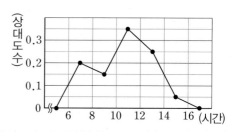

(1) 도수가 가장 큰 계급을 구하시오.

(2) 도수가 12명인 계급을 구하시오.

(3) 상대도수가 두 번째로 큰 계급에 속하는 학생은 전체의 몇 %인지 구하시오.

(4) 봉사 활동 시간이 10시간 미만인 학생은 전체의 몇 %인지 구하시오.

(5) 상대도수가 가장 작은 계급의 도수를 구하시오.

(6) 봉사 활동 시간이 8시간 이상 12시간 미만인 학생 수를 구하시오.

04 아래는 학생 200명이 1년 동안 도서관에서 빌린 책의 수에 대한 상대도수의 분포를 나타낸 그래프인데 일부가 찢어져 보이지 않는다. 다음을 구하시오.

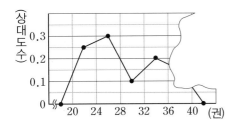

(1) 36권 이상 40권 미만인 계급의 상대도수

(2) 도서관에서 빌린 책의 수가 36권 이상 40권 미만인 학생 수

05 아래는 어느 체육관에 다니는 회원 150명의 몸무게에 대한 상대도수의 분포를 나타낸 그래프인데 일부가 찢어져 보이지 않는다. 다음을 구하시오.

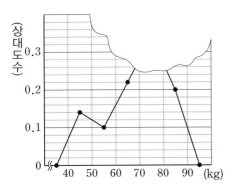

(1) 70 kg 이상 80 kg 미만인 계급의 상대도수

(2) 몸무게가 70 kg 이상 90 kg 미만인 회원 수

06 아래는 어느 중학교의 A반과 B반 학생들의 수행 평가 점수에 대한 상대도수의 분포를 나타낸 그래프이다. 다음 괄호 안의 알맞은 것에 ○표 하시오.

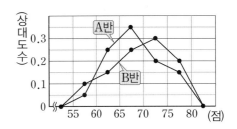

(1) 두 반 중에서 점수가 70점 이상 75점 미만인 학생의 비율이 더 높은 쪽은 (A , B)반이다.

(2) 두 반 중에서 점수가 65점 미만인 학생의 비율이 더 높은 쪽은 (A , B)반이다.

07 아래는 A 중학교와 B 중학교 학생들의 제기차기 횟수에 대한 상대도수의 분포를 나타낸 그래프이다. 물음에 답하시오.

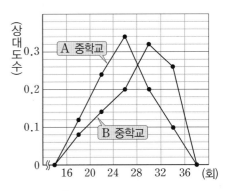

(1) 두 학교 중에서 제기차기 횟수가 20회 이상 24회 미만인 학생의 비율이 더 높은 쪽은 어느 중학교인지 구하시오.

(2) 두 학교 중에서 제기차기를 상대적으로 더 잘하는 쪽은 어느 중학교인지 구하시오.

(3) A 중학교와 B 중학교의 학생 수가 각각 250명, 200명일 때, 두 학교에서 제기차기 횟수가 32회 이상인 학생 수의 합을 구하시오.

01 다음 자료의 중앙값이 25일 때, x의 값이 될 수 <u>없는</u> 것은?

$$20, \quad 35, \quad x, \quad 30$$

① 14　　　　② 17　　　　③ 19

④ 20　　　　⑤ 22

02 다음은 5개의 변량을 작은 값부터 크기순으로 나열한 것이다. 이 자료의 중앙값이 20일 때, x의 값과 평균을 차례대로 구하시오.

$$13, \quad 17, \quad x, \quad 22, \quad 23$$

03 다음 자료의 평균, 중앙값, 최빈값의 합을 구하시오.

$$10, \quad 7, \quad 8, \quad 16, \quad 7, \quad 12$$

04 아래는 어느 야구 동호회 회원들이 1년 동안 친 홈런 수를 조사하여 나타낸 줄기와 잎 그림이다. 다음 중 옳지 <u>않은</u> 것은?

홈런 수　　　　　　　　　　　(0|6은 6개)

줄기	잎
0	6　7　9
1	0　0　2　5　6　8
2	0　4　6　7
3	1　2

① 줄기가 1인 잎의 개수는 6이다.
② 잎의 개수가 가장 적은 줄기는 3이다.
③ 이 동호회의 전체 회원 수는 15이다.
④ 홈런을 20개 이상 친 회원 수는 4이다.
⑤ 홈런 수가 3번째로 많은 회원의 홈런 수는 27이다.

[05~06] 아래 표는 해민이네 반 학생들의 퀴즈대회 점수를 조사하여 나타낸 도수분포표이다. 물음에 답하시오.

점수(점)	학생 수(명)
$60^{이상} \sim 70^{미만}$	4
70 ～ 80	7
80 ～ 90	A
90 ～ 100	8
합계	25

05 도수가 가장 작은 계급의 계급값을 구하시오.

06 점수가 80점 이상인 학생은 전체의 몇 %인지 구하시오.

[07~08] 아래는 어느 전시관의 입장객 수를 조사하여 나타낸 히스토그램이다. 물음에 답하시오.

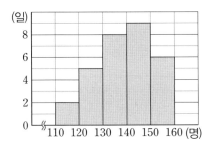

07 도수의 총합을 a, 계급의 개수를 b, 계급의 크기를 c명이라 할 때, $a+b-c$의 값을 구하시오.

08 방문객 수가 5번째로 적었던 날이 속하는 계급은?

① 110명 이상 120명 미만
② 120명 이상 130명 미만
③ 130명 이상 140명 미만
④ 140명 이상 150명 미만
⑤ 150명 이상 160명 미만

09 아래는 어느 음악 학원의 회원 125명의 하루 동안 연습실 사용 시간을 조사하여 나타낸 도수분포다각형인데 일부가 찢어져 보이지 않는다. 연습실 사용 시간이 3시간 미만인 회원은 전체의 몇 %인지 구하시오.

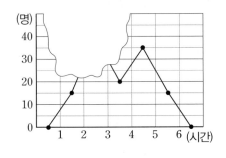

10 다음 중 상대도수에 대한 설명으로 옳지 <u>않은</u> 것을 모두 고르면? (정답 2개)

① 상대도수의 총합은 100이다.
② 도수의 합이 다른 두 집단을 비교할 때 편리하다.
③ 도수가 가장 작은 계급은 상대도수도 가장 작다.
④ 상대도수는 그 계급의 도수에 정비례한다.
⑤ 두 집단에서 상대도수가 같은 계급은 도수도 같다.

11 어느 학교 학생들의 국내 여행 횟수를 조사하였더니 도수가 27인 계급의 상대도수가 0.18이었다. 조사한 전체 학생 수는?

① 100 ② 125 ③ 150
④ 180 ⑤ 200

12 다음은 학생 300명의 가방 무게에 대한 상대도수의 분포를 나타낸 그래프이다. 가방 무게가 2 kg 미만이거나 5 kg 이상인 학생 수를 구하시오.

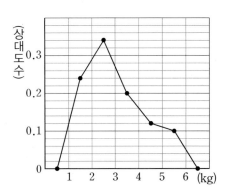

01 다음은 8개의 변량을 작은 값부터 크기순으로 나열한 것이다. 이 자료의 중앙값이 13.5일 때, x의 값과 최빈값을 차례대로 구하시오.

> 10,   12,   12, x,   15,   15,   16,   17

02 다음은 5명의 학생이 하루 동안 푼 수학 문제 수를 조사하여 나타낸 자료이다. 이 자료의 평균을 a, 중앙값을 b, 최빈값을 c라 할 때, $a+b-c$의 값을 구하시오.

> 20,   29,   33,   20,   28

03 다음은 어느 체육관 회원들이 1분 동안 실시한 팔굽혀펴기 기록을 조사하여 나타낸 줄기와 잎 그림이다. 이 자료의 중앙값을 a회, 최빈값을 b회라 할 때, $a+b$의 값을 구하시오.

팔굽혀펴기 기록   (2 | 4는 24회)

줄기	잎
2	4 5 8
3	0 3 6 9 9
4	2 5 7 7 7
5	0 2

04 다음은 A 모둠과 B 모둠의 학생들이 농장 체험에서 딴 귤의 수를 조사하여 나타낸 줄기와 잎 그림이다. A 모둠에서 귤을 4번째로 많이 딴 학생의 귤의 수와 B 모둠에서 귤을 5번째로 적게 딴 학생의 귤의 수의 차를 구하시오.

귤의 수   (1|1은 11개)

잎(A 모둠)	줄기	잎(B 모둠)
5	1	1 4 8
9 6 6 0	2	2 5 5
8 8 7 4 4	3	0 0 2 4 6 8
3 2 1	4	3 5

05 아래 표는 어느 반 학생들의 공 던지기 기록을 조사하여 나타낸 도수분포표이다. 다음 중 옳지 않은 것은?

기록(m)	학생 수(명)
$20^{이상} \sim 25^{미만}$	2
25 $\sim$ 30	A
30 $\sim$ 35	14
35 $\sim$ 40	9
40 $\sim$ 45	5
합계	40

① 전체 학생 수는 40이다.
② 계급의 크기는 5 m이다.
③ A의 값은 10이다.
④ 도수가 가장 큰 계급은 30 m 이상 35 m 미만이다.
⑤ 기록이 20 m 이상 25 m 미만인 학생은 전체의 4 %이다.

정답 및 해설 → 52쪽

06 다음은 어느 반 학생들이 한 달 동안 읽은 책의 수를 조사하여 나타낸 도수분포표이다. 읽은 책이 8권 미만인 학생이 전체의 36 %일 때, $A \times B$의 값을 구하시오.

책의 수(권)	학생 수(명)
$0^{이상}$ ~ $4^{미만}$	2
4 ~ 8	A
8 ~ 12	9
12 ~ 16	4
16 ~ 20	B
합계	25

07 아래는 지윤이네 반 학생들의 도서관 이용 횟수를 조사하여 나타낸 히스토그램이다. 다음 중 옳은 것을 모두 고르면?

(정답 2개)

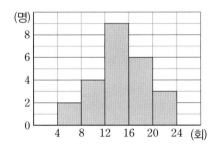

① 계급의 개수는 5이다.
② 계급의 크기는 2명이다.
③ 지윤이네 반 학생 수는 25이다.
④ 도서관 이용 횟수가 12회 미만인 학생은 전체의 25 %이다.
⑤ 도서관을 7번째로 많이 이용한 학생이 속한 계급의 도수는 9명이다.

08 다음은 학생 30명의 통학 시간을 조사하여 나타낸 히스토그램인데 일부가 찢어져 보이지 않는다. 이때 도수가 가장 큰 계급과 도수가 가장 작은 계급의 직사각형의 넓이의 차를 구하시오.

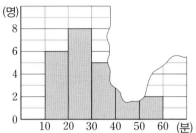

[09~10] 아래는 체육대회에 참가한 중학생들의 포환 던지기 기록을 조사하여 나타낸 도수분포다각형이다. 물음에 답하시오.

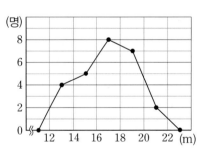

09 포환을 3번째로 멀리 던진 학생이 속한 계급의 도수는?

① 2명   ② 4명   ③ 5명
④ 7명   ⑤ 8명

10 도수분포다각형과 가로축으로 둘러싸인 부분의 넓이를 구하시오.

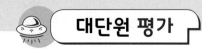
11 다음은 A, B 두 모둠 학생들이 게임에서 얻은 점수를 조사하여 나타낸 도수분포다각형이다. 보기에서 옳은 것을 모두 고르시오.

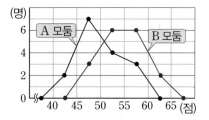

보기

ㄱ. 최고 득점자는 A 모둠에 있다.
ㄴ. B 모둠의 학생들이 A 모둠의 학생들보다 점수가 더 높은 편이다.
ㄷ. 두 모둠의 전체 학생 수는 같지 않다.
ㄹ. 각각의 그래프와 가로축으로 둘러싸인 부분의 넓이가 더 큰 쪽은 A 모둠이다.

12 다음은 어느 중학교의 1반과 2반 학생들의 100 m 달리기 기록을 조사하여 나타낸 도수분포표이다. 2반보다 1반의 상대도수가 더 큰 계급의 계급값을 구하시오.

기록(초)	도수(명)	
	1반	2반
$15^{이상} \sim 17^{미만}$	3	4
17 ~ 19	6	7
19 ~ 21	7	9
21 ~ 23	4	5
합계	20	25

13 다음은 제이네 반 학생들의 하루 동안 이모티콘 사용 건수를 조사하여 나타낸 상대도수의 분포표이다. $A+100B$의 값을 구하시오.

건수(건)	도수(명)	상대도수
$20^{이상} \sim 30^{미만}$	14	0.28
30 ~ 40	A	0.3
40 ~ 50		
50 ~ 60	9	B
합계		

14 다음은 A 학교 학생 220명과 B 학교 학생 200명이 일주일 동안 독서실을 이용한 시간에 대한 상대도수의 분포를 나타낸 그래프이다. 보기에서 옳은 것을 모두 고르시오.

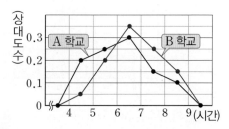

보기

ㄱ. 각각의 그래프와 가로축으로 둘러싸인 부분의 넓이는 서로 같다.
ㄴ. A 학교에서 독서실을 8시간 이상 이용한 학생 수는 33이다.
ㄷ. B 학교에서 도수가 가장 큰 계급에 속하는 학생 수는 70이다.
ㄹ. 독서실을 5시간 이상 7시간 미만 이용한 학생의 비율은 B 학교가 더 높다.

중학수학

절대강자

새교육과정
2025년 중1부터 적용

중학수학

절대강자

개념 **연산**
1·2

정답 및 해설

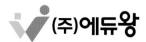

중학수학

절대강자

중학수학

절대강자

개념 연산 1·2

정답 및 해설

Ⅰ 기본 도형

Ⅰ – ❶ 기본 도형

개념 01 점, 선, 면

6~7쪽

┌ 평면도형과 입체도형 ┐
평면, 입체

01 (1) ○   (2) ○
(3) ×   (4) ×
(5) ○

02 (1) 평   (2) 입
(3) 입   (4) 평

┌ 교점과 교선 ┐
교점, 교선, 꼭짓점, 모서리

03 (1) 점 B   (2) 점 D
(3) 점 G   (4) 모서리 DH
(5) 모서리 FG

04 (1) 3   (2) 5

05 (1) 5, 8   (2) 6, 9
(3) 8, 12   (4) 7, 12

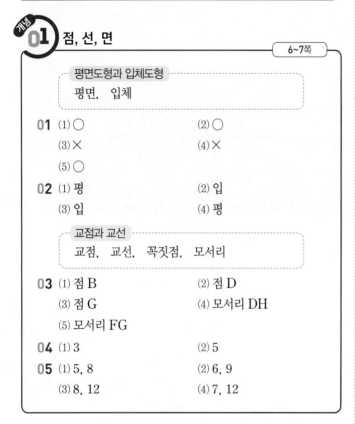

01 (3) 도형을 구성하는 기본 요소는 점, 선, 면이다.
    (4) 삼각기둥, 직육면체는 입체도형이다.

개념 02 직선, 반직선, 선분

8~9쪽

┌ 직선, 반직선, 선분 ┐
$\overleftrightarrow{AB}$, $\overrightarrow{AB}$, $\overline{AB}$

01 (1) $\overrightarrow{PQ}$ (또는 $\overrightarrow{QP}$)   (2) $\overrightarrow{PQ}$
(3) $\overrightarrow{QP}$ (4) $\overleftrightarrow{PQ}$ (또는 $\overleftrightarrow{QP}$)

02 (1)~(5) 해설 참조

03 (1) =   (2) =
(3) ≠   (4) ≠
(5) =   (6) =
(7) =   (8) ≠

04 (1) $\overrightarrow{FG}$ (2) $\overrightarrow{EG}$
(3) $\overrightarrow{GE}$ (4) $\overline{EF}$
(5) $\overline{GF}$ (6) $\overrightarrow{GF}$

05 (1) 3   (2) 6
(3) 3

06 (1) 6   (2) 12
(3) 6

02
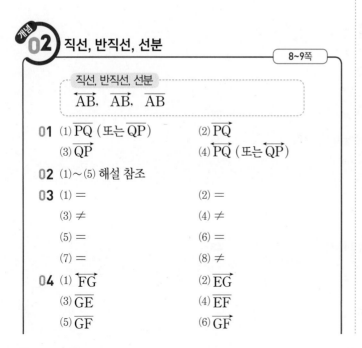

05 (1) $\overrightarrow{AB}$, $\overrightarrow{AC}$, $\overrightarrow{BC}$ ➡ 3개
(2) $\overrightarrow{AB}$, $\overrightarrow{AC}$, $\overrightarrow{BA}$, $\overrightarrow{BC}$, $\overrightarrow{CA}$, $\overrightarrow{CB}$ ➡ 6개
(3) $\overline{AB}$, $\overline{AC}$, $\overline{BC}$ ➡ 3개

06 (1) $\overleftrightarrow{AB}$, $\overleftrightarrow{AC}$, $\overleftrightarrow{AD}$, $\overleftrightarrow{BC}$, $\overleftrightarrow{BD}$, $\overleftrightarrow{CD}$ ➡ 6개
(2) $\overrightarrow{AB}$, $\overrightarrow{AC}$, $\overrightarrow{AD}$, $\overrightarrow{BA}$, $\overrightarrow{BC}$, $\overrightarrow{BD}$,
$\overrightarrow{CA}$, $\overrightarrow{CB}$, $\overrightarrow{CD}$, $\overrightarrow{DA}$, $\overrightarrow{DB}$, $\overrightarrow{DC}$ ➡ 12개
(3) $\overline{AB}$, $\overline{AC}$, $\overline{AD}$, $\overline{BC}$, $\overline{BD}$, $\overline{CD}$ ➡ 6개

개념 03 두 점 사이의 거리

10~11쪽

┌ 두 점 사이의 거리 ┐
짧은, 선분

01 (1) 4 cm   (2) 7 cm
(3) 5 cm   (4) 3 cm

02 (1) 10 cm   (2) 20 cm
(3) 21 cm   (4) 13 cm
(5) 17 cm

┌ 선분의 중점 ┐
$\frac{1}{2}$, 2, 2

03 (1) 7   (2) 5, 10
(3) 11, 22

04 (1) 6, 12   (2) 8, 16, 24

05 (1) 8 cm   (2) 8 cm
(3) 4 cm   (4) 4 cm
(5) 12 cm

06 (1) 24 cm   (2) 12 cm
(3) 6 cm   (4) 6 cm
(5) 18 cm

개념 04 각

12~15쪽

각을 기호로 나타내기
AOB, BOA

01 (1) ∠BAC, ∠CAB　　(2) ∠ABC, ∠CBA
　　(3) ∠C, ∠ACB, ∠BCA

02 (1) ∠BAE, ∠BAC, ∠CAB, ∠EAB
　　(2) ∠BEC, ∠CEB
　　(3) ∠ACD, ∠ECD, ∠DCE, ∠DCA

각의 분류
평각, 직각, 예각, 둔각

03 (1) 예각　　　　　　　(2) 직각
　　(3) 둔각　　　　　　　(4) 둔각
　　(5) 직각　　　　　　　(6) 예각

04 (1) ∠AOB, ∠BOC　　(2) ∠AOC, ∠COD
　　(3) ∠BOD　　　　　　(4) ∠AOD

05 (1) 예각　　　　　　　(2) 둔각
　　(3) 평각　　　　　　　(4) 예각
　　(5) 직각　　　　　　　(6) 둔각

06 (1) 35　　　　　　　　(2) 28
　　(3) 18　　　　　　　　(4) 31
　　(5) 21　　　　　　　　(6) 136
　　(7) 65　　　　　　　　(8) 76
　　(9) 39　　　　　　　　(10) 33

07 (1) 3, 45, 1, 15, 2, 30　　(2) 30°, 40°, 20°
　　(3) 18°, 27°, 45°　　(4) 40°, 80°, 60°
　　(5) 60°, 45°, 75°　　(6) 84°, 36°, 60°

---

06 (1) $55+x=90$　　$\therefore x=35$
　　(2) $x+62=90$　　$\therefore x=28$
　　(3) $3x+2x=90$　　$\therefore x=18$
　　(4) $(2x-3)+x=90$, $3x=93$　　$\therefore x=31$
　　(5) $3x+(x+6)=90$, $4x=84$　　$\therefore x=21$
　　(6) $x+44=180$　　$\therefore x=136$
　　(7) $x+115=180$　　$\therefore x=65$
　　(8) $70+x+34=180$　　$\therefore x=76$
　　(9) $x+90+51=180$　　$\therefore x=39$
　　(10) $x+2x+(2x+15)=180$
　　　　$5x=165$　　$\therefore x=33$

07 (2) $\angle x=90°\times\dfrac{3}{3+4+2}=30°$

$\angle y=90°\times\dfrac{4}{3+4+2}=40°$

$\angle z=90°\times\dfrac{2}{3+4+2}=20°$

(3) $\angle x=90°\times\dfrac{2}{2+3+5}=18°$

$\angle y=90°\times\dfrac{3}{2+3+5}=27°$

$\angle z=90°\times\dfrac{5}{2+3+5}=45°$

(4) $\angle x=180°\times\dfrac{2}{2+4+3}=40°$

$\angle y=180°\times\dfrac{4}{2+4+3}=80°$

$\angle z=180°\times\dfrac{3}{2+4+3}=60°$

(5) $\angle x=180°\times\dfrac{4}{4+3+5}=60°$

$\angle y=180°\times\dfrac{3}{4+3+5}=45°$

$\angle z=180°\times\dfrac{5}{4+3+5}=75°$

(6) $\angle x=180°\times\dfrac{7}{7+3+5}=84°$

$\angle y=180°\times\dfrac{3}{7+3+5}=36°$

$\angle z=180°\times\dfrac{5}{7+3+5}=60°$

개념 05 맞꼭지각

16~17쪽

맞꼭지각
c, d, a, b

01 (1) ∠COD　　　　　　(2) ∠AOB
　　(3) ∠EOA　　　　　　(4) ∠AOC

02 (1) 85　　　　　　　　(2) 67
　　(3) 50　　　　　　　　(4) 42
　　(5) 40　　　　　　　　(6) 20

03 (1) 60°, 60°　　　　　(2) 42°, 138°
　　(3) 90°, 55°　　　　　(4) 36°, 84°

04 (1) 60　　　　　　　　(2) 100
　　(3) 51　　　　　　　　(4) 26
　　(5) 23

02 (5) $3x-70=50$, $3x=120$ ∴ $x=40$

(6) $2x+60=4x+20$, $-2x=-40$ ∴ $x=20$

03 (1) $\angle x+120°=\angle y+120°=180°$

∴ $\angle x=60°$, $\angle y=60°$

(2) $\angle x=42°$ (맞꼭지각)

$\angle y+42°=180°$ ∴ $\angle y=138°$

(3) $\angle x=90°$ (맞꼭지각)

$35°+\angle y=90°$ ∴ $\angle y=55°$

(4) $\angle x=36°$ (맞꼭지각)

$\angle y+36°+60°=180°$ ∴ $\angle y=84°$

04 (1) $x+75+45=180$ ∴ $x=60$

(2) $22+x+58=180$ ∴ $x=100$

(3) $90+x+39=180$ ∴ $x=51$

(4) $2x+3x+50=180$, $5x=130$ ∴ $x=26$

(5) $(x+1)+96+(3x-9)=180$, $4x=92$ ∴ $x=23$

개념 06 수직과 수선
18~19쪽

수직과 수선
직교, ⊥, 수직, 수선, 수직이등분선

01 (1) $\overline{AB}\perp\overline{CD}$ (2) $\overleftrightarrow{MN}\perp\overleftrightarrow{OP}$

(3) $l\perp m$

02 (1) $\overline{BD}$ (2) $\overline{AB}$

(3) $\overline{AD}, \overline{BC}$ (4) $\overline{AC}, \overline{FD}$

03 (1) $\overline{CD}$ (2) 90°

(3) 4 cm

점과 직선 사이의 거리
발, PH

04 (1)~(2) 해설 참조 (3) 4, 3

05 (1) D, 3, C, 9 (2) C, 4.8, A, 6

(3) E, 8, F, 12

01 (1)~(2)

개념 07 점과 직선, 점과 평면의 위치 관계
20~21쪽

점과 직선의 위치 관계
위, 밖

01 (1) 점 B, 점 D (2) 점 A, 점 C

02 (1) 점 A, 점 C, 점 E (2) 점 B, 점 D

(3) 점 B, 점 C (4) 점 A, 점 D, 점 E

(5) 점 D

03 (1) × (2) ○

(3) ○ (4) ×

점과 평면의 위치 관계
위, 밖

04 (1) 점 C, 점 D (2) 점 A, 점 B, 점 E

05 (1) 점 A, 점 D (2) 점 B, 점 C

(3) 점 A, 점 B, 점 C (4) 점 A, 점 D

(5) 면 ABC, 면 ABED (6) 면 ACFD, 면 BEFC

개념 08 두 직선의 위치 관계
22~25쪽

평면에서 두 직선의 위치 관계
한, 일치, 평행

01 (1) ○ (2) ○

(3) ○ (4) ×

(5) ○ (6) ○

(7) ×

02 (1) $\overleftrightarrow{AD}, \overleftrightarrow{BC}$ (2) $\overleftrightarrow{CD}$

(3) $\overleftrightarrow{BC}, \overleftrightarrow{CD}$

03 (1) $\overline{AB}, \overline{BC}$ (2) $\overleftrightarrow{AF}$

(3) $\overline{BC}, \overline{CD}, \overline{EF}, \overline{FA}$

공간에서 두 직선의 위치 관계
한, 일치, 평행, 꼬인

04 (1) ㄱ, ㄹ (2) ㄴ

(3) ㄷ (4) ㄱ, ㄴ, ㄷ

(5) ㄴ, ㄷ (6) ㄱ, ㄹ

05 (1) $\overline{AB}, \overline{AD}, \overline{CB}, \overline{CD}$ (2) 없다.

(3) $\overline{AB}$

06 (1) $\overline{AC}, \overline{AD}, \overline{AE}, \overline{BC}, \overline{BE}$

(2) $\overline{CA}, \overline{CB}, \overline{DA}, \overline{DE}$ (3) $\overline{BE}$

(4) $\overline{BC}, \overline{BE}$ (5) $\overline{AE}, \overline{AD}$

07 (1) $\overline{AD}$, $\overline{AC}$, $\overline{BE}$, $\overline{BC}$ (2) $\overline{EB}$, $\overline{ED}$, $\overline{FC}$, $\overline{FD}$

    (3) $\overline{EF}$ (4) $\overline{AD}$, $\overline{BE}$

    (5) $\overline{BE}$, $\overline{DE}$, $\overline{EF}$ (6) $\overline{AC}$, $\overline{DF}$

08 (1) $\overline{BA}$, $\overline{BF}$, $\overline{CD}$, $\overline{CG}$ (2) $\overline{GC}$, $\overline{GF}$, $\overline{HD}$, $\overline{EH}$

    (3) $\overline{CD}$, $\overline{EF}$, $\overline{GH}$ (4) $\overline{AE}$, $\overline{DH}$, $\overline{CG}$

    (5) $\overline{AE}$, $\overline{EH}$, $\overline{BF}$, $\overline{FG}$ (6) $\overline{BC}$, $\overline{CD}$, $\overline{FG}$, $\overline{GH}$

09 (1) 4   (2) 4

    (3) 6   (4) 6

    (5) 1   (6) 7

09 (1) $\overleftrightarrow{BA}$, $\overleftrightarrow{BC}$, $\overleftrightarrow{GF}$, $\overleftrightarrow{GH}$ ➡ 4개

    (2) $\overleftrightarrow{CH}$, $\overleftrightarrow{DI}$, $\overleftrightarrow{EJ}$, $\overleftrightarrow{AF}$ ➡ 4개

    (3) $\overleftrightarrow{CD}$, $\overleftrightarrow{DE}$, $\overleftrightarrow{AE}$, $\overleftrightarrow{HI}$, $\overleftrightarrow{IJ}$, $\overleftrightarrow{FJ}$ ➡ 6개

    (4) $\overleftrightarrow{AE}$, $\overleftrightarrow{AF}$, $\overleftrightarrow{BC}$, $\overleftrightarrow{BG}$, $\overleftrightarrow{CD}$, $\overleftrightarrow{DE}$ ➡ 6개

    (5) $\overleftrightarrow{GF}$ ➡ 1개

    (6) $\overleftrightarrow{CH}$, $\overleftrightarrow{DI}$, $\overleftrightarrow{EJ}$, $\overleftrightarrow{GH}$, $\overleftrightarrow{HI}$, $\overleftrightarrow{IJ}$, $\overleftrightarrow{FJ}$ ➡ 7개

개념 09 직선과 평면의 위치 관계
26~27쪽

> **직선과 평면의 위치 관계**
> 점, 포함, 평행

01 (1) $\overline{AD}$, $\overline{BD}$, $\overline{CD}$ (2) $\overline{AB}$, $\overline{BC}$, $\overline{CA}$

    (3) 없다.   (4) 면 ACD, 면 BCD

    (5) 면 ABC, 면 ABD   (6) 없다.

02 (1) $\overline{AE}$, $\overline{BF}$, $\overline{CG}$, $\overline{DH}$ (2) 4

    (3) $\overline{AB}$, $\overline{BC}$, $\overline{CD}$, $\overline{DA}$ (4) $\overline{EF}$, $\overline{FG}$, $\overline{GH}$, $\overline{HE}$

    (5) 면 ABFE, 면 CGHD   (6) 2

    (7) 면 ABCD, 면 BFGC   (8) 면 AEHD, 면 EFGH

03 (1) $\overline{AD}$, $\overline{BC}$, $\overline{FG}$, $\overline{EH}$ (2) $\overline{AE}$, $\overline{BF}$

    (3) $\overline{CG}$, $\overline{GH}$, $\overline{HD}$, $\overline{DC}$ (4) $\overline{AE}$, $\overline{EH}$, $\overline{HD}$, $\overline{DA}$

    (5) 면 ABCD, 면 EFGH   (6) 면 BFGC, 면 CGHD

    (7) 면 BFGC, 면 AEHD   (8) 면 ABCD, 면 ABFE

02 (2) $\overline{AE}$, $\overline{BF}$, $\overline{CG}$, $\overline{DH}$ ➡ 4개

    (6) 면 ABFE, 면 CGHD ➡ 2개

개념 10 두 평면의 위치 관계
28~29쪽

> **두 평면의 위치 관계**
> 직선, 일치, 평행

01 (1) 면 ADEB, 면 BEFC, 면 ADFC

    (2) 면 ADEB, 면 BEFC, 면 ADFC

    (3) 면 DEF

    (4) 면 ABC, 면 ADEB, 면 DEF, 면 ADFC

    (5) 면 ABC, 면 ADEB, 면 DEF

    (6) 없다.   (7) 면 ABC, 면 DEF

    (8) 없다.

02 (1) 면 ABCD, 면 BFGC, 면 EFGH, 면 AEHD

    (2) 면 ABFE

    (3) 면 ABCD, 면 BFGC, 면 EFGH, 면 AEHD

    (4) 면 ABCD, 면 BFGC

03 (1) 면 FGHIJ

    (2) 면 ABCDE, 면 FGHIJ

    (3) $\overline{BC}$

04 (1) 1   (2) 4

    (3) 3

05 (1) 1   (2) 0

    (3) 4

04 (1) 면 EFGH ➡ 1개

    (2) 면 ABCD, 면 BFGC, 면 EFGH, 면 AEHD ➡ 4개

    (3) 면 AEHD, 면 ABFE, 면 BFGC ➡ 3개

05 (1) 면 DEFG ➡ 1개

    (3) 면 ABC, 면 BEF, 면 DEFG, 면 ADGC ➡ 4개

개념 11 평행선의 성질
30~37쪽

> **동위각과 엇각**
> 동위각, 엇각

01 (1) $\angle e$ (2) $\angle f$

    (3) $\angle g$ (4) $\angle h$

    (5) $\angle c$ (6) $\angle d$

    (7) 없다.

02 (1) ∠c   (2) ∠d
     (3) ∠e   (4) ∠f
     (5) ∠g   (6) ∠c

03 (1) a, 105   (2) f, 110, 70

04 (1) f, 110, 70   (2) e, 110

05 (1) $124°$ (2) $56°$
     (3) $28°$ (4) $152°$

06 (1) $67°$ (2) $113°$
     (3) $72°$ (4) $108°$

> **평행선과 동위각, 엇각**
> 같다, 같다

07 (1) 65, 115   (2) 88, 92
     (3) 131, 49   (4) 110, 70
     (5) 132, 48   (6) 96, 84
     (7) 59, 121

08 (1) $60°$, $115°$ (2) $135°$, $90°$
     (3) $81°$, $77°$ (4) $116°$, $54°$
     (5) $102°$, $128°$ (6) $60°$, $62°$
     (7) $40°$, $75°$ (8) $42°$, $138°$
     (9) $119°$, $40°$ (10) $86°$, $39°$

> **두 직선이 평행할 조건**
> 평행, 평행

09 (1) ×   (2) ○
     (3) ×   (4) ○
     (5) ×   (6) ○

10 (1) $l /\!/ n$ (2) $m /\!/ n$
     (3) $l /\!/ m$ (4) $l /\!/ m$
     (5) $l /\!/ n$

> **평행선과 꺾인 직선**
> a, b

11 (1) $100°$ (2) $70°$
     (3) $58°$ (4) $70°$
     (5) $95°$ (6) $80°$
     (7) $37°$ (8) $35°$

12 (1) $60°$ (2) $105°$
     (3) $65°$ (4) $70°$
     (5) $85°$ (6) $140°$
     (7) $120°$ (8) $125°$

> **직사각형 종이 접기**
> 접은, 엇

13 (1) $80°$ (2) $60°$
     (3) $100°$ (4) $70°$
     (5) $80°$ (6) $92°$
     (7) $36°$ (8) $40°$
     (9) $70°$

05 (1) ∠a의 동위각은 ∠e이므로 ∠e=$124°$ (맞꼭지각)
     (2) ∠c의 동위각은 ∠f이므로 ∠f=$180°-124°=56°$
     (3) ∠d의 엇각은 ∠c이므로 ∠c=$28°$ (맞꼭지각)
     (4) ∠e의 엇각은 ∠b이므로 ∠b=$180°-28°=152°$

06 (1) ∠a의 동위각은 ∠c이므로 ∠c=$67°$ (맞꼭지각)
     (2) ∠b의 동위각은 ∠d이므로 ∠d=$180°-67°=113°$
     (3) ∠c의 엇각은 ∠e이므로 ∠e=$180°-108°=72°$
     (4) ∠f의 엇각은 ∠b이므로 ∠b=$108°$ (맞꼭지각)

08 (1)

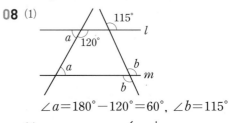

∠a=$180°-120°=60°$, ∠b=$115°$

(2)

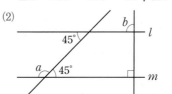

∠a=$180°-45°=135°$, ∠b=$90°$

(3)

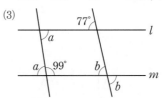

∠a=$180°-99°=81°$, ∠b=$77°$

(4)

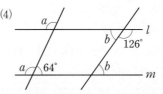

∠a=$180°-64°=116°$, ∠b=$180°-126°=54°$

(5)

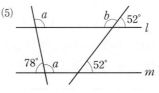

∠a=$180°-78°=102°$, ∠b=$180°-52°=128°$

(6)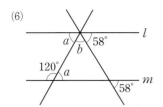

$\angle a + 120° = 180°$　　∴ $\angle a = 60°$

$60° + \angle b + 58° = 180°$　　∴ $\angle b = 62°$

(7)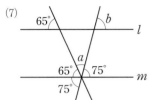

$\angle b = 75°$

$65° + \angle a + 75° = 180°$　　∴ $\angle a = 40°$

(8)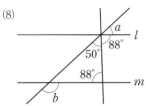

$\angle a + 88° + 50° = 180°$　　∴ $\angle a = 42°$

$\angle b = 50° + 88° = 138°$

(9)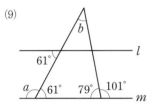

$\angle a = 180° - 61° = 119°$

삼각형의 세 각의 크기의 합은 180°이므로

$\angle b + 61° + 79° = 180°$　　∴ $\angle b = 40°$

(10)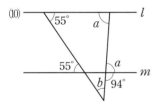

$\angle a + 94° = 180°$　　∴ $\angle a = 86°$

삼각형의 세 각의 크기의 합은 180°이므로

$55° + \angle b + 86° = 180°$　　∴ $\angle b = 39°$

11 (1)

$\angle x = 44° + 56° = 100°$

(2)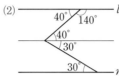

$\angle x = 40° + 30° = 70°$

(3)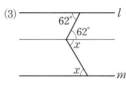

$62° + \angle x = 120°$

∴ $\angle x = 58°$

(4)

$\angle x + 42° = 112°$

∴ $\angle x = 70°$

(5)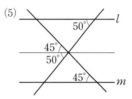

$\angle x = 45° + 50° = 95°$

(6)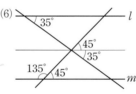

$\angle x = 45° + 35° = 80°$

(7)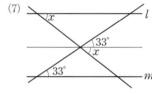

$33° + \angle x = 70°$

∴ $\angle x = 37°$

(8)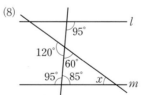

삼각형의 세 각의 크기의 합은 180°이므로

$60° + 85° + \angle x = 180°$　　∴ $\angle x = 35°$

12 (1)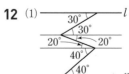

$\angle x = 20° + 40° = 60°$

(2)

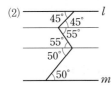

$\angle x = 55° + 50° = 105°$

(3)

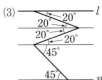

$\angle x = 20° + 45° = 65°$

(4)

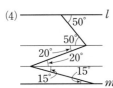

$\angle x = 50° + 20° = 70°$

(5)

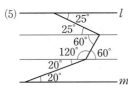

$\angle x = 25° + 60° = 85°$

(6)

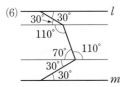

$\angle x = 30° + 110° = 140°$

(7)

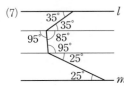

$\angle x = 95° + 25° = 120°$

(8)

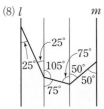

$\angle x = 75° + 50° = 125°$

13 (1)

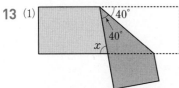

위의 접은 각의 크기가 40°이므로

$\angle x = 40° + 40° = 80°$ (엇각)

(2)

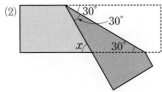

위의 엇각과 접은 각의 크기가 모두 30°이므로

$\angle x = 30° + 30° = 60°$ (엇각)

(3)

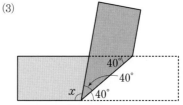

아래의 엇각과 접은 각의 크기가 모두 40°이므로

$\angle x = 180° - 40° - 40° = 100°$

(4)

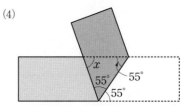

위의 엇각과 아래의 접은 각의 크기가 모두 55°이고,
삼각형의 세 각의 크기의 합이 180°이므로

$\angle x = 180° - 55° - 55° = 70°$

(5)

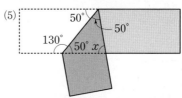

위의 엇각과 접은 각의 크기가 모두 50°이고
삼각형의 세 각의 크기의 합이 180°이므로

$\angle x = 180° - 50° - 50° = 80°$

(6)

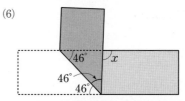

아래의 엇각과 접은 각의 크기가 모두 46°이므로

$\angle x = 46° + 46° = 92°$ (엇각)

(7)

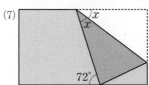

접은 각의 크기가 같으므로

$\angle x + \angle x = 72°$ (엇각) $\therefore \angle x = 36°$

(8)

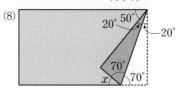

위의 접은 각의 크기가 $(90° - 50°) \div 2 = 20°$이므로
아래의 엇각과 접은 각의 크기는 $50° + 20° = 70°$
평각은 180°이므로 $\angle x = 180° - 70° - 70° = 40°$

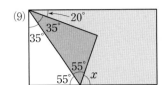

(9)

위의 접은 각의 크기가 $35°$이고, 남은 부분의 각의 크기는
$90°-35°-35°=20°$이므로 아래의 엇각과 접은 각의
크기는 $35°+20°=55°$

평각은 $180°$이므로 $\angle x=180°-55°-55°=70°$

38~39쪽

내신 도전

01 ③	02 ②, ⑤	03 24
04 6cm	05 ①, ④	06 25
07 ②	08 점 F, 점 D	09 ⑤
10 1	11 ③	12 52

01 교점의 개수는 4이므로 $a=4$
교선의 개수는 6이므로 $b=6$
$\therefore a+b=4+6=10$

03 서로 다른 직선은 $\overleftrightarrow{AB}$, $\overleftrightarrow{AC}$, $\overleftrightarrow{AD}$, $\overleftrightarrow{BD}$ ➡ 4개
서로 다른 선분은 $\overline{AB}$, $\overline{AC}$, $\overline{AD}$, $\overline{BC}$, $\overline{BD}$, $\overline{CD}$ ➡ 6개
즉 $a=4$, $b=6$이므로 $ab=4\times6=24$

04 $\overline{AC}=\overline{AB}+\overline{BC}=2\overline{MB}+2\overline{BN}$
$\qquad=2\overline{MN}=2\times3=6(cm)$

05 ② $\angle b=\angle EBD$
③ $\angle c=\angle ACB$
⑤ $\angle e=\angle DEB$

06 평각은 $180°$이므로
$(x+10)+55+(2x+40)=180$, $3x=75$ $\qquad\therefore x=25$

07 $x+35=30+90$ (맞꼭지각) $\qquad\therefore x=85$
평각은 $180°$이므로
$30+90+(y-10)=180$ $\qquad\therefore y=70$
$\therefore x-y=85-70=15$

09 $\overleftrightarrow{BC}$, $\overleftrightarrow{CD}$, $\overleftrightarrow{DE}$, $\overleftrightarrow{FG}$, $\overleftrightarrow{GH}$, $\overleftrightarrow{HA}$ ➡ 6개
[다른 풀이]
$\overleftrightarrow{AB}$를 제외한 직선 7개 중에서 $\overleftrightarrow{AB}$와 평행한 $\overleftrightarrow{EF}$를 제외한
것으로 6개이다.

10 $\overline{FG}$와 꼬인 위치에 있는 모서리는
$\overline{AC}$, $\overline{CD}$, $\overline{AE}$, $\overline{DH}$ ➡ 4개
면 AEHD와 평행한 모서리는 $\overline{CF}$, $\overline{FG}$, $\overline{GC}$ ➡ 3개
즉 $a=4$, $b=3$이므로 $a-b=1$

11 $\angle a$의 동위각은 $\angle d$이므로 $\angle d=180°-95°=85°$
$\angle e$의 엇각은 $\angle a$이므로 $\angle a=180°-115°=65°$
$\therefore \angle d+\angle a=85°+65°=150°$

12 $x+36=116$ (엇각) $\qquad\therefore x=80$
$2y=180-124$ $\qquad\therefore y=28$
$\therefore x-y=80-28=52$

I-2 작도와 합동

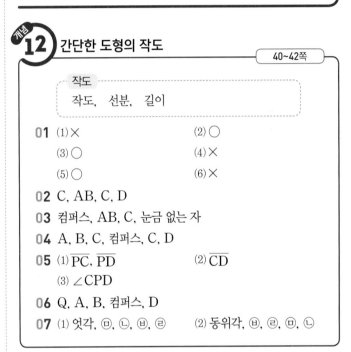

개념 12 간단한 도형의 작도

40~42쪽

작도

작도, 선분, 길이

01 (1) × (2) ○
(3) ○ (4) ×
(5) ○ (6) ×

02 C, AB, C, D

03 컴퍼스, AB, C, 눈금 없는 자

04 A, B, C, 컴퍼스, C, D

05 (1) $\overline{PC}$, $\overline{PD}$ (2) $\overline{CD}$
(3) $\angle CPD$

06 Q, A, B, 컴퍼스, D

07 (1) 엇각, ㅁ, ㄴ, ㅂ, ㄹ (2) 동위각, ㅂ, ㄹ, ㅁ, ㄴ

01 (1) 작도할 때는 눈금 없는 자와 컴퍼스만을 사용한다.
(4) 두 선분의 길이를 비교할 때는 컴퍼스를 사용한다.
(6) 작도할 때는 눈금 없는 자와 컴퍼스만을 사용한다.

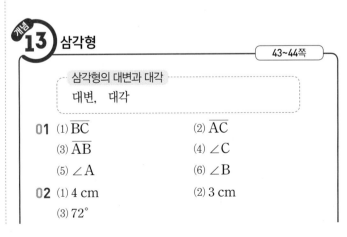

개념 13 삼각형

43~44쪽

삼각형의 대변과 대각

대변, 대각

01 (1) $\overline{BC}$ (2) $\overline{AC}$
(3) $\overline{AB}$ (4) $\angle C$
(5) $\angle A$ (6) $\angle B$

02 (1) 4 cm (2) 3 cm
(3) 72°

03 (1) 5 cm (2) 65°
(3) 55° (4) 60°

삼각형과 세 변의 길이 사이의 관계
<, <, <, <

04 (1) ○ (2) ×
(3) ○ (4) ×
(5) ○ (6) ○
(7) ×

05 6, 1, 7, 13, 1, 13

06 (1) $2<x<8$ (2) $3<x<11$
(3) $0<x<10$ (4) $6<x<10$
(5) $x>2$ (6) $x>5$

03 (4) 삼각형의 세 내각의 크기의 합은 180°이므로
$180°-(55°+65°)=60°$

04 (1) $6<4+5$ (2) $10>2+7$
(3) $5<2+4$ (4) $15>6+6$
(5) $3<3+3$ (6) $12<10+10$
(7) $15=7+8$

06 (1) (ⅰ) 가장 긴 변의 길이가 5 cm일 때
$5<3+x$에서 $2<x$
(ⅱ) 가장 긴 변의 길이가 x cm일 때
$x<3+5$에서 $x<8$
따라서 x의 값의 범위는 $2<x<8$
(2) (ⅰ) 가장 긴 변의 길이가 7 cm일 때
$7<4+x$에서 $3<x$
(ⅱ) 가장 긴 변의 길이가 x cm일 때
$x<4+7$에서 $x<11$
따라서 x의 값의 범위는 $3<x<11$
(3) (ⅰ) 가장 긴 변의 길이가 5 cm일 때
$5<5+x$에서 $0<x$
(ⅱ) 가장 긴 변의 길이가 x cm일 때
$x<5+5$에서 $x<10$
따라서 x의 값의 범위는 $0<x<10$
(4) (ⅰ) 가장 긴 변의 길이가 8 cm일 때
$8<2+x$에서 $6<x$
(ⅱ) 가장 긴 변의 길이가 x cm일 때
$x<2+8$에서 $x<10$
따라서 x의 값의 범위는 $6<x<10$
(5) 가장 긴 변의 길이가 $(x+3)$cm이므로
$x+3<x+(x+1)$에서 $x>2$

(6) 가장 긴 변의 길이가 $(x+4)$cm이므로
$x+4<x+(x-1)$에서 $x>5$

개념 **14** 삼각형의 작도

45~47쪽

삼각형의 작도
세, 두, 끼인각, 한, 양 끝 각

01 길이, a, c, b, A
02 크기, XBY, a, c
03 선분, a, 각, B, C, A

삼각형이 하나로 정해지는 조건
세, 끼인각, 양 끝 각

04 (1) ○ (2) ×
(3) ○ (4) ×
(5) ○ (6) ×
(7) × (8) ○

05 (1) × (2) ○
(3) ○

06 (1) ○ (2) ×
(3) × (4) ○

07 (1) ○ (2) ×
(3) ○

08 (1) × (2) ○
(3) × (4) ○

04 (1) 세 변의 길이가 주어졌고 $13<7+9$이므로
△ABC가 하나로 정해진다.
(2) 세 각의 크기만으로는 △ABC가 하나로 정해지지 않는다.
(3) 두 변의 길이와 그 끼인각의 크기가 주어졌으므로
△ABC가 하나로 정해진다.
(4) 주어진 두 각의 크기의 합이 $95°+95°=190°$이므로
삼각형이 될 수 없다.
(5) 한 변의 길이와 그 양 끝 각의 크기가 주어졌으므로
△ABC가 하나로 정해진다.
(6) 두 변의 길이와 그 끼인각이 아닌 한 각의 크기가
주어졌으므로 △ABC가 하나로 정해지지 않는다.
(7) 세 변의 길이가 주어졌으나 $8=3+5$이므로
삼각형이 될 수 없다.
(8) $∠C=180°-28°-50°=102°$
즉 한 변의 길이와 그 양 끝 각의 크기가 주어졌으므로
△ABC가 하나로 정해진다.

05 (1) 두 변의 길이와 그 끼인각이 아닌 한 각의 크기가 주어졌으므로 △ABC가 하나로 정해지지 않는다.

(2) 두 변의 길이와 그 끼인각의 크기가 주어졌으므로 △ABC가 하나로 정해진다.

(3) 한 변의 길이와 그 양 끝 각의 크기가 주어졌으므로 △ABC가 하나로 정해진다.

06 (1) 두 변의 길이와 그 끼인각의 크기가 주어졌으므로 △ABC가 하나로 정해진다.

(2) 두 변의 길이와 그 끼인각이 아닌 한 각의 크기가 주어졌으므로 △ABC가 하나로 정해지지 않는다.

(3) 세 각의 크기만으로는 △ABC가 하나로 정해지지 않는다.

(4) ∠A=180°−(95°+∠B)
즉 한 변의 길이와 그 양 끝 각의 크기가 주어졌으므로 △ABC가 하나로 정해진다.

07 (1) 삼각형이 만들어지는 세 변의 길이가 주어졌으므로 △ABC가 하나로 정해진다.

(2) 두 변의 길이와 그 끼인각이 아닌 한 각의 크기가 주어졌으므로 △ABC가 하나로 정해지지 않는다.

(3) 한 변의 길이와 그 양 끝 각의 크기가 주어졌으므로 △ABC가 하나로 정해진다.

08 (1) 주어진 세 변의 길이로는 삼각형을 만들 수 없다.

(2) 두 변의 길이와 그 끼인각의 크기가 주어졌으므로 △ABC가 하나로 정해진다.

(3) 두 변의 길이와 그 끼인각이 아닌 한 각의 크기가 주어졌으므로 △ABC가 하나로 정해지지 않는다.

(4) ∠A=180°−(∠B+∠C)
즉 한 변의 길이와 그 양 끝 각의 크기가 주어졌으므로 △ABC가 하나로 정해진다.

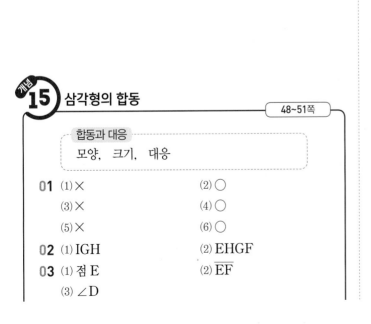

개념 15 삼각형의 합동
〔48~51쪽〕

합동과 대응
모양, 크기, 대응

01 (1) × (2) ○
(3) × (4) ○
(5) × (6) ○

02 (1) IGH (2) EHGF

03 (1) 점 E (2) $\overline{EF}$
(3) ∠D

04 (1) 점 E (2) 점 F
(3) $\overline{HE}$ (4) $\overline{FG}$
(5) ∠H (6) ∠G

합동인 도형의 성질
길이, 크기

05 (1) 4 cm (2) 6 cm
(3) 60° (4) 80°

06 (1) 7 cm (2) 6 cm
(3) 120° (4) 76°

삼각형의 합동 조건
SSS, SAS, ASA

07 (1) $\overline{FD}$, $\overline{DE}$, $\overline{EF}$, △FDE, SSS
(2) $\overline{DE}$, ∠E, $\overline{EF}$, △DEF, SAS
(3) $\overline{DF}$, ∠F, △DFE, ASA
(4) $\overline{BC}$, ∠D, $\overline{DE}$, △EFD, SAS
(5) ∠F, $\overline{FD}$, ∠D, △EFD, ASA

08 (1) × (2) ○
(3) ○ (4) ×
(5) ○

09 (1) ㉡ (2) ㉢
(3) ㉠

10 $\overline{EC}$, $\overline{DC}$, ∠DCE, SAS

11 $\overline{AC}$, ∠DCA, ∠DAC, ASA

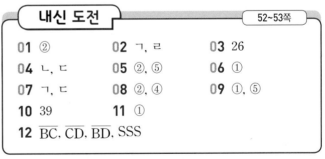

내신 도전
〔52~53쪽〕

01 ② **02** ㄱ, ㄹ **03** 26
04 ㄴ, ㄷ **05** ②, ⑤ **06** ①
07 ㄱ, ㄷ **08** ②, ④ **09** ①, ⑤
10 39 **11** ①
12 $\overline{BC}$, $\overline{CD}$, $\overline{BD}$, SSS

02 ㄴ. 작도 순서는 ㉢ → ㉠ → ㉡이다.
ㄷ. 선분의 길이를 잴 때는 컴퍼스를 사용한다.

03 $\overline{AB}$의 대각의 크기는
∠C=180°−(90°+60°)=30°
∠C의 대변의 길이는 $\overline{AB}$=4 cm
즉 $x=30$, $y=4$이므로 $x-y=30-4=26$

04 ㄱ. $7=3+4$　　　　　ㄴ. $6<5+5$
　　ㄷ. $4<3+2$　　　　　ㄹ. $9>6+1$

05 ② 두 변의 길이와 그 끼인각이 아닌 한 각의 크기가
　　　주어졌으므로 △ABC가 하나로 정해지지 않는다.
　　⑤ 세 각의 크기만으로는 △ABC가 하나로 정해지지 않는다.

06 각을 먼저 작도하는 경우 $\angle C \to \overline{AC} \to \overline{BC} \to \overline{AB}$
　　　　　　　　　　　　　또는 $\angle C \to \overline{BC} \to \overline{AC} \to \overline{AB}$
　　변을 먼저 작도하는 경우 $\overline{BC} \to \angle C \to \overline{AC} \to \overline{AB}$
　　　　　　　　　　　　　또는 $\overline{AC} \to \angle C \to \overline{BC} \to \overline{AB}$

07 ㄱ. 한 변의 길이와 그 양 끝 각의 크기가 주어졌으므로
　　　△ABC가 하나로 정해진다.
　　ㄴ. 두 변의 길이와 그 끼인각이 아닌 한 각의 크기가
　　　주어졌으므로 △ABC가 하나로 정해지지 않는다.
　　ㄷ. 세 변의 길이가 주어졌고 $10<5+8$이므로
　　　△ABC가 하나로 정해진다.

08 ① 한 변의 길이와 그 양 끝 각의 크기가 주어진 것이다.
　　② $\angle A + \angle B = 110° + 75° > 180°$
　　　이므로 삼각형이 될 수 없다.
　　③ $\angle A = 180° - (75° + 65°) = 40°$
　　　이므로 한 변의 길이와 그 양 끝 각의 크기가 주어진 것이다.
　　④ 두 변의 길이와 그 끼인각이 아닌 한 각의 크기가
　　　주어졌으므로 △ABC가 하나로 정해지지 않는다.
　　⑤ 두 변의 길이와 그 끼인각의 크기가 주어진 것이다.

09 ① 모양과 크기가 같아야 한다.
　　② 각의 크기도 같아야 한다.

10 $\overline{DE} = \overline{AB} = 3$ cm　　∴ $x=3$
　　$\angle F = \angle C = 180° - (102° + 42°) = 36°$　　∴ $y=36$
　　∴ $x+y = 3+36 = 39$

11 ① SAS 합동

대단원 평가　　　　　　　　　54~56쪽

01 2	**02** ⑤	**03** ③
04 12	**05** ④	**06** 61
07 260	**08** 65°	
09 ㄱ, ㅁ, ㅂ, ㄹ, ㄴ, ㄷ		**10** 3
11 2	**12** ①, ⑤	**13** ④
14 ②, ④	**15** 103	**16** 11 cm
17 $\overline{CM}$, $\angle AMC$, 90, SAS		

---

01 면의 개수: $a=6$, 교점의 개수: $b=8$
　　교선의 개수: $c=12$
　　∴ $a+b-c = 6+8-12 = 2$

02 $\overline{AM} = \overline{MN} = \overline{NB} = \frac{1}{3}\overline{AB}$,
　　$\overline{NP} = \frac{1}{2}\overline{NB} = \frac{1}{2} \times \frac{1}{3}\overline{AB} = \frac{1}{6}\overline{AB}$이므로
　　$\overline{MP} = \overline{MN} + \overline{NP}$
　　　　$= \frac{1}{3}\overline{AB} + \frac{1}{6}\overline{AB} = \frac{1}{2}\overline{AB} = 12$cm
　　∴ $\overline{AB} = 24$cm
　　∴ $\overline{AN} = \frac{2}{3}\overline{AB} = \frac{2}{3} \times 24 = 16$(cm)

03

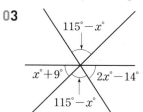

　　$(x+9) + (115-x) + (2x-14) = 180$
　　$2x + 110 = 180$, $2x = 70$　　∴ $x = 35$

04 점 A와 $\overline{BC}$ 사이의 거리: $x=3$
　　점 A와 $\overline{CD}$ 사이의 거리: $y=4$
　　∴ $xy = 3 \times 4 = 12$

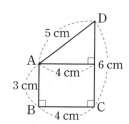

05 모서리 BC와 꼬인 위치에 있는 모서리는 모서리 AG,
　　모서리 GH, 모서리 EJ, 모서리 IJ, 모서리 DF의 5개이다.
　　면 ABCDE와 수직인 모서리는
　　모서리 AG, 모서리 BH, 모서리 FI, 모서리 EJ의 4개이다.
　　즉 $a=5$, $b=4$이므로 $a-b = 5-4 = 1$

06

　　$(2x+6) + 52 = 180$, $2x = 122$　　∴ $x = 61$

07

　　$(x-47) + (y-33) = 180$
　　∴ $x+y = 180 + 80 = 260$

08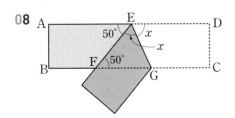

∠DEG=∠x라 하면 ∠FEG=∠DEG=∠x (접은 각)

$\overline{AD}$∥$\overline{BC}$이므로 ∠AEF=∠EFG=50° (엇각)

이때 50°+2∠x=180°이므로 2∠x=130°

∴ ∠x=65°

09 ㉠ 점 P를 지나는 직선을 그린다.

㉣ 점 Q를 중심으로 하는 적당한 크기의 원을 그린다.

㉢ 점 P를 중심으로 반지름의 길이가 $\overline{QA}$인 원을 그린다.

㉤ $\overline{AB}$의 길이를 잰다.

㉡ 점 C를 중심으로 반지름의 길이가 $\overline{AB}$인 원을 그린다.

㉜ 두 점 D, P를 지나는 직선을 그린다.

10 (i) 가장 긴 변의 길이가 4 cm일 때 4<2+x에서 2<x

(ii) 가장 긴 변의 길이가 x cm일 때 x<4+2에서 x<6

즉 2<x<6을 만족시키는 자연수 x는 3, 4, 5 ➡ 3개

11 (i) 가장 긴 변의 길이가 11 cm일 때,

11=4+7 ➡ 삼각형이 만들어지지 않는다.

(ii) 가장 긴 변의 길이가 13 cm일 때,

13>4+7 ➡ 삼각형이 만들어지지 않는다.

13<4+11, 13<7+11 ➡ 삼각형이 만들어진다.

따라서 만들 수 있는 삼각형의 개수는 2

12 ① 세 각의 크기만으로는 삼각형이 하나로 정해지지 않는다.

⑤ 두 변의 길이와 그 끼인각이 아닌 한 각의 크기가 주어졌으므로 삼각형이 하나로 정해지지 않는다.

13 ④ SAS 합동

15 □ABCD≡□FGHE이므로

$\overline{EH}$=$\overline{DC}$=8 cm

∠EFG=∠DAB

=360°−(76°+115°+74°)=95°

즉 x=8, y=95이므로 x+y=8+95=103

16 △ABE, △CDE에서

$\overline{BE}$=$\overline{DE}$, ∠ABE=∠CDE

∠AEB=∠CED (맞꼭지각)

∴ △ABE≡△CDE (ASA 합동)

∴ $\overline{CD}$=$\overline{AB}$=11 cm

Ⅱ 평면도형

Ⅱ−❶ 다각형

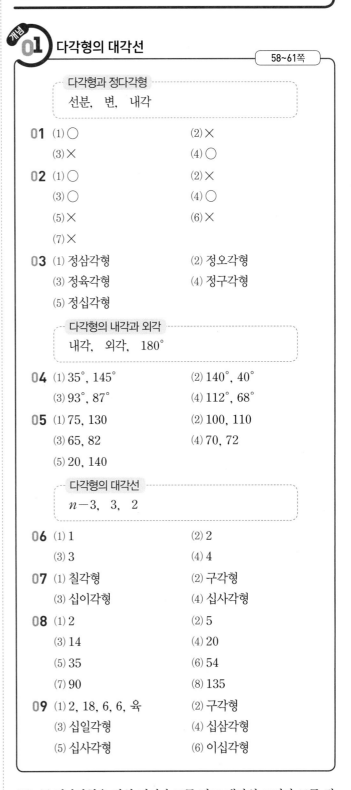

개념 01 다각형의 대각선

58~61쪽

> 다각형과 정다각형
> 선분, 변, 내각

01 (1) ○   (2) ×

(3) ×   (4) ○

02 (1) ○   (2) ×

(3) ○   (4) ○

(5) ×   (6) ×

(7) ×

03 (1) 정삼각형   (2) 정오각형

(3) 정육각형   (4) 정구각형

(5) 정십각형

> 다각형의 내각과 외각
> 내각, 외각, 180°

04 (1) 35°, 145°   (2) 140°, 40°

(3) 93°, 87°   (4) 112°, 68°

05 (1) 75, 130   (2) 100, 110

(3) 65, 82   (4) 70, 72

(5) 20, 140

> 다각형의 대각선
> n−3, 3, 2

06 (1) 1   (2) 2

(3) 3   (4) 4

07 (1) 칠각형   (2) 구각형

(3) 십이각형   (4) 십사각형

08 (1) 2   (2) 5

(3) 14   (4) 20

(5) 35   (6) 54

(7) 90   (8) 135

09 (1) 2, 18, 6, 6, 육   (2) 구각형

(3) 십일각형   (4) 십삼각형

(5) 십사각형   (6) 이십각형

02 (2) 정다각형은 변의 길이가 모두 같고 내각의 크기가 모두 같은 다각형이다.

(5) 마름모이면서 내각의 크기가 모두 90°이어야 정사각형이다.

(6) 다각형의 한 꼭짓점에서 외각은 2개이다.

(7) (내각의 크기) + (외각의 크기) = 180°

06 (1) (2)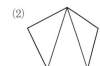

(3)  (4)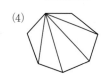

07 (1) 구하는 다각형을 n각형이라 하면

$n-3=4$ ∴ $n=7$

(2) 구하는 다각형을 n각형이라 하면

$n-3=6$ ∴ $n=9$

(3) 구하는 다각형을 n각형이라 하면

$n-3=9$ ∴ $n=12$

(4) 구하는 다각형을 n각형이라 하면

$n-3=11$ ∴ $n=14$

08 (1) $\dfrac{4\times(4-3)}{2}=2$ (2) $\dfrac{5\times(5-3)}{2}=5$

(3) $\dfrac{7\times(7-3)}{2}=14$ (4) $\dfrac{8\times(8-3)}{2}=20$

(5) $\dfrac{10\times(10-3)}{2}=35$ (6) $\dfrac{12\times(12-3)}{2}=54$

(7) $\dfrac{15\times(15-3)}{2}=90$ (8) $\dfrac{18\times(18-3)}{2}=135$

09 (2) 구하는 다각형을 n각형이라 하면 $\dfrac{n(n-3)}{2}=27$

이때 $n(n-3)=54=9\times6$이므로 $n=9$

(3) 구하는 다각형을 n각형이라 하면 $\dfrac{n(n-3)}{2}=44$

이때 $n(n-3)=88=11\times8$이므로 $n=11$

(4) 구하는 다각형을 n각형이라 하면 $\dfrac{n(n-3)}{2}=65$

이때 $n(n-3)=130=13\times10$이므로 $n=13$

(5) 구하는 다각형을 n각형이라 하면 $\dfrac{n(n-3)}{2}=77$

이때 $n(n-3)=154=14\times11$이므로 $n=14$

(6) 구하는 다각형을 n각형이라 하면 $\dfrac{n(n-3)}{2}=170$

이때 $n(n-3)=340=20\times17$이므로 $n=20$

개념 02 삼각형의 내각과 외각

62~71쪽

┌─ 삼각형의 세 내각의 크기의 합 ─┐
│ DAB, EAC, 180 │
└──────────────────┘

01 (1) 50 (2) 56

(3) 50 (4) 30

(5) 90 (6) 85

(7) 75 (8) 18

(9) 20 (10) 50

(11) 32

02 (1) 90° (2) 80°

(3) 75° (4) 90°

(5) 105° (6) 72°

┌─ 삼각형의 내각과 외각의 관계 ─┐
│ ACE, ECD, A, B │
└──────────────────┘

03 (1) 130° (2) 70°

(3) 150° (4) 60°

(5) 110° (6) 35°

(7) 70° (8) 45°

(9) 68°

04 (1) 45°, 115° (2) 80°, 145°

(3) 150°, 70° (4) 75°, 35°

(5) 40°, 30°

05 (1) 80°, 35° (2) 115°, 45°

(3) 70°, 25° (4) 45°, 30°

(5) 35°, 70°

┌─ 삼각형의 내각과 외각; 이등변삼각형 ─┐
│ 2, 3 │
└──────────────────┘

06 (1) 105° (2) 78°

(3) 90° (4) 120°

(5) 72° (6) 31°

(7) 54° (8) 52°

(9) 40°

┌─ 삼각형의 한 내각의 이등분선 ─┐
│ 180, 180, 2 │
└──────────────────┘

07 (1) 40°, 35°, 35°, 70° (2) 35°

(3) 106° (4) 87°

(5) 84° (6) 98°

(7) 72° (8) 72°

(9) 124°

삭각형의 내각과 외각; 오목사각형

b, b, c

08 (1) $135°$ (2) $150°$

(3) $119°$ (4) $130°$

(5) $126°$ (6) $145°$

(7) $133°$ (8) $60°$

(9) $38°$

삼각형의 두 내각의 이등분선

a, 180, 180, a

09 (1) $120°$ (2) $130°$

(3) $125°$ (4) $111°$

(5) $123°$ (6) $40°$

(7) $72°$ (8) $90°$

(9) $46°$

삼각형의 한 내각, 한 외각의 이등분선

2, $\dfrac{1}{2}$, $\dfrac{1}{2}$

10 (1) $25°$ (2) $45°$

(3) $27°$ (4) $36°$

(5) $33°$ (6) $60°$

(7) $80°$ (8) $48°$

(9) $96°$

삼각형의 내각과 외각; 별모양

e, d, 180

11 (1) $30°$ (2) $50°$

(3) $35°$ (4) $29°$

(5) $52°$ (6) $22°$

(7) $41°$

01 (1) $x+70+60=180$ $\therefore x=50$

(2) $x+62+62=180$ $\therefore x=56$

(3) $x+90+40=180$ $\therefore x=50$

(4) $45+105+x=180$ $\therefore x=30$

(5) $x+28+62=180$ $\therefore x=90$

(6) $90+(x-25)+30=180$ $\therefore x=85$

(7) $80+35+(x-10)=180$ $\therefore x=75$

(8) $2x+100+44=180,\ 2x=36$ $\therefore x=18$

(9) $82+34+(2x+24)=180,\ 2x=40$ $\therefore x=20$

(10) $(x+10)+100+(x-30)=180,\ 2x=100$

     $\therefore x=50$

(11) $84+2x+x=180,\ 3x=96$ $\therefore x=32$

02 (1) $180°\times\dfrac{3}{1+2+3}=180°\times\dfrac{1}{2}=90°$

[다른 풀이]

세 내각의 크기를 $\angle x$, $2\angle x$, $3\angle x$라 하면

$\angle x+2\angle x+3\angle x=180°,\ 6\angle x=180°$

$\therefore \angle x=30°$

따라서 가장 큰 내각의 크기는 $3\angle x=90°$

(2) $180°\times\dfrac{4}{2+3+4}=180°\times\dfrac{4}{9}=80°$

(3) $180°\times\dfrac{5}{3+4+5}=180°\times\dfrac{5}{12}=75°$

(4) $180°\times\dfrac{5}{5+2+3}=180°\times\dfrac{1}{2}=90°$

(5) $180°\times\dfrac{7}{3+7+2}=180°\times\dfrac{7}{12}=105°$

(6) $180°\times\dfrac{6}{5+4+6}=180°\times\dfrac{2}{5}=72°$

03 (1) $\angle x=60°+70°=130°$

(2) $\angle x=30°+40°=70°$

(3) $\angle x=60°+90°=150°$

(4) $\angle x=28°+32°=60°$

(5) $40°+\angle x=150°$ $\therefore \angle x=110°$

(6) $\angle x+45°=80°$ $\therefore \angle x=35°$

(7)
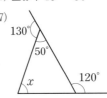
$50°+\angle x=120°$

$\therefore \angle x=70°$

(8)
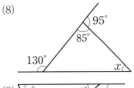
$85°+\angle x=130°$

$\therefore \angle x=45°$

(9)
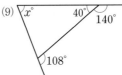
$\angle x+40°=108°$

$\therefore \angle x=68°$

04 (1) $\angle x+50°=95°$에서 $\angle x=45°$

$\angle y=20°+95°=115°$

(2) $\angle x+25°=105°$에서 $\angle x=80°$

$\angle y=40°+105°=145°$

(3) $\angle x=35°+115°=150°$

$\angle y+45°=115°$에서 $\angle y=70°$

(4) $\angle x+55°=130°$에서 $\angle x=75°$

$20°+\angle y=55°$에서 $\angle y=35°$

(5) $\angle x + 45° = 85°$에서 $\angle x = 40°$

$\angle y + 85° = 115°$에서 $\angle y = 30°$

05 (1) $\angle x = 50° + 30° = 80°$

$45° + \angle y = 80°$에서 $\angle y = 35°$

(2) $\angle x = 75° + 40° = 115°$

$70° + \angle y = 115°$에서 $\angle y = 45°$

(3) $20° + \angle x = 90°$에서 $\angle x = 70°$

$\angle y + 65° = 90°$에서 $\angle y = 25°$

(4) $\angle x + 55° = 100°$에서 $\angle x = 45°$

$\angle y + 70° = 100°$에서 $\angle y = 30°$

(5) $90° + \angle x = 125°$에서 $\angle x = 35°$

$\angle y + 55° = 125°$에서 $\angle y = 70°$

06 (1)
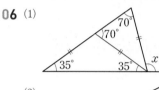
$\angle x = 35° + 70° = 105°$

(2)
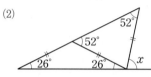
$\angle x = 26° + 52° = 78°$

(3)
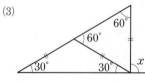
$\angle x = 30° + 60° = 90°$

(4)
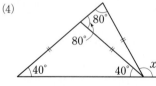
$\angle x = 40° + 80° = 120°$

(5)
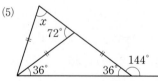
$\angle x = 72°$

(6)
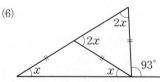
$\angle x + 2\angle x = 3\angle x = 93°$ $\therefore \angle x = 31°$

(7)
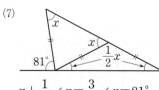
$x + \dfrac{1}{2}\angle x = \dfrac{3}{2}\angle x = 81°$ $\therefore \angle x = 54°$

(8)
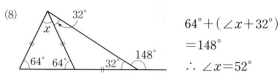
$64° + (\angle x + 32°)$
$= 148°$
$\therefore \angle x = 52°$

(9)
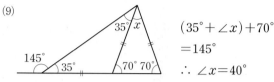
$(35° + \angle x) + 70°$
$= 145°$
$\therefore \angle x = 40°$

07 (2) $\angle ABD = 120° - 95° = 25°$

즉 $\angle CBD = \angle ABD = 25°$이므로 $\triangle DBC$에서

$\angle x = 180° - (120° + 25°) = 35°$

(3) $\angle BAC = 180° - (44° + 76°) = 60°$

즉 $\angle BAD = \angle CAD = \dfrac{1}{2} \times 60° = 30°$이므로

$\triangle ADC$에서 $\angle x = 30° + 76° = 106°$

(4) $\angle BAC = 180° - (52° + 46°) = 82°$

즉 $\angle BAD = \angle CAD = \dfrac{1}{2} \times 82° = 41°$이므로

$\triangle ADC$에서 $\angle x = 41° + 46° = 87°$

(5) $\angle ABC = 180° - (72° + 60°) = 48°$

즉 $\angle ABD = \angle CBD = \dfrac{1}{2} \times 48° = 24°$이므로

$\triangle DBC$에서 $\angle x = 24° + 60° = 84°$

(6) $\angle ABC = 180° - (50° + 34°) = 96°$

즉 $\angle ABD = \angle CBD = \dfrac{1}{2} \times 96° = 48°$이므로

$\triangle ABD$에서 $\angle x = 50° + 48° = 98°$

(7) $\angle ABC = 180° - (88° + 52°) = 40°$

즉 $\angle ABD = \angle CBD = \dfrac{1}{2} \times 40° = 20°$이므로

$\triangle DAB$에서 $\angle x = 52° + 20° = 72°$

(8) $\angle ABD = 56° - 40° = 16°$

즉 $\angle ABC = 2 \times 16° = 32°$이므로

$\triangle ABC$에서 $\angle x = 40° + 32° = 72°$

(9) $\angle ABD = 96° - 68° = 28°$

즉 $\angle ABC = 2 \times 28° = 56°$이므로

$\triangle ABC$에서 $\angle x = 68° + 56° = 124°$

08 (1) $\triangle ABE$에서 $\angle BED = 72° + 28° = 100°$

$\triangle CDE$에서 $\angle x = 100° + 35° = 135°$

(2) $\triangle ABE$에서 $\angle BED = 72° + 44° = 116°$

$\triangle CDE$에서 $\angle x = 116° + 34° = 150°$

(3) $\triangle ABE$에서 $\angle BED = 49° + 30° = 79°$

$\triangle CDE$에서 $\angle x = 79° + 40° = 119°$

(4) $\triangle ABE$에서 $\angle BED = 45° + 38° = 83°$

$\triangle CDE$에서 $\angle x = 83° + 47° = 130°$

(5)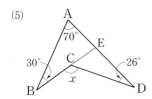

$\overline{BC}$의 연장선이 $\overline{AD}$와 만나는 점을 E라 하면

$\triangle ABE$에서 $\angle BED = 70° + 30° = 100°$

$\triangle CDE$에서 $\angle x = 100° + 26° = 126°$

(6)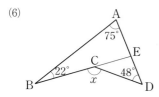

$\overline{BC}$의 연장선이 $\overline{AD}$와 만나는 점을 E라 하면

$\triangle ABE$에서 $\angle BED = 75° + 22° = 97°$

$\triangle CDE$에서 $\angle x = 97° + 48° = 145°$

(7)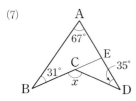

$\overline{BC}$의 연장선이 $\overline{AD}$와 만나는 점을 E라 하면

$\triangle ABE$에서 $\angle BED = 67° + 31° = 98°$

$\triangle CDE$에서 $\angle x = 98° + 35° = 133°$

(8)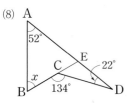

$\overline{BC}$의 연장선이 $\overline{AD}$와 만나는 점을 E라 하면

$\triangle CDE$에서 $\angle CED = 134° - 22° = 112°$

$\triangle ABE$에서 $\angle x = 112° - 52° = 60°$

(9)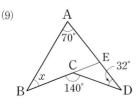

$\overline{BC}$의 연장선이 $\overline{AD}$와 만나는 점을 E라 하면

$\triangle CDE$에서 $\angle CED = 140° - 32° = 108°$

$\triangle ABE$에서 $\angle x = 108° - 70° = 38°$

09 (1) $2(● + ▲) = 180° - 60° = 120°$

$\therefore \angle x = 180° - (● + ▲)$

$\qquad = 180° - \dfrac{120°}{2} = 120°$

(2) $2(● + ▲) = 180° - 80° = 100°$

$\therefore \angle x = 180° - (● + ▲)$

$\qquad = 180° - \dfrac{100°}{2} = 130°$

(3) $2(● + ▲) = 180° - 70° = 110°$

$\therefore \angle x = 180° - (● + ▲)$

$\qquad = 180° - \dfrac{110°}{2} = 125°$

(4) $2(● + ▲) = 180° - 42° = 138°$

$\therefore \angle x = 180° - (● + ▲)$

$\qquad = 180° - \dfrac{138°}{2} = 111°$

(5) $2(● + ▲) = 180° - 66° = 114°$

$\therefore \angle x = 180° - (● + ▲)$

$\qquad = 180° - \dfrac{114°}{2} = 123°$

(6) $● + ▲ = 180° - 110° = 70°$

$\therefore \angle x = 180° - 2(● + ▲)$

$\qquad = 180° - 2 \times 70° = 40°$

(7) $● + ▲ = 180° - 126° = 54°$

$\therefore \angle x = 180° - 2(● + ▲)$

$\qquad = 180° - 2 \times 54° = 72°$

(8) $● + ▲ = 180° - 135° = 45°$

$\therefore \angle x = 180° - 2(● + ▲)$

$\qquad = 180° - 2 \times 45° = 90°$

(9) $● + ▲ = 180° - 113° = 67°$

$\therefore \angle x = 180° - 2(● + ▲)$

$\qquad = 180° - 2 \times 67° = 46°$

10 (1) $50° + 2● = 2▲$에서 $2(▲ - ●) = 50°$

이때 $\angle x + ● = ▲$이므로

$\angle x = ▲ - ● = \dfrac{50°}{2} = 25°$

(2) $90° + 2● = 2▲$에서 $2(▲ - ●) = 90°$

이때 $\angle x + ● = ▲$이므로

$\angle x = ▲ - ● = \dfrac{90°}{2} = 45°$

(3) $54° + 2● = 2▲$에서 $2(▲ - ●) = 54°$

이때 $\angle x + ● = ▲$이므로

$\angle x = ▲ - ● = \dfrac{54°}{2} = 27°$

(4) $72° + 2● = 2▲$에서 $2(▲ - ●) = 72°$

이때 $\angle x + ● = ▲$이므로

$\angle x = ▲ - ● = \dfrac{72°}{2} = 36°$

(5) $66° + 2● = 2▲$에서 $2(▲ - ●) = 66°$

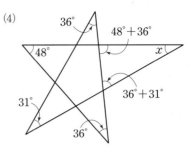
이때 ∠x＋●＝▲이므로

∠x＝▲－●＝$\dfrac{66°}{2}$＝33°

(6) ●＋30°＝▲에서 ▲－●＝30°

이때 ∠x＋2●＝2▲이므로

∠x＝2(▲－●)＝2×30°＝60°

(7) ●＋40°＝▲에서 ▲－●＝40°

이때 ∠x＋2●＝2▲이므로

∠x＝2(▲－●)＝2×40°＝80°

(8) ●＋24°＝▲에서 ▲－●＝24°

이때 ∠x＋2●＝2▲이므로

∠x＝2(▲－●)＝2×24°＝48°

(9) ●＋48°＝▲에서 ▲－●＝48°

이때 ∠x＋2●＝2▲이므로

∠x＝2(▲－●)＝2×48°＝96°

11 (1)

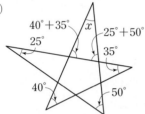

∠x＋(40°＋35°)＋(25°＋50°)＝180°

∴ ∠x＝180°－150°＝30°

(2)

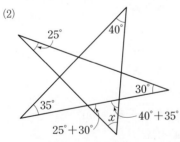

∠x＋(25°＋30°)＋(40°＋35°)＝180°

∴ ∠x＝180°－130°＝50°

(3)

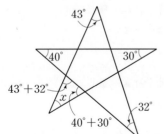

∠x＋(43°＋32°)＋(40°＋30°)＝180°

∴ ∠x＝180°－145°＝35°

(4)

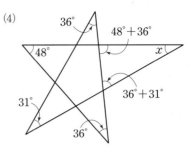

∠x＋(48°＋36°)＋(36°＋31°)＝180°

∴ ∠x＝180°－151°＝29°

(5)

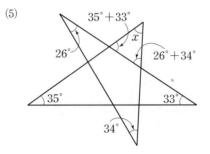

∠x＋(35°＋33°)＋(26°＋34°)＝180°

∴ ∠x＝180°－128°＝52°

(6)

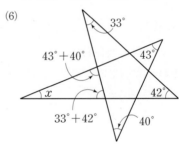

∠x＋(43°＋40°)＋(33°＋42°)＝180°

∴ ∠x＝180°－158°＝22°

(7)

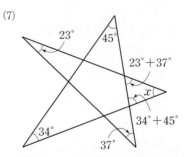

∠x＋(23°＋37°)＋(34°＋45°)＝180°

∴ ∠x＝180°－139°＝41°

개념 03 다각형의 내각의 크기의 합

72~73쪽

다각형의 내각의 크기의 합
180, 2

01
(1) 900° (2) 1080°
(3) 1440° (4) 1800°
(5) 2340° (6) 2700°

02
(1) 오각형 (2) 구각형
(3) 십삼각형 (4) 십육각형
(5) 이십이각형

03
(1) 70° (2) 65°
(3) 100° (4) 90°
(5) 105° (6) 130°

정다각형의 한 내각의 크기
2, n

04
(1) 108° (2) 135°
(3) 144° (4) 150°

05
(1) 정육각형 (2) 정구각형
(3) 정십오각형 (4) 정이십각형

01
(1) $180° \times (7-2) = 900°$
(2) $180° \times (8-2) = 1080°$
(3) $180° \times (10-2) = 1440°$
(4) $180° \times (12-2) = 1800°$
(5) $180° \times (15-2) = 2340°$
(6) $180° \times (17-2) = 2700°$

02
(1) 구하는 다각형을 n각형이라 하면
$180° \times (n-2) = 540°$, $n-2 = 3$ ∴ $n=5$
(2) 구하는 다각형을 n각형이라 하면
$180° \times (n-2) = 1260°$, $n-2 = 7$ ∴ $n=9$
(3) 구하는 다각형을 n각형이라 하면
$180° \times (n-2) = 1980°$, $n-2 = 11$ ∴ $n=13$
(4) 구하는 다각형을 n각형이라 하면
$180° \times (n-2) = 2520°$, $n-2 = 14$ ∴ $n=16$
(5) 구하는 다각형을 n각형이라 하면
$180° \times (n-2) = 3600°$, $n-2 = 20$ ∴ $n=22$

03
(1) 사각형의 내각의 크기의 합은 360°이므로
$115° + \angle x + 80° + 95° = 360°$
$\angle x + 290° = 360°$ ∴ $\angle x = 70°$

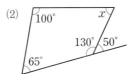

(2) 사각형의 내각의 크기의 합은 360°이므로
$100° + 65° + 130° + \angle x = 360°$
$295° + \angle x = 360°$ ∴ $\angle x = 65°$

(3) 오각형의 내각의 크기의 합은 $180° \times (5-2) = 540°$이므로
$\angle x + 120° + 95° + 110° + 115° = 540°$
$\angle x + 440° = 540°$ ∴ $\angle x = 100°$

(4)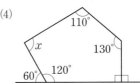

오각형의 내각의 크기의 합은 $180° \times (5-2) = 540°$이므로
$\angle x + 120° + 90° + 130° + 110° = 540°$
$\angle x + 450° = 540°$ ∴ $\angle x = 90°$

(5) 육각형의 내각의 크기의 합은 $180° \times (6-2) = 720°$이므로
$\angle x + 115° + 130° + 140° + 110° + 120° = 720°$
$\angle x + 615° = 720°$ ∴ $\angle x = 105°$

(6)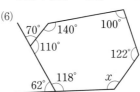

육각형의 내각의 크기의 합은 $180° \times (6-2) = 720°$이므로
$140° + 110° + 118° + \angle x + 122° + 100° = 720°$
$\angle x + 590° = 720°$ ∴ $\angle x = 130°$

04
(1) $\dfrac{180° \times (5-2)}{5} = 108°$
(2) $\dfrac{180° \times (8-2)}{8} = 135°$
(3) $\dfrac{180° \times (10-2)}{10} = 144°$
(4) $\dfrac{180° \times (12-2)}{12} = 150°$

05
(1) 구하는 다각형을 정n각형이라 하면
$\dfrac{180° \times (n-2)}{n} = 120°$
$180n - 360 = 120n$, $60n = 360$ ∴ $n=6$
(2) 구하는 다각형을 정n각형이라 하면
$\dfrac{180° \times (n-2)}{n} = 140°$
$180n - 360 = 140n$, $40n = 360$ ∴ $n=9$

(3) 구하는 다각형을 정n각형이라 하면

$$\frac{180° \times (n-2)}{n} = 156°$$

$180n - 360 = 156n$, $24n = 360$ ∴ $n=15$

(4) 구하는 다각형을 정n각형이라 하면

$$\frac{180° \times (n-2)}{n} = 162°$$

$180n - 360 = 162n$, $18n = 360$ ∴ $n=20$

개념 04 다각형의 외각의 크기의 합

74~77쪽

> 다각형의 외각의 크기의 합
> 360

01 $180°$, n, n, n, 2, n, 2, $360°$

02 (1) $360°$ (2) $360°$
(3) $360°$ (4) $360°$
(5) $360°$ (6) $360°$
(7) $360°$ (8) $360°$

03 (1) $110°$ (2) $55°$
(3) $63°$ (4) $100°$
(5) $91°$ (6) $95°$

> 정다각형의 한 외각의 크기
> n

04 (1) $72°$ (2) $60°$
(3) $36°$ (4) $30°$

05 (1) 정사각형   (2) 정구각형
(3) 정십오각형   (4) 정이십각형

06 (1) 3, 8, 팔, 8, $45°$ (2) $40°$
(3) $30°$ (4) $24°$
(5) $20°$ (6) $18°$

07 (1) $180°$, $60°$, $60°$, 6, 육   (2) 정오각형
(3) 정팔각형   (4) 정십각형
(5) 정십이각형   (6) 정십오각형

08 (1) 2, 2, 6, 육, 6, $60°$ (2) $45°$
(3) $40°$ (4) $36°$
(5) $30°$ (6) $20°$

09 (1) $180°$, $180°$, 4, 사, 4, $90°$
(2) $60°$ (3) $45°$
(4) $40°$ (5) $30°$
(6) $24°$

---

03 (1) 외각의 크기의 합은 $360°$이므로

$80° + 70° + 100° + ∠x = 360°$

$250° + ∠x = 360°$ ∴ $∠x = 110°$

(2) 외각의 크기의 합은 $360°$이므로

$75° + 100° + 70° + ∠x + 60° = 360°$

$305° + ∠x = 360°$ ∴ $∠x = 55°$

(3) 외각의 크기의 합은 $360°$이므로

$60° + 50° + 70° + 55° + 62° + ∠x = 360°$

$297° + ∠x = 360°$ ∴ $∠x = 63°$

(4) 외각의 크기의 합은 $360°$이므로

$75° + 110° + (180° - ∠x) + 95° = 360°$

$460° - ∠x = 360°$ ∴ $∠x = 100°$

(5) 외각의 크기의 합은 $360°$이므로

$75° + (180° - ∠x) + 46° + 80° + 70° = 360°$

$451° - ∠x = 360°$ ∴ $∠x = 91°$

(6) 외각의 크기의 합은 $360°$이므로

$50° + 60° + 45° + 75° + (180° - ∠x) + 45° = 360°$

$455° - ∠x = 360°$ ∴ $∠x = 95°$

04 (1) $\dfrac{360°}{5} = 72°$ (2) $\dfrac{360°}{6} = 60°$

(3) $\dfrac{360°}{10} = 36°$ (4) $\dfrac{360°}{12} = 30°$

05 (1) 구하는 다각형을 정n각형이라 하면

$$\frac{360°}{n} = 90° \quad ∴ \ n=4$$

(2) 구하는 다각형을 정n각형이라 하면

$$\frac{360°}{n} = 40° \quad ∴ \ n=9$$

(3) 구하는 다각형을 정n각형이라 하면

$$\frac{360°}{n} = 24° \quad ∴ \ n=15$$

(4) 구하는 다각형을 정n각형이라 하면

$$\frac{360°}{n} = 18° \quad ∴ \ n=20$$

06 (2) 구하는 다각형을 정n각형이라 하면

$n - 3 = 6$ ∴ $n=9$

따라서 정구각형의 한 외각의 크기는 $\dfrac{360°}{9} = 40°$

(3) 구하는 다각형을 정n각형이라 하면

$n - 3 = 9$ ∴ $n=12$

따라서 정십이각형의 한 외각의 크기는 $\dfrac{360°}{12} = 30°$

(4) 구하는 다각형을 정n각형이라 하면

$n - 3 = 12$ ∴ $n=15$

따라서 정십오각형의 한 외각의 크기는 $\dfrac{360°}{15} = 24°$

(5) 구하는 다각형을 정n각형이라 하면

$n-3=15$ $\therefore n=18$

따라서 정십팔각형의 한 외각의 크기는 $\dfrac{360^\circ}{18}=20^\circ$

(6) 구하는 다각형을 정n각형이라 하면

$n-3=17$ $\therefore n=20$

따라서 정이십각형의 한 외각의 크기는 $\dfrac{360^\circ}{20}=18^\circ$

07 (2) 한 외각의 크기는 $180^\circ \times \dfrac{2}{3+2}=72^\circ$이므로

구하는 다각형을 정n각형이라 하면

$\dfrac{360^\circ}{n}=72^\circ$ $\therefore n=5$

(3) 한 외각의 크기는 $180^\circ \times \dfrac{1}{3+1}=45^\circ$이므로

구하는 다각형을 정n각형이라 하면

$\dfrac{360^\circ}{n}=45^\circ$ $\therefore n=8$

(4) 한 외각의 크기는 $180^\circ \times \dfrac{1}{4+1}=36^\circ$이므로

구하는 다각형을 정n각형이라 하면

$\dfrac{360^\circ}{n}=36^\circ$ $\therefore n=10$

(5) 한 외각의 크기는 $180^\circ \times \dfrac{1}{5+1}=30^\circ$이므로

구하는 다각형을 정n각형이라 하면

$\dfrac{360^\circ}{n}=30^\circ$ $\therefore n=12$

(6) 한 외각의 크기는 $180^\circ \times \dfrac{2}{13+2}=24^\circ$이므로

구하는 다각형을 정n각형이라 하면

$\dfrac{360^\circ}{n}=24^\circ$ $\therefore n=15$

08 (2) 구하는 다각형을 정n각형이라 하면

$180^\circ \times (n-2)=1080^\circ$, $n-2=6$ $\therefore n=8$

따라서 정팔각형의 한 외각의 크기는 $\dfrac{360^\circ}{8}=45^\circ$

(3) 구하는 다각형을 정n각형이라 하면

$180^\circ \times (n-2)=1260^\circ$, $n-2=7$ $\therefore n=9$

따라서 정구각형의 한 외각의 크기는 $\dfrac{360^\circ}{9}=40^\circ$

(4) 구하는 다각형을 정n각형이라 하면

$180^\circ \times (n-2)=1440^\circ$, $n-2=8$ $\therefore n=10$

따라서 정십각형의 한 외각의 크기는 $\dfrac{360^\circ}{10}=36^\circ$

(5) 구하는 다각형을 정n각형이라 하면

$180^\circ \times (n-2)=1800^\circ$, $n-2=10$ $\therefore n=12$

따라서 정십이각형의 한 외각의 크기는 $\dfrac{360^\circ}{12}=30^\circ$

(6) 구하는 다각형을 정n각형이라 하면

$180^\circ \times (n-2)=2880^\circ$, $n-2=16$ $\therefore n=18$

따라서 정십팔각형의 한 외각의 크기는 $\dfrac{360^\circ}{18}=20^\circ$

09 (2) 구하는 다각형을 정n각형이라 하면

$180^\circ \times n=1080^\circ$ $\therefore n=6$

따라서 정육각형의 한 외각의 크기는 $\dfrac{360^\circ}{6}=60^\circ$

(3) 구하는 다각형을 정n각형이라 하면

$180^\circ \times n=1440^\circ$ $\therefore n=8$

따라서 정팔각형의 한 외각의 크기는 $\dfrac{360^\circ}{8}=45^\circ$

(4) 구하는 다각형을 정n각형이라 하면

$180^\circ \times n=1620^\circ$ $\therefore n=9$

따라서 정구각형의 한 외각의 크기는 $\dfrac{360^\circ}{9}=40^\circ$

(5) 구하는 다각형을 정n각형이라 하면

$180^\circ \times n=2160^\circ$ $\therefore n=12$

따라서 정십이각형의 한 외각의 크기는 $\dfrac{360^\circ}{12}=30^\circ$

(6) 구하는 다각형을 정n각형이라 하면

$180^\circ \times n=2700^\circ$ $\therefore n=15$

따라서 정십오각형의 한 외각의 크기는 $\dfrac{360^\circ}{15}=24^\circ$

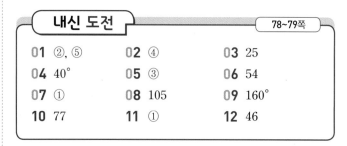

내신 도전   78~79쪽

01 ②, ⑤	**02** ④	**03** 25
04 40°	**05** ③	**06** 54
07 ①	**08** 105	**09** 160°
10 77	**11** ①	**12** 46

01 ① 마름모이면서 내각의 크기가 모두 같아야 정다각형이다.

③ 한 꼭짓점에서 대각선의 개수가 1인 다각형은 사각형이다.

④ 내각은 다각형에서 이웃하는 두 변이 이루는 내부의 각이다.

02 구하는 다각형을 n각형이라 하면 $\dfrac{n(n-3)}{2}=54$

이때 $n(n-3)=108=12 \times 9$이므로 $n=12$

03 삼각형의 한 외각의 크기는

그와 이웃하지 않는 두 내각의 크기의 합과 같으므로

$3x+5=55+x$, $2x=50$ $\therefore x=25$

04 $180° \times \dfrac{4}{4+9+5} = 40°$

[다른 풀이]

세 내각의 크기를 $4\angle x$, $9\angle x$, $5\angle x$라 하면

$4\angle x + 9\angle x + 5\angle x = 180°$, $18\angle x = 180°$

$\therefore \angle x = 10°$

따라서 가장 작은 내각의 크기는 $4\angle x = 40°$

05 $\angle x = 45° + 55° = 100°$, $\angle y = 100° - 60° = 40°$

$\therefore \angle x + \angle y = 100° + 40° = 140°$

06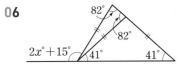

$2x + 15 = 82 + 41$,

$2x = 108$

$\therefore x = 54$

07 $62° + 2\bullet = 2\blacktriangle$에서 $2(\blacktriangle - \bullet) = 62°$

이때 $\angle x + \bullet = \blacktriangle$이므로 $\angle x = \blacktriangle - \bullet = \dfrac{62°}{2} = 31°$

08

육각형의 내각의 크기의 합은 $180° \times (6-2) = 720°$이므로

$x + 120 + 135 + (x+20) + 95 + 140 = 720$

$2x + 510 = 720$, $2x = 210$　　$\therefore x = 105$

09 구하는 다각형을 정n각형이라 하면

$n - 3 = 15$　　$\therefore n = 18$

따라서 정십팔각형의 한 내각의 크기는

$\dfrac{180° \times (18-2)}{18} = 160°$

10 구하는 다각형을 n각형이라 하면

$180° \times (n-2) = 2160°$, $n - 2 = 12$　　$\therefore n = 14$

따라서 십사각형의 대각선의 개수는 $\dfrac{14(14-3)}{2} = 77$

11 내각과 외각의 크기의 합은 $180°$이므로

한 외각의 크기는 $180° \times \dfrac{2}{7+2} = 40°$

이때 구하는 다각형을 정n각형이라 하면

$\dfrac{360°}{n} = 40°$　　$\therefore n = 9$

12 구하는 다각형을 정a각형이라 하면

$180° \times a = 1800°$　　$\therefore a = 10$

정십각형의 한 외각의 크기는 $b = \dfrac{360°}{10} = 36°$

$\therefore a + b = 10 + 36 = 46$

Ⅱ－❷ 원과 부채꼴

개념 **05** 원과 부채꼴

80~81쪽

원에 대한 용어

일정, 호, 현, 할선, 부채꼴, 활꼴

01 (1)~(4) 풀이 참조

02 (1)~(4) 풀이 참조

03 (1) $\overparen{AB}$ 　　　　　　(2) $\overline{AB}$

　　(3) $\angle AOB$ 　　　　(4) $\angle AOC$

04 (1) ✕ 　　　　　　　(2) ◯

　　(3) ✕ 　　　　　　　(4) ◯

　　(5) ✕ 　　　　　　　(6) ◯

01 (1) (2)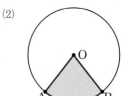

(3) (4)

02 (1) (2)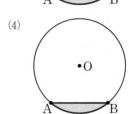

(3) (4)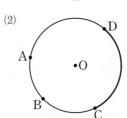

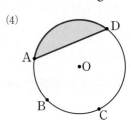

04 (1) 원 위의 두 점을 이은 선분은 현이라 한다.

　　(3) 현과 호로 이루어진 도형은 활꼴이다.

　　　부채꼴은 반지름과 호로 이루어진 도형이다.

　　(5) 원의 중심을 지나는 현은 그 원의 지름이다.

개념 06 부채꼴의 성질

82~87쪽

부채꼴의 중심각과 호
같다,   정비례

01 (1) 10   (2) 7
(3) 15   (4) 60
(5) 90

02 (1) 8   (2) 20
(3) 4   (4) 120
(5) 45

03 (1) 5, 40   (2) 12, 60
(3) 35, 30   (4) 20, 45
(5) 45, 16

04 (1) 108°   (2) 40°
(3) 96°   (4) 120°
(5) 140°

05 (1) 40°, 40°, 40°, 100°, 100, 20
(2) 4   (3) 15
(4) 18
(5) 30°, 30°, 30°, 120°, 120, 24
(6) 25   (7) 7
(8) 20

부채꼴의 중심각의 크기와 넓이
같다,   정비례

06 (1) 9   (2) 31
(3) 110   (4) 74

07 (1) 26   (2) 35
(3) 9   (4) 60
(5) 54   (6) 6
(7) 12   (8) 45
(9) 20   (10) 32

08 (1) 75   (2) 63
(3) 48   (4) 80
(5) 60

중심각의 크기와 현의 길이
같다

09 (1) 5   (2) 7
(3) 11   (4) 33
(5) 75

02 (1) $40:160=2:x$ $\therefore x=8$
(2) $30:120=5:x$ $\therefore x=20$
(3) $45:90=x:8$ $\therefore x=4$
(4) $30:x=3:12$ $\therefore x=120$
(5) $x:135=6:18$ $\therefore x=45$

03 (1) $80:40=10:x$ $\therefore x=5$
$80:y=10:5$ $\therefore y=40$
(2) $40:120=4:x$ $\therefore x=12$
$40:y=4:6$ $\therefore y=60$
(3) $60:150=14:x$ $\therefore x=35$
$60:y=14:7$ $\therefore y=30$
(4) $40:x=18:9$ $\therefore x=20$
$40:100=18:y$ $\therefore y=45$
(5) $135:x=24:8$ $\therefore x=45$
$135:90=24:y$ $\therefore y=16$

04 (1) $\angle x=180°\times\dfrac{3}{3+2}=108°$

(2) $\angle x=180°\times\dfrac{2}{2+7}=40°$

(3) $\angle x=180°\times\dfrac{8}{7+8}=96°$

(4) $\angle x=360°\times\dfrac{4}{3+4+5}=120°$

(5) $\angle x=360°\times\dfrac{7}{3+8+7}=140°$

05 (1)

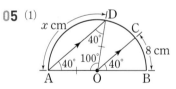

$\overline{AD}\;/\!/\;\overline{OC}$이므로

$\angle DAO=\angle COB=40°$ (동위각)

$\overline{OD}$를 그으면 $\triangle AOD$에서 $\overline{OA}=\overline{OD}$이므로

$\angle ADO=\angle DAO=40°$,

$\angle AOD=180°-2\times40°=100°$

즉 $\overarc{AD}:\overarc{CB}=\angle AOD:\angle COB$이므로

$x:8=100:40$ $\therefore x=20$

(2)

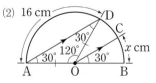

$\overline{AD}\;/\!/\;\overline{OC}$이므로

$\angle DAO=\angle COB=30°$ (동위각)

$\overline{OD}$를 그으면 $\triangle AOD$에서 $\overline{OA}=\overline{OD}$이므로

∠ADO=∠DAO=30°, ∠AOD=120°

즉 16 : x=120 : 30이므로 x=4

(3)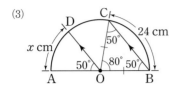

$\overline{OD}/\!/\overline{BC}$이므로

∠CBO=∠DOA=50° (동위각)

$\overline{OC}$를 그으면 △COB에서 $\overline{OB}=\overline{OC}$이므로

∠BCO=∠CBO=50°, ∠COB=80°

즉 x : 24=50 : 80이므로 x=15

(4)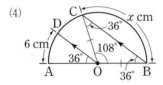

$\overline{OD}/\!/\overline{BC}$이므로

∠CBO=∠DOA=36° (동위각)

$\overline{OC}$를 그으면 △COB에서 $\overline{OB}=\overline{OC}$이므로

∠BCO=∠CBO=36°, ∠COB=108°

즉 6 : x=36 : 108이므로 x=18

(5)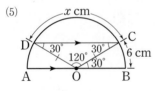

$\overline{DC}/\!/\overline{AB}$이므로

∠DCO=∠COB=30° (엇각)

$\overline{OD}$를 그으면 △DOC에서 $\overline{OC}=\overline{OD}$이므로

∠ODC=∠OCD=30°,

∠DOC=180°−2×30°=120°

즉 $\overparen{BC}$: $\overparen{CD}$=∠BOC : ∠COD이므로

6 : x=30 : 120   ∴ x=24

(6)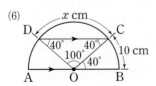

$\overline{DC}/\!/\overline{AB}$이므로

∠DCO=∠COB=40° (엇각)

$\overline{OD}$를 그으면 △DOC에서 $\overline{OC}=\overline{OD}$이므로

∠ODC=∠OCD=40°, ∠DOC=100°

즉 10 : x=40 : 100이므로 x=25

(7)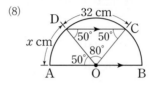

$\overline{DC}/\!/\overline{AB}$이므로

∠CDO=∠DOA=36° (엇각)

$\overline{OC}$를 그으면 △DOC에서 $\overline{OC}=\overline{OD}$이므로

∠OCD=∠ODC=36°, ∠DOC=108°

즉 x : 21=36 : 108이므로 x=7

(8)

D / 32 cm / C
x cm
50° 50°
80°
50°
A / O / B

$\overline{DC}/\!/\overline{AB}$이므로

∠CDO=∠DOA=50° (엇각)

$\overline{OC}$를 그으면 △DOC에서 $\overline{OC}=\overline{OD}$이므로

∠OCD=∠ODC=50°, ∠DOC=80°

즉 x : 32=50 : 80이므로 x=20

07 (1) 50 : 75=x : 39   ∴ x=26

(2) 110 : 44=x : 14   ∴ x=35

(3) 111 : 37=27 : x ∴ x=9

(4) x : 40=15 : 10   ∴ x=60

(5) x : 90=12 : 20   ∴ x=54

(6) 12 : x=36 : 18   ∴ x=6

(7) x : 8=60 : 40   ∴ x=12

(8) 15 : 9=x : 27   ∴ x=45

(9) 6 : 8=15 : x ∴ x=20

(10) 8 : 14=x : 56   ∴ x=32

08 (1) 원의 넓이를 S라 하면

72 : 360=15 : S ∴ S=75

(2) 원의 넓이를 S라 하면

80 : 360=14 : S ∴ S=63

(3) 원의 넓이를 S라 하면

135 : 360=18 : S ∴ S=48

(4) 원의 넓이를 S라 하면

108 : 360=24 : S ∴ S=80

(5) 원의 넓이를 S라 하면

150 : 360=25 : S ∴ S=60

원의 둘레의 길이와 넓이
둘레, 지름, 2π, π

01 (1) 6π, 9π (2) 10π, 25π
    (3) 16π, 64π (4) 8π, 16π
    (5) 12π, 36π (6) 18π, 81π
    (7) 22π, 121π

02 (1) 4, 16π (2) 5, 25π
    (3) 7, 49π (4) 10, 100π
    (5) 12, 144π (6) 13, 169π

03 (1) 3, 6π (2) 6, 12π
    (3) 9, 18π (4) 11, 22π
    (5) 14, 28π (6) 15, 30π

04 (1) 18π, 27π (2) 14π, 21π
    (3) 28π, 56π (4) 24π, 48π
    (5) 16π, 16π (6) 24π, 72π
    (7) 16π, 8π (8) 40π, 50π
    (9) 28π, 46π (10) 28π, 20π
    (11) 24π, 16π (12) 36π, 66π

01 (1) $l=2\pi \times 3=6\pi(\text{cm})$, $S=\pi \times 3^2=9\pi(\text{cm}^2)$
    (2) $l=2\pi \times 5=10\pi(\text{cm})$, $S=\pi \times 5^2=25\pi(\text{cm}^2)$
    (3) $l=2\pi \times 8=16\pi(\text{cm})$, $S=\pi \times 8^2=64\pi(\text{cm}^2)$
    (4) 반지름의 길이가 4 cm이므로
       $l=2\pi \times 4=8\pi(\text{cm})$, $S=\pi \times 4^2=16\pi(\text{cm}^2)$
    (5) 반지름의 길이가 6 cm이므로
       $l=2\pi \times 6=12\pi(\text{cm})$, $S=\pi \times 6^2=36\pi(\text{cm}^2)$
    (6) 반지름의 길이가 9 cm이므로
       $l=2\pi \times 9=18\pi(\text{cm})$, $S=\pi \times 9^2=81\pi(\text{cm}^2)$
    (7) 반지름의 길이가 11 cm이므로
       $l=2\pi \times 11=22\pi(\text{cm})$, $S=\pi \times 11^2=121\pi(\text{cm}^2)$

02 (1) $2\pi \times r=8\pi$ $\therefore r=4(\text{cm})$
       $\therefore S=\pi \times 4^2=16\pi(\text{cm}^2)$
    (2) $2\pi \times r=10\pi$ $\therefore r=5(\text{cm})$
       $\therefore S=\pi \times 5^2=25\pi(\text{cm}^2)$
    (3) $2\pi \times r=14\pi$ $\therefore r=7(\text{cm})$
       $\therefore S=\pi \times 7^2=49\pi(\text{cm}^2)$
    (4) $2\pi \times r=20\pi$ $\therefore r=10(\text{cm})$
       $\therefore S=\pi \times 10^2=100\pi(\text{cm}^2)$
    (5) $2\pi \times r=24\pi$ $\therefore r=12(\text{cm})$
       $\therefore S=\pi \times 12^2=144\pi(\text{cm}^2)$

    (6) $2\pi \times r=26\pi$ $\therefore r=13(\text{cm})$
       $\therefore S=\pi \times 13^2=169\pi(\text{cm}^2)$

03 (1) $\pi \times r^2=9\pi$ $\therefore r=3(\text{cm})$
       $\therefore l=2\pi \times 3=6\pi(\text{cm})$
    (2) $\pi \times r^2=36\pi$ $\therefore r=6(\text{cm})$
       $\therefore l=2\pi \times 6=12\pi(\text{cm})$
    (3) $\pi \times r^2=81\pi$ $\therefore r=9(\text{cm})$
       $\therefore l=2\pi \times 9=18\pi(\text{cm})$
    (4) $\pi \times r^2=121\pi$ $\therefore r=11(\text{cm})$
       $\therefore l=2\pi \times 11=22\pi(\text{cm})$
    (5) $\pi \times r^2=196\pi$ $\therefore r=14(\text{cm})$
       $\therefore l=2\pi \times 14=28\pi(\text{cm})$
    (6) $\pi \times r^2=225\pi$ $\therefore r=15(\text{cm})$
       $\therefore l=2\pi \times 15=30\pi(\text{cm})$

04 (1) (둘레의 길이)$=2\pi \times 6+2\pi \times 3=18\pi(\text{cm})$
      (넓이)$=\pi \times 6^2-\pi \times 3^2=27\pi(\text{cm}^2)$
    (2) (둘레의 길이)$=2\pi \times 5+2\pi \times 2=14\pi(\text{cm})$
      (넓이)$=\pi \times 5^2-\pi \times 2^2=21\pi(\text{cm}^2)$
    (3) (둘레의 길이)$=2\pi \times 9+2\pi \times 5=28\pi(\text{cm})$
      (넓이)$=\pi \times 9^2-\pi \times 5^2=56\pi(\text{cm}^2)$
    (4) (둘레의 길이)$=2\pi \times 8+2\pi \times 4=24\pi(\text{cm})$
      (넓이)$=\pi \times 8^2-\pi \times 4^2=48\pi(\text{cm}^2)$
    (5) (둘레의 길이)$=2\pi \times 5+2\pi \times 3=16\pi(\text{cm})$
      (넓이)$=\pi \times 5^2-\pi \times 3^2=16\pi(\text{cm}^2)$
    (6) (둘레의 길이)$=2\pi \times 9+2\pi \times 3=24\pi(\text{cm})$
      (넓이)$=\pi \times 9^2-\pi \times 3^2=72\pi(\text{cm}^2)$
    (7) (둘레의 길이)$=2\pi \times 4+(2\pi \times 2) \times 2=16\pi(\text{cm})$
      (넓이)$=\pi \times 4^2-(\pi \times 2^2) \times 2=8\pi(\text{cm}^2)$
    (8) (둘레의 길이)$=2\pi \times 10+(2\pi \times 5) \times 2=40\pi(\text{cm})$
      (넓이)$=\pi \times 10^2-(\pi \times 5^2) \times 2=50\pi(\text{cm}^2)$
    (9) (둘레의 길이)$=2\pi \times 8+(2\pi \times 3) \times 2=28\pi(\text{cm})$
      (넓이)$=\pi \times 8^2-(\pi \times 3^2) \times 2=46\pi(\text{cm}^2)$
    (10) (둘레의 길이)$=2\pi \times 7+2\pi \times 2+2\pi \times 5=28\pi(\text{cm})$
      (넓이)$=\pi \times 7^2-\pi \times 5^2-\pi \times 2^2=20\pi(\text{cm}^2)$
    (11) (둘레의 길이)$=2\pi \times 6+2\pi \times 4+2\pi \times 2=24\pi(\text{cm})$
      (넓이)$=\pi \times 6^2-\pi \times 4^2-\pi \times 2^2=16\pi(\text{cm}^2)$
    (12) (둘레의 길이)$=2\pi \times 10+2\pi \times 5+2\pi \times 3=36\pi(\text{cm})$
      (넓이)$=\pi \times 10^2-\pi \times 5^2-\pi \times 3^2=66\pi(\text{cm}^2)$

개념 08 부채꼴의 호의 길이와 넓이

92~101쪽

부채꼴의 호의 길이와 넓이
360, 360

01 (1) 3π, 9π (2) $\dfrac{4}{3}\pi$, $\dfrac{8}{3}\pi$
(3) 6π, 27π (4) 7π, 21π
(5) 12π, 48π

02 (1) $10\,cm$ (2) $8\,cm$
(3) $15\,cm$ (4) $12\,cm$
(5) $9\,cm$

03 (1) $60°$ (2) $144°$
(3) $45°$ (4) $120°$
(5) $300°$

04 (1) $8\,cm$ (2) $9\,cm$
(3) $10\,cm$ (4) $6\,cm$
(5) $3\,cm$

05 (1) $72°$ (2) $135°$
(3) $90°$ (4) $120°$
(5) $160°$

부채꼴의 호의 길이와 넓이 사이의 관계
r, l

06 (1) $9\pi\,cm^2$ (2) $20\pi\,cm^2$
(3) $12\pi\,cm^2$ (4) $60\pi\,cm^2$
(5) $10\pi\,cm^2$

07 (1) $2\pi\,cm$ (2) $6\pi\,cm$
(3) $5\pi\,cm$ (4) $10\pi\,cm$
(5) $8\pi\,cm$

08 (1) $9\,cm$ (2) $8\,cm$
(3) $15\,cm$ (4) $6\,cm$
(5) $10\,cm$

09 (1) 2π, 6, 6, 60, $60°$ (2) $144°$
(3) $40°$ (4) $45°$
(5) $150°$

10 (1) 12π, 9π (2) $12\pi+8$, 24π
(3) $10\pi+4$, 10π (4) $4\pi+12$, 12π
(5) $6\pi+10$, 15π (6) $12\pi+8$, 24π

11 (1) $2\pi+12$, $16-2\pi$ (2) $3\pi+18$, $36-\dfrac{9}{2}\pi$
(3) $2\pi+8$, $16-4\pi$ (4) $5\pi+20$, $100-25\pi$
(5) $4\pi+8$, $32-8\pi$ (6) $6\pi+16$, $84-18\pi$
(7) 6, 6π, $\dfrac{1}{4}$, 6, 9, 18, 18, 36

(8) 8π, $32\pi-64$ (9) 10π, $50\pi-100$
(10) 4, 4, 4, 16, 4, $\dfrac{1}{4}$, 16, 4, 32, 8
(11) $6\pi+24$, $72-18\pi$ (12) $10\pi+40$, $200-50\pi$

12 (1) 8π, 32   (2) 10π, 50
(3) 12π, 18   (4) 20π, 50
(5) 6π, 4   (6) 9π, 9
(7) 9π, $9\pi-18$ (8) 12π, $16\pi-32$
(9) 15π, $25\pi-50$ (10) $4\pi+8$, 8
(11) $6\pi+12$, 18   (12) $10\pi+12$, 50

01 (1) $l=2\pi\times6\times\dfrac{90}{360}=3\pi\,(cm)$
$S=\pi\times6^2\times\dfrac{90}{360}=9\pi\,(cm^2)$
(2) $l=2\pi\times4\times\dfrac{60}{360}=\dfrac{4}{3}\pi\,(cm)$
$S=\pi\times4^2\times\dfrac{60}{360}=\dfrac{8}{3}\pi\,(cm^2)$
(3) $l=2\pi\times9\times\dfrac{120}{360}=6\pi\,(cm)$
$S=\pi\times9^2\times\dfrac{120}{360}=27\pi\,(cm^2)$
(4) $l=2\pi\times6\times\dfrac{210}{360}=7\pi\,(cm)$
$S=\pi\times6^2\times\dfrac{210}{360}=21\pi\,(cm^2)$
(5) $l=2\pi\times8\times\dfrac{270}{360}=12\pi\,(cm)$
$S=\pi\times8^2\times\dfrac{270}{360}=48\pi\,(cm^2)$

02 (1) 반지름의 길이를 $r\,cm$라 하면
$2\pi r\times\dfrac{72}{360}=4\pi$ $\therefore r=10$
(2) 반지름의 길이를 $r\,cm$라 하면
$2\pi r\times\dfrac{135}{360}=6\pi$ $\therefore r=8$
(3) 반지름의 길이를 $r\,cm$라 하면
$2\pi r\times\dfrac{60}{360}=5\pi$ $\therefore r=15$
(4) 반지름의 길이를 $r\,cm$라 하면
$2\pi r\times\dfrac{150}{360}=10\pi$ $\therefore r=12$
(5) 반지름의 길이를 $r\,cm$라 하면
$2\pi r\times\dfrac{240}{360}=12\pi$ $\therefore r=9$

03 (1) 중심각의 크기를 $x°$라 하면
$2\pi\times18\times\dfrac{x}{360}=6\pi$ $\therefore x=60$
(2) 중심각의 크기를 $x°$라 하면

$$2\pi \times 10 \times \frac{x}{360} = 8\pi \qquad \therefore x = 144$$

(3) 중심각의 크기를 $x°$라 하면
$$2\pi \times 16 \times \frac{x}{360} = 4\pi \qquad \therefore x = 45$$

(4) 중심각의 크기를 $x°$라 하면
$$2\pi \times 9 \times \frac{x}{360} = 6\pi \qquad \therefore x = 120$$

(5) 중심각의 크기를 $x°$라 하면
$$2\pi \times 12 \times \frac{x}{360} = 20\pi \qquad \therefore x = 300$$

04 (1) 반지름의 길이를 r cm라 하면
$$\pi r^2 \times \frac{45}{360} = 8\pi,\ r^2 = 64 \qquad \therefore r = 8$$

(2) 반지름의 길이를 r cm라 하면
$$\pi r^2 \times \frac{120}{360} = 27\pi,\ r^2 = 81 \qquad \therefore r = 9$$

(3) 반지름의 길이를 r cm라 하면
$$\pi r^2 \times \frac{36}{360} = 10\pi,\ r^2 = 100 \qquad \therefore r = 10$$

(4) 반지름의 길이를 r cm라 하면
$$\pi r^2 \times \frac{150}{360} = 15\pi,\ r^2 = 36 \qquad \therefore r = 6$$

(5) 반지름의 길이를 r cm라 하면
$$\pi r^2 \times \frac{240}{360} = 6\pi,\ r^2 = 9 \qquad \therefore r = 3$$

05 (1) 중심각의 크기를 $x°$라 하면
$$\pi \times 10^2 \times \frac{x}{360} = 20\pi \qquad \therefore x = 72$$

(2) 중심각의 크기를 $x°$라 하면
$$\pi \times 8^2 \times \frac{x}{360} = 24\pi \qquad \therefore x = 135$$

(3) 중심각의 크기를 $x°$라 하면
$$\pi \times 4^2 \times \frac{x}{360} = 4\pi \qquad \therefore x = 90$$

(4) 중심각의 크기를 $x°$라 하면
$$\pi \times 6^2 \times \frac{x}{360} = 12\pi \qquad \therefore x = 120$$

(5) 중심각의 크기를 $x°$라 하면
$$\pi \times 9^2 \times \frac{x}{360} = 36\pi \qquad \therefore x = 160$$

06 (1) $(넓이) = \dfrac{1}{2} \times 9 \times 2\pi = 9\pi\,(\text{cm}^2)$

(2) $(넓이) = \dfrac{1}{2} \times 10 \times 4\pi = 20\pi\,(\text{cm}^2)$

(3) $(넓이) = \dfrac{1}{2} \times 6 \times 4\pi = 12\pi\,(\text{cm}^2)$

(4) $(넓이) = \dfrac{1}{2} \times 12 \times 10\pi = 60\pi\,(\text{cm}^2)$

(5) $(넓이) = \dfrac{1}{2} \times 4 \times 5\pi = 10\pi\,(\text{cm}^2)$

07 (1) 호의 길이를 l cm라 하면
$$\frac{1}{2} \times 10 \times l = 10\pi \qquad \therefore l = 2\pi$$

(2) 호의 길이를 l cm라 하면
$$\frac{1}{2} \times 8 \times l = 24\pi \qquad \therefore l = 6\pi$$

(3) 호의 길이를 l cm라 하면
$$\frac{1}{2} \times 6 \times l = 15\pi \qquad \therefore l = 5\pi$$

(4) 호의 길이를 l cm라 하면
$$\frac{1}{2} \times 9 \times l = 45\pi \qquad \therefore l = 10\pi$$

(5) 호의 길이를 l cm라 하면
$$\frac{1}{2} \times 12 \times l = 48\pi \qquad \therefore l = 8\pi$$

08 (1) 반지름의 길이를 r cm라 하면
$$\frac{1}{2} \times r \times 4\pi = 18\pi \qquad \therefore r = 9$$

(2) 반지름의 길이를 r cm라 하면
$$\frac{1}{2} \times r \times 6\pi = 24\pi \qquad \therefore r = 8$$

(3) 반지름의 길이를 r cm라 하면
$$\frac{1}{2} \times r \times 2\pi = 15\pi \qquad \therefore r = 15$$

(4) 반지름의 길이를 r cm라 하면
$$\frac{1}{2} \times r \times 7\pi = 21\pi \qquad \therefore r = 6$$

(5) 반지름의 길이를 r cm라 하면
$$\frac{1}{2} \times r \times 8\pi = 40\pi \qquad \therefore r = 10$$

09 (2) 반지름의 길이를 r cm라 하면 넓이는
$$\frac{1}{2} \times r \times 8\pi = 40\pi \text{이므로 } r = 10$$
중심각의 크기를 $x°$라 하면 호의 길이는
$$2\pi \times 10 \times \frac{x}{360} = 8\pi \text{이므로 } x = 144$$

(3) 반지름의 길이를 r cm라 하면 넓이는
$$\frac{1}{2} \times r \times 2\pi = 9\pi \text{이므로 } r = 9$$
중심각의 크기를 $x°$라 하면 호의 길이는
$$2\pi \times 9 \times \frac{x}{360} = 2\pi \text{이므로 } x = 40$$

(4) 반지름의 길이를 r cm라 하면 넓이는
$$\frac{1}{2} \times r \times 4\pi = 32\pi \text{이므로 } r = 16$$
중심각의 크기를 $x°$라 하면 호의 길이는
$$2\pi \times 16 \times \frac{x}{360} = 4\pi \text{이므로 } x = 45$$

(5) 반지름의 길이를 r cm라 하면 넓이는

$\frac{1}{2} \times r \times 10\pi = 60\pi$ 이므로 $r=12$

중심각의 크기를 $x°$라 하면 호의 길이는

$2\pi \times 12 \times \frac{x}{360} = 10\pi$ 이므로 $x=150$

10 (1) (둘레의 길이) $= 2\pi \times 6 \times \frac{1}{2} + \left(2\pi \times 3 \times \frac{1}{2}\right) \times 2$

$\qquad = 12\pi \, (\text{cm})$

(넓이) $= \pi \times 6^2 \times \frac{1}{2} - \left(\pi \times 3^2 \times \frac{1}{2}\right) \times 2 = 9\pi \, (\text{cm}^2)$

(2) (둘레의 길이) $= 2\pi \times 8 \times \frac{1}{2} + 2\pi \times 4 \times \frac{1}{2} + 8$

$\qquad = 12\pi + 8 \, (\text{cm})$

(넓이) $= \pi \times 8^2 \times \frac{1}{2} - \pi \times 4^2 \times \frac{1}{2} = 24\pi \, (\text{cm}^2)$

(3) (둘레의 길이) $= 2\pi \times 6 \times \frac{1}{2} + 2\pi \times 4 \times \frac{1}{2} + 4$

$\qquad = 10\pi + 4 \, (\text{cm})$

(넓이) $= \pi \times 6^2 \times \frac{1}{2} - \pi \times 4^2 \times \frac{1}{2} = 10\pi \, (\text{cm}^2)$

(4) (둘레의 길이) $= 2\pi \times 9 \times \frac{60}{360} + 2\pi \times 3 \times \frac{60}{360} + 6 \times 2$

$\qquad = 4\pi + 12 \, (\text{cm})$

(넓이) $= \pi \times 9^2 \times \frac{60}{360} - \pi \times 3^2 \times \frac{60}{360} = 12\pi \, (\text{cm}^2)$

(5) (둘레의 길이)

$= 2\pi \times 10 \times \frac{72}{360} + 2\pi \times 5 \times \frac{72}{360} + 5 \times 2$

$= 6\pi + 10 \, (\text{cm})$

(넓이) $= \pi \times 10^2 \times \frac{72}{360} - \pi \times 5^2 \times \frac{72}{360} = 15\pi \, (\text{cm}^2)$

(6) (둘레의 길이)

$= 2\pi \times 10 \times \frac{135}{360} + 2\pi \times 6 \times \frac{135}{360} + 4 \times 2$

$= 12\pi + 8 \, (\text{cm})$

(넓이) $= \pi \times 10^2 \times \frac{135}{360} - \pi \times 6^2 \times \frac{135}{360} = 24\pi \, (\text{cm}^2)$

11 (1) (둘레의 길이) $= 2\pi \times 2 \times \frac{1}{2} + 4 \times 3 = 2\pi + 12 \, (\text{cm})$

(넓이) $= 4^2 - \pi \times 2^2 \times \frac{1}{2} = 16 - 2\pi \, (\text{cm}^2)$

(2) (둘레의 길이) $= 2\pi \times 3 \times \frac{1}{2} + 6 \times 3 = 3\pi + 18 \, (\text{cm})$

(넓이) $= 6^2 - \pi \times 3^2 \times \frac{1}{2} = 36 - \frac{9}{2}\pi \, (\text{cm}^2)$

(3) (둘레의 길이) $= 2\pi \times 4 \times \frac{1}{4} + 4 \times 2 = 2\pi + 8 \, (\text{cm})$

(넓이) $= 4^2 - \pi \times 4^2 \times \frac{1}{4} = 16 - 4\pi \, (\text{cm}^2)$

(4) (둘레의 길이) $= 2\pi \times 10 \times \frac{1}{4} + 10 \times 2 = 5\pi + 20 \, (\text{cm})$

(넓이) $= 10^2 - \pi \times 10^2 \times \frac{1}{4} = 100 - 25\pi \, (\text{cm}^2)$

(5) (둘레의 길이) $= \left(2\pi \times 4 \times \frac{1}{4}\right) \times 2 + 4 \times 2$

$\qquad = 4\pi + 8 \, (\text{cm})$

(넓이) $= 8 \times 4 - \left(\pi \times 4^2 \times \frac{1}{4}\right) \times 2 = 32 - 8\pi \, (\text{cm}^2)$

(6) (둘레의 길이) $= \left(2\pi \times 6 \times \frac{1}{4}\right) \times 2 + 14 + 2$

$\qquad = 6\pi + 16 \, (\text{cm})$

(넓이) $= 14 \times 6 - \left(\pi \times 6^2 \times \frac{1}{4}\right) \times 2 = 84 - 18\pi \, (\text{cm}^2)$

(8) (둘레의 길이) $= \left(2\pi \times 8 \times \frac{1}{4}\right) \times 2 = 8\pi \, (\text{cm})$

(넓이) $= \left(\pi \times 8^2 \times \frac{1}{4} - \frac{1}{2} \times 8 \times 8\right) \times 2$

$\qquad = 32\pi - 64 \, (\text{cm}^2)$

(9) (둘레의 길이) $= \left(2\pi \times 10 \times \frac{1}{4}\right) \times 2 = 10\pi \, (\text{cm})$

(넓이) $= \left(\pi \times 10^2 \times \frac{1}{4} - \frac{1}{2} \times 10 \times 10\right) \times 2$

$\qquad = 50\pi - 100 \, (\text{cm}^2)$

(11) (둘레의 길이) $= \left(2\pi \times 6 \times \frac{1}{4} + 2 \times 6\right) \times 2$

$\qquad = 6\pi + 24 \, (\text{cm})$

(넓이) $= \left(6 \times 6 - \pi \times 6^2 \times \frac{1}{4}\right) \times 2 = 72 - 18\pi \, (\text{cm}^2)$

(12) (둘레의 길이) $= \left(2\pi \times 10 \times \frac{1}{4} + 2 \times 10\right) \times 2$

$\qquad = 10\pi + 40 \, (\text{cm})$

(넓이) $= \left(10 \times 10 - \pi \times 10^2 \times \frac{1}{4}\right) \times 2$

$\qquad = 200 - 50\pi \, (\text{cm}^2)$

12 (1) (둘레의 길이) $= \left(2\pi \times 4 \times \frac{1}{4}\right) \times 4 = 8\pi \, (\text{cm})$

(넓이) $= 8 \times 4 = 32 \, (\text{cm}^2)$

(2) (둘레의 길이) $= \left(2\pi \times 5 \times \frac{1}{4}\right) \times 4 = 10\pi \, (\text{cm})$

(넓이) $= 10 \times 5 = 50 \, (\text{cm}^2)$

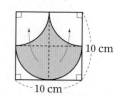

(3) (둘레의 길이) $= 2\pi \times 6 \times \frac{1}{2} + \left(2\pi \times 3 \times \frac{1}{2}\right) \times 2$

$\qquad = 12\pi \, (\text{cm})$

(넓이) $= \pi \times 6^2 \times \frac{1}{2} = 18\pi \, (\text{cm}^2)$

(4) (둘레의 길이) $= 2\pi \times 10 \times \frac{1}{2} + \left(2\pi \times 5 \times \frac{1}{2}\right) \times 2$

$\qquad = 20\pi \, (\text{cm})$

$$(\text{넓이})=\pi \times 10^2 \times \frac{1}{2}=50\pi(\text{cm}^2)$$

(5) $$(\text{둘레의 길이})=2\pi \times 4 \times \frac{1}{4}+\left(2\pi \times 2 \times \frac{1}{2}\right)\times 2$$
$$=6\pi(\text{cm})$$
$$(\text{넓이})=\pi \times 4^2 \times \frac{1}{4}=4\pi(\text{cm}^2)$$

(6) $$(\text{둘레의 길이})=2\pi \times 6 \times \frac{1}{4}+\left(2\pi \times 3 \times \frac{1}{2}\right)\times 2$$
$$=9\pi(\text{cm})$$
$$(\text{넓이})=\pi \times 6^2 \times \frac{1}{4}=9\pi(\text{cm}^2)$$

(7) $$(\text{둘레의 길이})=2\pi \times 6 \times \frac{1}{4}+\left(2\pi \times 3 \times \frac{1}{2}\right)\times 2$$
$$=9\pi(\text{cm})$$
$$(\text{넓이})=\pi \times 6^2 \times \frac{1}{4}-\frac{1}{2} \times 6 \times 6=9\pi-18(\text{cm}^2)$$

(8) $$(\text{둘레의 길이})=2\pi \times 8 \times \frac{1}{4}+\left(2\pi \times 4 \times \frac{1}{2}\right)\times 2$$
$$=12\pi(\text{cm})$$
$$(\text{넓이})$$
$$=\pi \times 8^2 \times \frac{1}{4}-\frac{1}{2} \times 8 \times 8$$
$$=16\pi-32(\text{cm}^2)$$

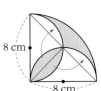

(9) $$(\text{둘레의 길이})=2\pi \times 10 \times \frac{1}{4}+\left(2\pi \times 5 \times \frac{1}{2}\right)\times 2$$
$$=15\pi(\text{cm})$$
$$(\text{넓이})$$
$$=\pi \times 10^2 \times \frac{1}{4}-\frac{1}{2} \times 10 \times 10$$
$$=25\pi-50(\text{cm}^2)$$

(10) $$(\text{둘레의 길이})=\left(2\pi \times 2 \times \frac{1}{2}\right)\times 2+4 \times 2$$
$$=4\pi+8(\text{cm})$$
$$(\text{넓이})=\frac{1}{2} \times 4 \times 4=8(\text{cm}^2)$$

(11) $$(\text{둘레의 길이})=\left(2\pi \times 3 \times \frac{1}{2}\right)\times 2+6 \times 2$$
$$=6\pi+12(\text{cm})$$
$$(\text{넓이})=\frac{1}{2} \times 6 \times 6=18(\text{cm}^2)$$

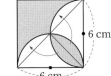

(12) $$(\text{둘레의 길이})=\left(2\pi \times 5 \times \frac{1}{2}\right)\times 2+10 \times 2$$
$$=10\pi+20(\text{cm})$$
$$(\text{넓이})=\frac{1}{2} \times 10 \times 10=50(\text{cm}^2)$$

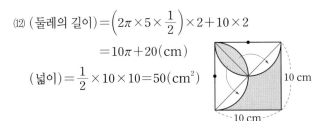

내신 도전 102~103쪽

01 ④	02 180°	03 ③
04 54 cm²	05 ③, ⑤	06 ②
07 ④	08 3π cm	09 240°
10 −4	11 3π	12 $\frac{2}{3}$

01 원에서 가장 긴 현은 지름이므로 $6 \times 2=12(\text{cm})$

02 두 반지름과 호로 이루어진 도형은 부채꼴이고,
부채꼴이면서 활꼴인 도형은 반원이므로
반원의 중심각의 크기는 180°이다.

03 $72:108=4:x$에서 $x=6$
$72:y=4:3$에서 $y=54$
$\therefore x+y=6+54=60$

04 원 O의 넓이를 $S \text{ cm}^2$라 하면
$3:(2+3+4)=18:S$ $\therefore S=54$

05 ① $2\overline{AB}>\overline{CD}$ ② $\widehat{AB}:\widehat{CD}=1:2$
④ $\triangle COD<2\triangle AOB$

06 정오각형의 한 내각의 크기는 $\dfrac{180° \times (5-2)}{5}=108°$
$\therefore (\text{넓이})=\pi \times 10^2 \times \dfrac{108}{360}=30\pi(\text{cm}^2)$

07 중심각의 크기를 $x°$라 하면
$\pi \times 6^2 \times \dfrac{x}{360}=15\pi$ $\therefore x=150$

08 호의 길이를 $l \text{ cm}$라 하면
$\dfrac{1}{2} \times 12 \times l=18\pi$ $\therefore l=3\pi$

09 반지름의 길이를 $r \text{ cm}$라 하면
$\dfrac{1}{2} \times r \times 8\pi=24\pi$ $\therefore r=6$
중심각의 크기를 $x°$라 하면 호의 길이는
$2\pi \times 6 \times \dfrac{x}{360}=8\pi$ $\therefore x=240$

10 $(\text{넓이})=8^2-\left(\pi \times 4^2 \times \dfrac{1}{4}\right)\times 4=64-16\pi(\text{cm}^2)$
즉 $a=64$, $b=-16$이므로 $\dfrac{a}{b}=-\dfrac{64}{16}=-4$

11 (둘레의 길이)$=2\pi\times2\times\dfrac{1}{2}+\left(2\pi\times1\times\dfrac{1}{2}\right)\times2$

$\qquad\qquad\quad=4\pi(\text{cm})$

$\quad$(넓이)$=\pi\times2^2\times\dfrac{1}{2}-\left(\pi\times1^2\times\dfrac{1}{2}\right)\times2=\pi(\text{cm}^2)$

$\quad$즉 $a=4\pi$, $b=\pi$이므로 $a-b=4\pi-\pi=3\pi$

12 (둘레의 길이)$=2\pi\times5\times\dfrac{1}{2}+2\pi\times3\times\dfrac{1}{2}+2\pi\times2\times\dfrac{1}{2}$

$\qquad\qquad\quad=10\pi(\text{cm})$

$\quad$(넓이)$=\pi\times5^2\times\dfrac{1}{2}+\pi\times3^2\times\dfrac{1}{2}-\pi\times2^2\times\dfrac{1}{2}$

$\qquad\quad=15\pi(\text{cm}^2)$

$\quad$즉 $a=10\pi$, $b=15\pi$이므로 $\dfrac{a}{b}=\dfrac{10\pi}{15\pi}=\dfrac{2}{3}$

대단원 평가
104~106쪽

01 ④	**02** 189	**03** ①
04 125°	**05** ③	**06** 49°
07 ⑤	**08** ②	**09** 18 cm
10 60°	**11** ①	**12** $64\pi\ \text{cm}^2$
13 ②	**14** ③	**15** $4\pi\ \text{cm}^2$
16 ④	**17** −8	**18** $72\ \text{cm}^2$

01 구하는 다각형을 n각형이라 하면 $n-2=8$ $\quad\therefore\ n=10$
$\quad$따라서 십각형의 변의 개수는 10이다.

02 $\dfrac{21\times(21-3)}{2}=189$

03 $\angle y=180°-72°=108°$
$\quad\angle x=360°-(88°+68°+72°)$
$\qquad\quad=132°$
$\quad\therefore\ \angle x-\angle y=132°-108°=24°$

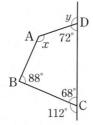

04 $\angle x=(52°+28°)+45°=125°$

05

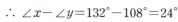

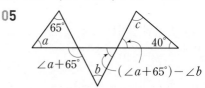

$\quad(\angle a+65°)-\angle b+40°+\angle c=180°$
$\quad\therefore\ \angle a-\angle b+\angle c=180°-105°=75°$

06

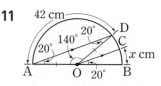

$\quad\angle x+(40°+31°)+(25°+35°)=180°$
$\quad\therefore\ \angle x=180°-131°=49°$

07 구하는 다각형을 n각형이라 하면 $\dfrac{n(n-3)}{2}=35$
$\quad$이때 $n(n-3)=70=10\times7$이므로 $n=10$
$\quad$따라서 십각형의 내각의 크기의 합은
$\quad180°\times(10-2)=1440°$

08 구하는 다각형을 정n각형이라 하면
$\quad180°\times(n-2)=1800°$, $n-2=10$ $\quad\therefore\ n=12$
$\quad$따라서 정십이각형의 한 꼭짓점에서
$\quad$외각의 크기는 $\dfrac{360°}{12}=30°$, 내각의 크기는 $180°-30°=150°$
$\quad$이므로 내각과 외각의 크기의 비는 $150:30=5:1$

09 $\overline{\text{AO}}$, $\overline{\text{CO}}$는 반지름이므로 $\overline{\text{AO}}=\overline{\text{CO}}=4\,\text{cm}$
$\quad\overset{\frown}{\text{AB}}=\overset{\frown}{\text{BC}}$에서 $\angle\text{AOB}=\angle\text{BOC}$이므로
$\quad\overline{\text{AB}}=\overline{\text{BC}}=5\,\text{cm}$
$\quad\therefore\ (\square\text{OABC의 둘레의 길이})=2\times(4+5)=18(\text{cm})$

10 $\angle\text{AOB}:\angle\text{COD}=\overset{\frown}{\text{AB}}:\overset{\frown}{\text{CD}}=4:5$이고,
$\quad\angle\text{AOB}+\angle\text{COD}=180°-72°=108°$이므로
$\quad\angle\text{COD}=108°\times\dfrac{5}{4+5}=60°$

11

$\quad\overline{\text{AD}}/\!/\overline{\text{OC}}$이므로 $\angle\text{DAO}=\angle\text{COB}=20°$ (동위각)
$\quad\overline{\text{OD}}$를 그으면 $\triangle\text{AOD}$에서 $\overline{\text{OA}}=\overline{\text{OD}}$이므로
$\quad\angle\text{ODA}=\angle\text{OAD}=20°$, $\angle\text{AOD}=140°$
$\quad$즉 $42:x=140:20$이므로 $x=6$

12 $2\pi\times r=16\pi$ $\quad\therefore\ r=8(\text{cm})$
$\quad\therefore\ S=\pi\times8^2=64\pi(\text{cm}^2)$

13 반지름의 길이를 $r\,\text{cm}$라 하면
$\quad\dfrac{1}{2}\times r\times\pi=5\pi$이므로 $r=10$
$\quad$중심각의 크기를 $x°$라 하면 호의 길이는
$\quad2\pi\times10\times\dfrac{x}{360}=\pi$이므로 $x=18$

14 색칠한 부채꼴의 중심각의 크기의 합은

$180° - (41° + 31°) = 108°$

따라서 색칠한 부채꼴의 넓이의 합은 반지름의 길이가 $10\,cm$, 중심각의 크기가 $108°$인 부채꼴의 넓이이므로

$\pi \times 10^2 \times \dfrac{108}{360} = 30\pi\,(\text{cm}^2)$

15 $(\text{넓이}) = \pi \times 9^2 \times \dfrac{45}{360} - \pi \times 7^2 \times \dfrac{45}{360} = 4\pi\,(\text{cm}^2)$

16 $(\text{둘레의 길이}) = \left(2\pi \times 4 \times \dfrac{1}{2}\right) \times 4 = 16\pi\,(\text{cm})$

17 $(\text{넓이}) = 10 \times 10 - \pi \times 10^2 \times \dfrac{1}{4} + \pi \times 5^2 \times \dfrac{1}{2}$

$\qquad = 100 - \dfrac{25}{2}\pi\,(\text{cm}^2)$

즉 $a = 100$, $b = -\dfrac{25}{2}$이므로

$\dfrac{a}{b} = 100 \div \left(-\dfrac{25}{2}\right) = -100 \times \dfrac{2}{25} = -8$

18 주어진 도형의 넓이는 직각삼각형의 넓이와 같으므로

$(\text{넓이}) = \dfrac{1}{2} \times 12 \times 12$

$\qquad = 72\,(\text{cm}^2)$

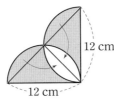

12 cm

12 cm

Ⅲ 입체도형

Ⅲ – ❶ 다면체와 회전체

개념 01 다면체

108~111쪽

┌─ **다면체** ─────────────┐
다각형, 꼭짓점, 모서리, 면
└────────────────────────┘

01 (1) ×   (2) ○
   (3) ○   (4) ×
   (5) ○   (6) ×

02 (1) 5, 오면체, 9, 6   (2) 7, 칠면체, 12, 7
   (3) 6, 육면체, 12, 8   (4) 7, 칠면체, 12, 7

03 (1) ㄱ, ㄹ, ㅁ   (2) ㄱ, ㄹ
   (3) ㄷ, ㅁ, ㅂ   (4) ㄴ, ㅁ
   (5) ㄷ

┌─ **다면체의 종류** ──────────────┐
합동, 직사각형, 다각형, 삼각형, 평행,
각뿔
└──────────────────────────────┘

04 (1)~(5) 풀이 참조

05 (1) 육각기둥   (2) 삼각뿔대
   (3) 십각뿔   (4) 십오각뿔
   (5) 구각뿔대

06 (1) 삼각기둥   (2) 오각기둥
   (3) 오각뿔   (4) 사각뿔
   (5) 삼각뿔대   (6) 사각뿔대

---

01 (1) 입체도형이 아니다.
   (4) 곡면이 포함되어 있으므로 다면체가 아니다.
   (6) 곡면이 포함되어 있으므로 다면체가 아니다.

03 (1)

	ㄱ	ㄴ	ㄷ	ㄹ	ㅁ	ㅂ
면의 개수	7	4	8	7	7	6

따라서 칠면체는 ㄱ, ㄹ, ㅁ이다.

(2)

	ㄱ	ㄴ	ㄷ	ㄹ	ㅁ	ㅂ
꼭짓점의 개수	10	4	6	10	7	8

따라서 꼭짓점이 10개인 다면체는 ㄱ, ㄹ이다.

(3)

	ㄱ	ㄴ	ㄷ	ㄹ	ㅁ	ㅂ
모서리의 개수	15	6	12	15	12	12

따라서 모서리가 12개인 다면체는 ㄷ, ㅁ, ㅂ이다.

04 (1)

	삼각기둥	삼각뿔	삼각뿔대
밑면의 모양	삼각형	삼각형	삼각형
옆면의 모양	직사각형	삼각형	사다리꼴
면의 개수	5	4	5
모서리의 개수	9	6	9
꼭짓점의 개수	6	4	6

(2)

	사각기둥	사각뿔	사각뿔대
밑면의 모양	사각형	사각형	사각형
옆면의 모양	직사각형	삼각형	사다리꼴
면의 개수	6	5	6
모서리의 개수	12	8	12
꼭짓점의 개수	8	5	8

(3)

	오각기둥	오각뿔	오각뿔대
밑면의 모양	오각형	오각형	오각형
옆면의 모양	직사각형	삼각형	사다리꼴
면의 개수	7	6	7
모서리의 개수	15	10	15
꼭짓점의 개수	10	6	10

(4)

	칠각기둥	칠각뿔	칠각뿔대
밑면의 모양	칠각형	칠각형	칠각형
옆면의 모양	직사각형	삼각형	사다리꼴
면의 개수	9	8	9
모서리의 개수	21	14	21
꼭짓점의 개수	14	8	14

(5)

	n각기둥	n각뿔	n각뿔대
밑면의 모양	n각형	n각형	n각형
옆면의 모양	직사각형	삼각형	사다리꼴
면의 개수	$n+2$	$n+1$	$n+2$
모서리의 개수	$3n$	$2n$	$3n$
꼭짓점의 개수	$2n$	$n+1$	$2n$

개념 **02** 정다면체

112~114쪽

정다면체

합동, 개수, 사, 육, 팔, 십이, 이십

01 (1) 정사면체, 정팔면체, 정이십면체
(2) 정육면체　　(3) 정십이면체
(4) 정사면체, 정육면체, 정십이면체
(5) 정팔면체　　(6) 정이십면체

02 (1) 정삼각형, 3, 6, 4　　(2) 정사각형, 3, 12, 8
(3) 정삼각형, 4, 12, 6　　(4) 정오각형, 3, 30, 20
(5) 정삼각형, 5, 30, 12

03 (1) ㉡　　(2) ㉢
(3) ㉠　　(4) ㉤
(5) ㉣

04 (1) ○　　(2) ×
(3) ○　　(4) ○
(5) ×　　(6) ○

05 (1) C, E, AB, BF　　(2) D, DE, CF
(3) I, FG, IJKL　　(4) G, BC, GHIJ

04 (2)
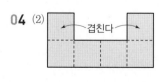
겹친다

(5)

겹친다

개념 03 회전체

115~117쪽

> **회전체**
> 축, 평행, 원뿔, 모선, 높이

01 (1) ×   (2) ○
    (3) ○   (4) ○
    (5) ×   (6) ○

02 (1)~(5) 풀이 참조

> **회전체의 성질**
> 원, 선대칭, 합동

03 (1)~(4) 풀이 참조

04 (1)~(5) 풀이 참조

05 (1) 풀이 참조, $25\,\mathrm{cm}^2$ (2) 풀이 참조, $35\,\mathrm{cm}^2$
    (3) 풀이 참조, $36\pi\,\mathrm{cm}^2$
    (4) 풀이 참조, $(8\pi+12)\,\mathrm{cm}^2$

02 (1)   (2)

    (3)   (4)

    (5)

03 (1)   (2)

    (3)   (4)

04 (1)   (2)

    (3)   (4)

    (5)

05 (1) 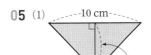   (단면의 넓이) $= \dfrac{1}{2} \times 10 \times 5$
$$= 25\,(\mathrm{cm}^2)$$

(2) 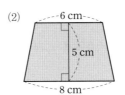   (단면의 넓이) $= \dfrac{1}{2} \times (6+8) \times 5$
$$= 35\,(\mathrm{cm}^2)$$

(3)   (단면의 넓이) $= \pi \times 6^2 = 36\pi\,(\mathrm{cm}^2)$

(4) 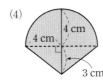   (단면의 넓이)
$$= (\pi \times 4^2) \times \dfrac{1}{2} + \left(\dfrac{1}{2} \times 3 \times 4 \right) \times 2$$
$$= 8\pi + 12\,(\mathrm{cm}^2)$$

개념 04 회전체의 전개도

118~119쪽

> **원기둥의 전개도**
> 둘레, $2\pi r$

01 (1) 9, 12   (2) 12, 15
    (3) 9, 8π (4) 13, 10π
    (5) 10, 14π

> **원뿔의 전개도**
> 모선, 둘레, l, $2\pi r$

02 (1) 8, 5   (2) 12, 5
    (3) 10, 12π (4) 18, 14π

> **원뿔대의 전개도**
> 둘레, $2\pi R$

03 (1) 4, 6   (2) 8π, 7
    (3) 3, 10π (4) 6π, 12

내신 도전

120~121쪽

01 ㄱ, ㄴ, ㅁ, ㅂ   **02** ②, ⑤   **03** 1
04 ③, ④   **05** ㄱ, ㄴ, ㄹ   **06** 2
07 ⑤   **08** ④   **09** ①
10 $15\,\mathrm{cm}^2$ **11** ②   **12** $26\pi\,\mathrm{cm}$

02 면의 개수와 꼭짓점의 개수가 같은 다면체는 각뿔이다.

03 칠각기둥의 면의 개수: $a=7+2=9$

육각뿔의 꼭짓점의 개수: $b=6+1=7$

오각뿔대의 모서리의 개수: $c=5\times3=15$

$\therefore a+b-c=9+7-15=1$

04 ① 정사면체 ─ 정삼각형 ② 정육면체 ─ 정사각형

⑤ 정이십면체 ─ 정삼각형

05 한 꼭짓점에 모인 면의 개수는 다음과 같다.

ㄱ. 3 ㄴ. 3 ㄷ. 4 ㄹ. 3 ㅁ. 5

따라서 구하는 것은 ㄱ, ㄴ, ㄹ이다.

06 정육면체의 모서리의 개수: $a=12$

정팔면체의 꼭짓점의 개수: $b=6$

$\therefore \dfrac{a}{b}=\dfrac{12}{6}=2$

10 (단면의 넓이)

$=\left(\dfrac{1}{2}\times3\times5\right)\times2$

$=15(\text{cm}^2)$

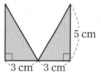

11 밑면은 반지름의 길이가 5 cm인 원이므로

둘레의 길이는 $2\pi\times5=10\pi(\text{cm})$

12 $\overarc{\text{AD}}=2\pi\times5=10\pi(\text{cm})$, $\overarc{\text{BC}}=2\pi\times8=16\pi(\text{cm})$

$\therefore \overarc{\text{AD}}+\overarc{\text{BC}}=10\pi+16\pi=26\pi(\text{cm})$

Ⅲ ─ ❷ 입체도형의 겉넓이와 부피

개념 05 기둥의 겉넓이

122~126쪽

각기둥의 겉넓이
2, 2, 둘레, 높이

01 (1) 4, 6, 5, 6, 72, 6, 72, 84

(2) $216\,\text{cm}^2$ (3) $240\,\text{cm}^2$

(4) $136\,\text{cm}^2$ (5) $132\,\text{cm}^2$

02 (1) 3, 6, 3, 4, 40, 6, 40, 52

(2) $126\,\text{cm}^2$ (3) $142\,\text{cm}^2$

(4) $224\,\text{cm}^2$ (5) $248\,\text{cm}^2$

(6) $272\,\text{cm}^2$

03 (1) 6 cm (2) 8 cm

(3) 7 cm (4) 9 cm

원기둥의 겉넓이
πr^2, $2\pi r$

04 (1) 2, 4π, 2, 20π, 4π, 20π, 28π

(2) $60\pi\,\text{cm}^2$ (3) $80\pi\,\text{cm}^2$

(4) $120\pi\,\text{cm}^2$ (5) $48\pi\,\text{cm}^2$

(6) $104\pi\,\text{cm}^2$

05 (1) 7 cm (2) 10 cm

(3) 11 cm (4) 12 cm

06 (1) 9, 80, 18π, 80, 10, 40π, 18π, 40π, 76π

(2) $(14\pi+20)\text{cm}^2$ (3) $(20\pi+48)\text{cm}^2$

(4) $(13\pi+84)\text{cm}^2$ (5) $(56\pi+96)\text{cm}^2$

(6) $(108\pi+160)\text{cm}^2$

01 (2) (밑넓이)$=\dfrac{1}{2}\times6\times8=24(\text{cm}^2)$

(옆넓이)$=(6+8+10)\times7=168(\text{cm}^2)$

$\therefore$ (겉넓이)$=24\times2+168=216(\text{cm}^2)$

(3) (밑넓이)$=\dfrac{1}{2}\times5\times12=30(\text{cm}^2)$

(옆넓이)$=(5+12+13)\times6=180(\text{cm}^2)$

$\therefore$ (겉넓이)$=30\times2+180=240(\text{cm}^2)$

(4) (밑넓이)$=\dfrac{1}{2}\times6\times4=12(\text{cm}^2)$

(옆넓이)$=(5+5+6)\times7=112(\text{cm}^2)$

$\therefore$ (겉넓이)$=12\times2+112=136(\text{cm}^2)$

(5) (밑넓이)$=\dfrac{1}{2}\times8\times3=12(\text{cm}^2)$

(옆넓이)$=(5+5+8)\times6=108(\text{cm}^2)$

$\therefore$ (겉넓이)$=12\times2+108=132(\text{cm}^2)$

02 (2) (밑넓이)$=3\times6=18(\text{cm}^2)$

(옆넓이)$=(3+6+3+6)\times5=90(\text{cm}^2)$

$\therefore$ (겉넓이)$=18\times2+90=126(\text{cm}^2)$

(3) (밑넓이)$=7\times5=35(\text{cm}^2)$

(옆넓이)$=(7+5+7+5)\times3=72(\text{cm}^2)$

$\therefore$ (겉넓이)$=35\times2+72=142(\text{cm}^2)$

(4) (밑넓이)$=\dfrac{1}{2}\times(4+7)\times4=22(\text{cm}^2)$

(옆넓이)$=(4+7+4+5)\times9=180(\text{cm}^2)$

$\therefore$ (겉넓이)$=22\times2+180=224(\text{cm}^2)$

(5) (밑넓이)$=\dfrac{1}{2}\times(10+4)\times4=28(\text{cm}^2)$

(옆넓이)$=(10+5+4+5)\times8=192(\text{cm}^2)$

$\therefore$ (겉넓이)$=28\times2+192=248(\text{cm}^2)$

(6) (밑넓이)$=\dfrac{1}{2}\times(5+8)\times4=26(\text{cm}^2)$

(옆넓이)$=(4+8+5+5)\times10=220(\text{cm}^2)$

∴ (겉넓이)$=26\times2+220=272(cm^2)$

03 (1) 높이를 h cm라 하면
$(7+6+4)\times h=102$, $17h=102$ ∴ $h=6$

(2) 높이를 h cm라 하면
$(5+9+11)\times h=200$, $25h=200$ ∴ $h=8$

(3) 높이를 h cm라 하면
$(6+9+6+9)\times h=210$, $30h=210$ ∴ $h=7$

(4) 높이를 h cm라 하면
$(4+8+5+7)\times h=216$, $24h=216$ ∴ $h=9$

04 (2) (밑넓이)$=\pi\times3^2=9\pi(cm^2)$
(옆넓이)$=(2\pi\times3)\times7=42\pi(cm^2)$
∴ (겉넓이)$=9\pi\times2+42\pi=60\pi(cm^2)$

(3) (밑넓이)$=\pi\times4^2=16\pi(cm^2)$
(옆넓이)$=(2\pi\times4)\times6=48\pi(cm^2)$
∴ (겉넓이)$=16\pi\times2+48\pi=80\pi(cm^2)$

(4) (밑넓이)$=\pi\times5^2=25\pi(cm^2)$
(옆넓이)$=(2\pi\times5)\times7=70\pi(cm^2)$
∴ (겉넓이)$=25\pi\times2+70\pi=120\pi(cm^2)$

(5) (밑넓이)$=\pi\times2^2=4\pi(cm^2)$
(옆넓이)$=(2\pi\times2)\times10=40\pi(cm^2)$
∴ (겉넓이)$=4\pi\times2+40\pi=48\pi(cm^2)$

(6) (밑넓이)$=\pi\times4^2=16\pi(cm^2)$
(옆넓이)$=(2\pi\times4)\times9=72\pi(cm^2)$
∴ (겉넓이)$=16\pi\times2+72\pi=104\pi(cm^2)$

05 (1) 높이를 h cm라 하면
$(2\pi\times2)\times h=28\pi$, $4h=28$ ∴ $h=7$

(2) 높이를 h cm라 하면
$(2\pi\times7)\times h=140\pi$, $14h=140$ ∴ $h=10$

(3) 높이를 h cm라 하면
$\left(2\pi\times\dfrac{9}{2}\right)\times h=99\pi$, $9h=99$ ∴ $h=11$

(4) 높이를 h cm라 하면
$\left(2\pi\times\dfrac{15}{2}\right)\times h=180\pi$, $15h=180$ ∴ $h=12$

06 (2) (밑넓이)$=\pi\times2^2\times\dfrac{180}{360}=2\pi(cm^2)$

(옆넓이)$=\left(2\pi\times2\times\dfrac{180}{360}+4\right)\times5$
$=10\pi+20(cm^2)$
∴ (겉넓이)$=2\pi\times2+(10\pi+20)$
$=14\pi+20(cm^2)$

(3) (밑넓이)$=\pi\times4^2\times\dfrac{90}{360}=4\pi(cm^2)$

(옆넓이)$=\left(2\pi\times4\times\dfrac{90}{360}+4+4\right)\times6$
$=12\pi+48(cm^2)$
∴ (겉넓이)$=4\pi\times2+(12\pi+48)$
$=20\pi+48(cm^2)$

(4) (밑넓이)$=\pi\times6^2\times\dfrac{30}{360}=3\pi(cm^2)$

(옆넓이)$=\left(2\pi\times6\times\dfrac{30}{360}+6+6\right)\times7$
$=7\pi+84(cm^2)$
∴ (겉넓이)$=3\pi\times2+(7\pi+84)$
$=13\pi+84(cm^2)$

(5) (밑넓이)$=\pi\times6^2\times\dfrac{120}{360}=12\pi(cm^2)$

(옆넓이)$=\left(2\pi\times6\times\dfrac{120}{360}+6+6\right)\times8$
$=32\pi+96(cm^2)$
∴ (겉넓이)$=12\pi\times2+(32\pi+96)=56\pi+96(cm^2)$

(6) (밑넓이)$=\pi\times8^2\times\dfrac{135}{360}=24\pi(cm^2)$

(옆넓이)$=\left(2\pi\times8\times\dfrac{135}{360}+8+8\right)\times10$
$=60\pi+160(cm^2)$
∴ (겉넓이)$=24\pi\times2+(60\pi+160)$
$=108\pi+160(cm^2)$

개념 **06** 기둥의 부피

127~131쪽

각기둥의 부피
높이, h

01 (1) $36\ cm^3$　　　　(2) $168\ cm^3$
(3) $180\ cm^3$　　　　(4) $84\ cm^3$
(5) $72\ cm^3$

02 (1) $24\ cm^3$　　　　(2) $105\ cm^3$
(3) $198\ cm^3$　　　　(4) $224\ cm^3$
(5) $260\ cm^3$

03 (1) $5\ cm$　　　　(2) $9\ cm$
(3) $7\ cm$　　　　(4) $8\ cm$

원기둥의 부피
πr^2

04 (1) 63π cm^3 (2) 96π cm^3
      (3) 40π cm^3 (4) 175π cm^3

05 (1) 11 cm   (2) 5 cm
      (3) 6 cm   (4) 3 cm
      (5) 5 cm   (6) 7 cm

06 (1) 24π cm^3 (2) 180π cm^3
      (3) 21π cm^3 (4) 96π cm^3
      (5) 240π cm^3

> 다양한 입체도형의 부피
> $-$, $-$, $+$, $+$

07 (1) 88 cm^3 (2) 176 cm^3
      (3) 78 cm^3 (4) 270 cm^3
      (5) 168π cm^3 (6) 115π cm^3
      (7) 91π cm^3 (8) 224π cm^3

01 (1) (부피)$=\left(\dfrac{1}{2}\times3\times4\right)\times6=36(\text{cm}^3)$

(2) (부피)$=\left(\dfrac{1}{2}\times6\times8\right)\times7=168(\text{cm}^3)$

(3) (부피)$=\left(\dfrac{1}{2}\times5\times12\right)\times6=180(\text{cm}^3)$

(4) (부피)$=\left(\dfrac{1}{2}\times6\times4\right)\times7=84(\text{cm}^3)$

(5) (부피)$=\left(\dfrac{1}{2}\times8\times3\right)\times6=72(\text{cm}^3)$

02 (1) (부피)$=(3\times2)\times4=24(\text{cm}^3)$

(2) (부피)$=(7\times5)\times3=105(\text{cm}^3)$

(3) (부피)$=\left\{\dfrac{1}{2}\times(4+7)\times4\right\}\times9=198(\text{cm}^3)$

(4) (부피)$=\left\{\dfrac{1}{2}\times(10+4)\times4\right\}\times8=224(\text{cm}^3)$

(5) (부피)$=\left\{\dfrac{1}{2}\times(5+8)\times4\right\}\times10=260(\text{cm}^3)$

03 (1) 높이를 h cm라 하면
$\left(\dfrac{1}{2}\times7\times4\right)\times h=70$, $14h=70$ $\therefore h=5$

(2) 높이를 h cm라 하면
$\left(\dfrac{1}{2}\times5\times8\right)\times h=180$, $20h=180$ $\therefore h=9$

(3) 높이를 h cm라 하면
$(4\times6)\times h=168$, $24h=168$ $\therefore h=7$

(4) 높이를 h cm라 하면
$\left\{\dfrac{1}{2}\times(5+8)\times4\right\}\times h=208$, $26h=208$ $\therefore h=8$

04 (1) (부피)$=(\pi\times3^2)\times7=63\pi(\text{cm}^3)$

(2) (부피)$=(\pi\times4^2)\times6=96\pi(\text{cm}^3)$

(3) (부피)$=(\pi\times2^2)\times10=40\pi(\text{cm}^3)$

(4) (부피)$=(\pi\times5^2)\times7=175\pi(\text{cm}^3)$

05 (1) 높이를 h cm라 하면
$(\pi\times3^2)\times h=99\pi$, $9h=99$ $\therefore h=11$

(2) 높이를 h cm라 하면
$(\pi\times4^2)\times h=80\pi$, $16h=80$ $\therefore h=5$

(3) 높이를 h cm라 하면
$(\pi\times5^2)\times h=150\pi$, $25h=150$ $\therefore h=6$

(4) 높이를 h cm라 하면
$(\pi\times6^2)\times h=108\pi$, $36h=108$ $\therefore h=3$

(5) 높이를 h cm라 하면
$(\pi\times7^2)\times h=245\pi$, $49h=245$ $\therefore h=5$

(6) 높이를 h cm라 하면
$(\pi\times10^2)\times h=700\pi$, $100h=700$ $\therefore h=7$

06 (1) (부피)$=\left(\pi\times4^2\times\dfrac{90}{360}\right)\times6=24\pi(\text{cm}^3)$

(2) (부피)$=\left(\pi\times9^2\times\dfrac{80}{360}\right)\times10=180\pi(\text{cm}^3)$

(3) (부피)$=\left(\pi\times6^2\times\dfrac{30}{360}\right)\times7=21\pi(\text{cm}^3)$

(4) (부피)$=\left(\pi\times6^2\times\dfrac{120}{360}\right)\times8=96\pi(\text{cm}^3)$

(5) (부피)$=\left(\pi\times8^2\times\dfrac{135}{360}\right)\times10=240\pi(\text{cm}^3)$

07 (1) $(6\times4\times4)-(1\times2\times4)=96-8=88(\text{cm}^3)$

(2) $(5\times5\times8)-(2\times3\times4)=200-24=176(\text{cm}^3)$

(3) $(7\times5\times2)+(2\times2\times2)=70+8=78(\text{cm}^3)$

(4) $(5\times9\times5)+(5\times3\times3)$
   $=225+45$
   $=270(\text{cm}^3)$

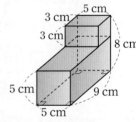

(5) $(\pi\times5^2\times8)-(\pi\times2^2\times8)=200\pi-32\pi$
                           $=168\pi(\text{cm}^3)$

(6) $(\pi\times4^2\times10)-(\pi\times3^2\times5)=160\pi-45\pi$
                           $=115\pi(\text{cm}^3)$

(7) $(\pi\times5^2\times3)+(\pi\times2^2\times4)=75\pi+16\pi=91\pi(\text{cm}^3)$

(8) $(\pi\times6^2\times4)+(\pi\times4^2\times5)=144\pi+80\pi$
                           $=224\pi(\text{cm}^3)$

뿔의 겉넓이

132~137쪽

각뿔의 겉넓이

> 옆넓이

01 (1) 4, 16, 6, 48, 16, 48, 64

　　(2) 75 cm² 　　　　　　(3) 132 cm²

　　(4) 176 cm² 　　　　　　(5) 189 cm²

02 (1) 4 　　　　　　　　(2) 7

　　(3) 5 　　　　　　　　(4) 8

03 (1) 6, 40, 6, 4, 64, 40, 64, 104

　　(2) 178 cm² 　　　　　　(3) 246 cm²

원뿔의 겉넓이

> $\pi r l$

04 (1) 3, 9π, 7, 21π, 9π, 21π, 30π

　　(2) 14π cm² 　　　　　(3) 48π cm²

　　(4) 96π cm² 　　　　　(5) 70π cm²

　　(6) 154π cm²

05 (1) 12, 150, 5, 5, 5, 85π 　(2) 20π cm²

　　(3) 36π cm² 　　　　　(4) 65π cm²

　　(5) 52π cm² 　　　　　(6) 56π cm²

06 (1) 240, 6, 9, 6, 9, 90π 　(2) 22π cm²

　　(3) 48π cm² 　　　　　(4) 100π cm²

　　(5) 132π cm² 　　　　(6) 133π cm²

07 (1) 4, 20π, 12, 6, 36π, 20π, 36π, 56π

　　(2) 90π cm² 　　　　　(3) 82π cm²

　　(4) 158π cm² 　　　　(5) 131π cm²

　　(6) 210π cm²

01 (2) (밑넓이)$=5\times5=25(cm^2)$

　　　(옆넓이)$=\left(\dfrac{1}{2}\times5\times5\right)\times4=50(cm^2)$

　　　∴ (겉넓이)$=25+50=75(cm^2)$

　　(3) (밑넓이)$=6\times6=36(cm^2)$

　　　(옆넓이)$=\left(\dfrac{1}{2}\times6\times8\right)\times4=96(cm^2)$

　　　∴ (겉넓이)$=36+96=132(cm^2)$

　　(4) (밑넓이)$=8\times8=64(cm^2)$

　　　(옆넓이)$=\left(\dfrac{1}{2}\times8\times7\right)\times4=112(cm^2)$

　　　∴ (겉넓이)$=64+112=176(cm^2)$

　　(5) (밑넓이)$=7\times7=49(cm^2)$

　　　(옆넓이)$=\left(\dfrac{1}{2}\times7\times10\right)\times4=140(cm^2)$

　　　∴ (겉넓이)$=49+140=189(cm^2)$

02 (1) (밑넓이)$=3\times3=9(cm^2)$

　　　(옆넓이)$=\left(\dfrac{1}{2}\times3\times x\right)\times4=6x(cm^2)$

　　　겉넓이가 33cm²이므로

　　　$9+6x=33,\ 6x=24$　∴ $x=4$

　　(2) (밑넓이)$=4\times4=16(cm^2)$

　　　(옆넓이)$=\left(\dfrac{1}{2}\times4\times x\right)\times4=8x(cm^2)$

　　　겉넓이가 72cm²이므로

　　　$16+8x=72,\ 8x=56$　∴ $x=7$

　　(3) (밑넓이)$=6\times6=36(cm^2)$

　　　(옆넓이)$=\left(\dfrac{1}{2}\times6\times x\right)\times4=12x(cm^2)$

　　　겉넓이가 96cm²이므로

　　　$36+12x=96,\ 12x=60$　∴ $x=5$

　　(4) (밑넓이)$=9\times9=81(cm^2)$

　　　(옆넓이)$=\left(\dfrac{1}{2}\times9\times x\right)\times4=18x(cm^2)$

　　　겉넓이가 225cm²이므로

　　　$81+18x=225,\ 18x=144$　∴ $x=8$

03 (2) (두 밑넓이의 합)$=3\times3+7\times7=58(cm^2)$

　　　(옆넓이)$=\left\{\dfrac{1}{2}\times(3+7)\times6\right\}\times4=120(cm^2)$

　　　∴ (겉넓이)$=58+120=178(cm^2)$

　　(3) (두 밑넓이의 합)$=5\times5+9\times9=106(cm^2)$

　　　(옆넓이)$=\left\{\dfrac{1}{2}\times(5+9)\times5\right\}\times4=140(cm^2)$

　　　∴ (겉넓이)$=106+140=246(cm^2)$

04 (2) (밑넓이)$=\pi\times2^2=4\pi(cm^2)$

　　　(옆넓이)$=\pi\times2\times5=10\pi(cm^2)$

　　　∴ (겉넓이)$=4\pi+10\pi=14\pi(cm^2)$

　　(3) (밑넓이)$=\pi\times4^2=16\pi(cm^2)$

　　　(옆넓이)$=\pi\times4\times8=32\pi(cm^2)$

　　　∴ (겉넓이)$=16\pi+32\pi=48\pi(cm^2)$

　　(4) (밑넓이)$=\pi\times6^2=36\pi(cm^2)$

　　　(옆넓이)$=\pi\times6\times10=60\pi(cm^2)$

　　　∴ (겉넓이)$=36\pi+60\pi=96\pi(cm^2)$

　　(5) (밑넓이)$=\pi\times5^2=25\pi(cm^2)$

　　　(옆넓이)$=\pi\times5\times9=45\pi(cm^2)$

　　　∴ (겉넓이)$=25\pi+45\pi=70\pi(cm^2)$

　　(6) (밑넓이)$=\pi\times7^2=49\pi(cm^2)$

　　　(옆넓이)$=\pi\times7\times15=105\pi(cm^2)$

　　　∴ (겉넓이)$=49\pi+105\pi=154\pi(cm^2)$

05 (2) 밑면의 반지름의 길이를 r cm라 하면

$$2\pi r = 2\pi \times 8 \times \frac{90}{360}$$ 이므로 $r=2$

$\therefore$ (겉넓이)$=\pi \times 2^2 + \pi \times 2 \times 8 = 20\pi(\text{cm}^2)$

(3) 밑면의 반지름의 길이를 r cm라 하면

$$2\pi r = 2\pi \times 9 \times \frac{120}{360}$$ 이므로 $r=3$

$\therefore$ (겉넓이)$=\pi \times 3^2 + \pi \times 3 \times 9 = 36\pi(\text{cm}^2)$

(4) 밑면의 반지름의 길이를 r cm라 하면

$$2\pi r = 2\pi \times 8 \times \frac{225}{360}$$ 이므로 $r=5$

$\therefore$ (겉넓이)$=\pi \times 5^2 + \pi \times 5 \times 8 = 65\pi(\text{cm}^2)$

(5) 밑면의 반지름의 길이를 r cm라 하면

$$2\pi r = 2\pi \times 9 \times \frac{160}{360}$$ 이므로 $r=4$

$\therefore$ (겉넓이)$=\pi \times 4^2 + \pi \times 4 \times 9 = 52\pi(\text{cm}^2)$

(6) 밑면의 반지름의 길이를 r cm라 하면

$$2\pi r = 2\pi \times 10 \times \frac{144}{360}$$ 이므로 $r=4$

$\therefore$ (겉넓이)$=\pi \times 4^2 + \pi \times 4 \times 10 = 56\pi(\text{cm}^2)$

06 (2) 원뿔의 모선의 길이를 l cm라 하면

$$2\pi \times l \times \frac{80}{360} = 2\pi \times 2$$ 이므로 $l=9$

$\therefore$ (겉넓이)$=\pi \times 2^2 + \pi \times 2 \times 9 = 22\pi(\text{cm}^2)$

(3) 원뿔의 모선의 길이를 l cm라 하면

$$2\pi \times l \times \frac{180}{360} = 2\pi \times 4$$ 이므로 $l=8$

$\therefore$ (겉넓이)$=\pi \times 4^2 + \pi \times 4 \times 8 = 48\pi(\text{cm}^2)$

(4) 원뿔의 모선의 길이를 l cm라 하면

$$2\pi \times l \times \frac{120}{360} = 2\pi \times 5$$ 이므로 $l=15$

$\therefore$ (겉넓이)$=\pi \times 5^2 + \pi \times 5 \times 15 = 100\pi(\text{cm}^2)$

(5) 원뿔의 모선의 길이를 l cm라 하면

$$2\pi \times l \times \frac{135}{360} = 2\pi \times 6$$ 이므로 $l=16$

$\therefore$ (겉넓이)$=\pi \times 6^2 + \pi \times 6 \times 16 = 132\pi(\text{cm}^2)$

(6) 원뿔의 모선의 길이를 l cm라 하면

$$2\pi \times l \times \frac{210}{360} = 2\pi \times 7$$ 이므로 $l=12$

$\therefore$ (겉넓이)$=\pi \times 7^2 + \pi \times 7 \times 12 = 133\pi(\text{cm}^2)$

07 (2) (두 밑넓이의 합)$=\pi \times 3^2 + \pi \times 6^2 = 45\pi(\text{cm}^2)$

(옆넓이)$=\pi \times 6 \times 10 - \pi \times 3 \times 5 = 45\pi(\text{cm}^2)$

$\therefore$ (겉넓이)$=45\pi + 45\pi = 90\pi(\text{cm}^2)$

(3) (두 밑넓이의 합)$=\pi \times 3^2 + \pi \times 5^2 = 34\pi(\text{cm}^2)$

(옆넓이)$=\pi \times 5 \times 15 - \pi \times 3 \times 9 = 48\pi(\text{cm}^2)$

$\therefore$ (겉넓이)$=34\pi + 48\pi = 82\pi(\text{cm}^2)$

(4) (두 밑넓이의 합)$=\pi \times 2^2 + \pi \times 8^2 = 68\pi(\text{cm}^2)$

(옆넓이)$=\pi \times 8 \times 12 - \pi \times 2 \times 3 = 90\pi(\text{cm}^2)$

$\therefore$ (겉넓이)$=68\pi + 90\pi = 158\pi(\text{cm}^2)$

(5) (두 밑넓이의 합)$=\pi \times 4^2 + \pi \times 7^2 = 65\pi(\text{cm}^2)$

(옆넓이)$=\pi \times 7 \times 14 - \pi \times 4 \times 8 = 66\pi(\text{cm}^2)$

$\therefore$ (겉넓이)$=65\pi + 66\pi = 131\pi(\text{cm}^2)$

(6) (두 밑넓이의 합)$=\pi \times 3^2 + \pi \times 9^2 = 90\pi(\text{cm}^2)$

(옆넓이)$=\pi \times 9 \times 15 - \pi \times 3 \times 5 = 120\pi(\text{cm}^2)$

$\therefore$ (겉넓이)$=90\pi + 120\pi = 210\pi(\text{cm}^2)$

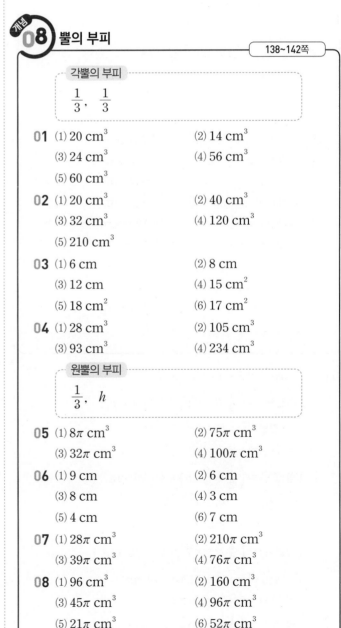

개념 08 뿔의 부피

138~142쪽

각뿔의 부피

$$\frac{1}{3}, \quad \frac{1}{3}$$

01 (1) 20 cm³   (2) 14 cm³

(3) 24 cm³   (4) 56 cm³

(5) 60 cm³

02 (1) 20 cm³   (2) 40 cm³

(3) 32 cm³   (4) 120 cm³

(5) 210 cm³

03 (1) 6 cm   (2) 8 cm

(3) 12 cm   (4) 15 cm²

(5) 18 cm²   (6) 17 cm²

04 (1) 28 cm³   (2) 105 cm³

(3) 93 cm³   (4) 234 cm³

원뿔의 부피

$$\frac{1}{3}, \quad h$$

05 (1) 8π cm³   (2) 75π cm³

(3) 32π cm³   (4) 100π cm³

06 (1) 9 cm   (2) 6 cm

(3) 8 cm   (4) 3 cm

(5) 4 cm   (6) 7 cm

07 (1) 28π cm³   (2) 210π cm³

(3) 39π cm³   (4) 76π cm³

08 (1) 96 cm³   (2) 160 cm³

(3) 45π cm³   (4) 96π cm³

(5) 21π cm³   (6) 52π cm³

01 (1) $(부피)=\dfrac{1}{3}\times\left(\dfrac{1}{2}\times4\times5\right)\times6=20(cm^3)$

(2) $(부피)=\dfrac{1}{3}\times\left(\dfrac{1}{2}\times3\times4\right)\times7=14(cm^3)$

(3) $(부피)=\dfrac{1}{3}\times\left(\dfrac{1}{2}\times4\times6\right)\times6=24(cm^3)$

(4) $(부피)=\dfrac{1}{3}\times\left(\dfrac{1}{2}\times7\times6\right)\times8=56(cm^3)$

(5) $(부피)=\dfrac{1}{3}\times\left(\dfrac{1}{2}\times5\times9\right)\times8=60(cm^3)$

02 (1) $(부피)=\dfrac{1}{3}\times(4\times3)\times5=20(cm^3)$

(2) $(부피)=\dfrac{1}{3}\times(6\times5)\times4=40(cm^3)$

(3) $(부피)=\dfrac{1}{3}\times(4\times4)\times6=32(cm^3)$

(4) $(부피)=\dfrac{1}{3}\times(9\times5)\times8=120(cm^3)$

(5) $(부피)=\dfrac{1}{3}\times(10\times7)\times9=210(cm^3)$

03 (1) 높이를 $h\,cm$라 하면 $\dfrac{1}{3}\times10\times h=20$ $\therefore h=6$

(2) 높이를 $h\,cm$라 하면 $\dfrac{1}{3}\times12\times h=32$ $\therefore h=8$

(3) 높이를 $h\,cm$라 하면 $\dfrac{1}{3}\times15\times h=60$ $\therefore h=12$

(4) 밑면의 넓이를 $S\,cm^2$라 하면

$\dfrac{1}{3}\times S\times5=25$ $\therefore S=15$

(5) 밑면의 넓이를 $S\,cm^2$라 하면

$\dfrac{1}{3}\times S\times9=54$ $\therefore S=18$

(6) 밑면의 넓이를 $S\,cm^2$라 하면

$\dfrac{1}{3}\times S\times12=68$ $\therefore S=17$

04 (1) $(부피)=\dfrac{1}{3}\times(4\times4)\times6-\dfrac{1}{3}\times(2\times2)\times3$

$=32-4=28(cm^3)$

(2) $(부피)=\dfrac{1}{3}\times(6\times6)\times10-\dfrac{1}{3}\times(3\times3)\times5$

$=120-15=105(cm^3)$

(3) $(부피)=\dfrac{1}{3}\times(7\times7)\times7-\dfrac{1}{3}\times(4\times4)\times4$

$=\dfrac{343}{3}-\dfrac{64}{3}=93(cm^3)$

(4) $(부피)=\dfrac{1}{3}\times(9\times9)\times9-\dfrac{1}{3}\times(3\times3)\times3$

$=243-9=234(cm^3)$

05 (1) $(부피)=\dfrac{1}{3}\times(\pi\times2^2)\times6=8\pi(cm^3)$

(2) $(부피)=\dfrac{1}{3}\times(\pi\times5^2)\times9=75\pi(cm^3)$

(3) $(부피)=\dfrac{1}{3}\times(\pi\times4^2)\times6=32\pi(cm^3)$

(4) $(부피)=\dfrac{1}{3}\times(\pi\times5^2)\times12=100\pi(cm^3)$

06 (1) 원뿔의 높이를 $h\,cm$라 하면

$\dfrac{1}{3}\times(\pi\times3^2)\times h=27\pi$ $\therefore h=9$

(2) 원뿔의 높이를 $h\,cm$라 하면

$\dfrac{1}{3}\times(\pi\times4^2)\times h=32\pi$ $\therefore h=6$

(3) 원뿔의 높이를 $h\,cm$라 하면

$\dfrac{1}{3}\times(\pi\times6^2)\times h=96\pi$ $\therefore h=8$

(4) 밑면의 반지름의 길이를 $r\,cm$라 하면

$\dfrac{1}{3}\times\pi r^2\times5=15\pi,\ r^2=9$ $\therefore r=3$

(5) 밑면의 반지름의 길이를 $r\,cm$라 하면

$\dfrac{1}{3}\times\pi r^2\times9=48\pi,\ r^2=16$ $\therefore r=4$

(6) 밑면의 반지름의 길이를 $r\,cm$라 하면

$\dfrac{1}{3}\times\pi r^2\times6=98\pi,\ r^2=49$ $\therefore r=7$

07 (1) $(부피)=\dfrac{1}{3}\times(\pi\times4^2)\times6-\dfrac{1}{3}\times(\pi\times2^2)\times3$

$=32\pi-4\pi=28\pi(cm^3)$

(2) $(부피)=\dfrac{1}{3}\times(\pi\times6^2)\times20-\dfrac{1}{3}\times(\pi\times3^2)\times10$

$=240\pi-30\pi=210\pi(cm^3)$

(3) $(부피)=\dfrac{1}{3}\times(\pi\times5^2)\times5-\dfrac{1}{3}\times(\pi\times2^2)\times2$

$=\dfrac{125}{3}\pi-\dfrac{8}{3}\pi=39\pi(cm^3)$

(4) $(부피)=\dfrac{1}{3}\times(\pi\times6^2)\times9-\dfrac{1}{3}\times(\pi\times4^2)\times6$

$=108\pi-32\pi=76\pi(cm^3)$

08 (1) $(4\times4)\times5+\dfrac{1}{3}\times(4\times4)\times3=80+16=96(cm^3)$

(2) $(6\times5)\times4+\dfrac{1}{3}\times(6\times5)\times4=120+40=160(cm^3)$

(3) $(\pi\times3^2)\times4+\dfrac{1}{3}\times(\pi\times3^2)\times3$

$=36\pi+9\pi=45\pi(cm^3)$

(4) $(\pi \times 4^2) \times 4 + \dfrac{1}{3} \times (\pi \times 4^2) \times 6$

$\quad = 64\pi + 32\pi = 96\pi(\text{cm}^3)$

(5) $\dfrac{1}{3} \times (\pi \times 3^2) \times 2 + \dfrac{1}{3} \times (\pi \times 3^2) \times 5$

$\quad = 6\pi + 15\pi = 21\pi(\text{cm}^3)$

(6) $\dfrac{1}{3} \times (\pi \times 2^2) \times 3 + \dfrac{1}{3} \times (\pi \times 6^2) \times 4$

$\quad = 4\pi + 48\pi = 52\pi(\text{cm}^3)$

개념 09 구의 겉넓이

143~145쪽

구의 겉넓이
4, r^2

01 (1) 36π cm^2 (2) 64π cm^2
(3) 144π cm^2 (4) 100π cm^2
(5) 196π cm^2 (6) 324π cm^2
(7) 400π cm^2

02 (1) 27π cm^2 (2) 75π cm^2
(3) 108π cm^2 (4) 32π cm^2
(5) 50π cm^2 (6) 20π cm^2
(7) 45π cm^2 (8) 125π cm^2
(9) 16π cm^2 (10) 36π cm^2
(11) 100π cm^2 (12) 144π cm^2
(13) 17π cm^2 (14) 68π cm^2
(15) 153π cm^2 (16) 272π cm^2

01 (1) $4\pi \times 3^2 = 36\pi(\text{cm}^2)$ (2) $4\pi \times 4^2 = 64\pi(\text{cm}^2)$
(3) $4\pi \times 6^2 = 144\pi(\text{cm}^2)$ (4) $4\pi \times 5^2 = 100\pi(\text{cm}^2)$
(5) $4\pi \times 7^2 = 196\pi(\text{cm}^2)$ (6) $4\pi \times 9^2 = 324\pi(\text{cm}^2)$
(7) $4\pi \times 10^2 = 400\pi(\text{cm}^2)$

02 (1) $(4\pi \times 3^2) \times \dfrac{1}{2} + \pi \times 3^2 = 18\pi + 9\pi = 27\pi(\text{cm}^2)$

(2) $(4\pi \times 5^2) \times \dfrac{1}{2} + \pi \times 5^2 = 50\pi + 25\pi = 75\pi(\text{cm}^2)$

(3) $(4\pi \times 6^2) \times \dfrac{1}{2} + \pi \times 6^2 = 72\pi + 36\pi = 108\pi(\text{cm}^2)$

(4) $(4\pi \times 4^2) \times \dfrac{1}{4} + \left(\pi \times 4^2 \times \dfrac{1}{2}\right) \times 2$

$\quad = 16\pi + 16\pi = 32\pi(\text{cm}^2)$

(5) $(4\pi \times 5^2) \times \dfrac{1}{4} + \left(\pi \times 5^2 \times \dfrac{1}{2}\right) \times 2$

$\quad = 25\pi + 25\pi = 50\pi(\text{cm}^2)$

(6) $(4\pi \times 4^2) \times \dfrac{1}{8} + \left(\pi \times 4^2 \times \dfrac{1}{4}\right) \times 3$

$\quad = 8\pi + 12\pi = 20\pi(\text{cm}^2)$

(7) $(4\pi \times 6^2) \times \dfrac{1}{8} + \left(\pi \times 6^2 \times \dfrac{1}{4}\right) \times 3$

$\quad = 18\pi + 27\pi = 45\pi(\text{cm}^2)$

(8) $(4\pi \times 10^2) \times \dfrac{1}{8} + \left(\pi \times 10^2 \times \dfrac{1}{4}\right) \times 3$

$\quad = 50\pi + 75\pi = 125\pi(\text{cm}^2)$

(9) $(4\pi \times 2^2) \times \dfrac{3}{4} + \left(\pi \times 2^2 \times \dfrac{1}{2}\right) \times 2$

$\quad = 12\pi + 4\pi = 16\pi(\text{cm}^2)$

(10) $(4\pi \times 3^2) \times \dfrac{3}{4} + \left(\pi \times 3^2 \times \dfrac{1}{2}\right) \times 2$

$\quad = 27\pi + 9\pi = 36\pi(\text{cm}^2)$

(11) $(4\pi \times 5^2) \times \dfrac{3}{4} + \left(\pi \times 5^2 \times \dfrac{1}{2}\right) \times 2$

$\quad = 75\pi + 25\pi = 100\pi(\text{cm}^2)$

(12) $(4\pi \times 6^2) \times \dfrac{3}{4} + \left(\pi \times 6^2 \times \dfrac{1}{2}\right) \times 2$

$\quad = 108\pi + 36\pi = 144\pi(\text{cm}^2)$

(13) $(4\pi \times 2^2) \times \dfrac{7}{8} + \left(\pi \times 2^2 \times \dfrac{1}{4}\right) \times 3$

$\quad = 14\pi + 3\pi = 17\pi(\text{cm}^2)$

(14) $(4\pi \times 4^2) \times \dfrac{7}{8} + \left(\pi \times 4^2 \times \dfrac{1}{4}\right) \times 3$

$\quad = 56\pi + 12\pi = 68\pi(\text{cm}^2)$

(15) $(4\pi \times 6^2) \times \dfrac{7}{8} + \left(\pi \times 6^2 \times \dfrac{1}{4}\right) \times 3$

$\quad = 126\pi + 27\pi = 153\pi(\text{cm}^2)$

(16) $(4\pi \times 8^2) \times \dfrac{7}{8} + \left(\pi \times 8^2 \times \dfrac{1}{4}\right) \times 3$

$\quad = 224\pi + 48\pi = 272\pi(\text{cm}^2)$

개념 10 구의 부피

146~149쪽

구의 부피
$\dfrac{4}{3}$, r^3

01 (1) 36π cm^3 (2) $\dfrac{256}{3}\pi$ cm^3
(3) 288π cm^3 (4) $\dfrac{9}{2}\pi$ cm^3
(5) $\dfrac{32}{3}\pi$ cm^3 (6) $\dfrac{500}{3}\pi$ cm^3

(7) 972π cm^3

02 (1) 144π cm^3 (2) $\dfrac{250}{3}\pi$ cm^3

(3) 9π cm^3 (4) $\dfrac{64}{3}\pi$ cm^3

(5) $\dfrac{9}{2}\pi$ cm^3 (6) $\dfrac{32}{3}\pi$ cm^3

(7) 125π cm^3 (8) 252π cm^3

03 (1) 72π cm^3 (2) $\dfrac{76}{3}\pi$ cm^3

(3) 30π cm^3 (4) $\dfrac{140}{3}\pi$ cm^3

(5) 48π cm^3 (6) $\dfrac{304}{3}\pi$ cm^3

04 (1) 4   (2) 4

(3) 9   (4) 6

(5) 5   (6) 8

---

01 (1) $\dfrac{4}{3}\pi \times 3^3 = 36\pi$ (cm^3)

(2) $\dfrac{4}{3}\pi \times 4^3 = \dfrac{256}{3}\pi$ (cm^3)

(3) $\dfrac{4}{3}\pi \times 6^3 = 288\pi$ (cm^3)

(4) $\dfrac{4}{3}\pi \times \left(\dfrac{3}{2}\right)^3 = \dfrac{9}{2}\pi$ (cm^3)

(5) $\dfrac{4}{3}\pi \times 2^3 = \dfrac{32}{3}\pi$ (cm^3)

(6) $\dfrac{4}{3}\pi \times 5^3 = \dfrac{500}{3}\pi$ (cm^3)

(7) $\dfrac{4}{3}\pi \times 9^3 = 972\pi$ (cm^3)

02 (1) $\left(\dfrac{4}{3}\pi \times 6^3\right) \times \dfrac{1}{2} = 144\pi$ (cm^3)

(2) $\left(\dfrac{4}{3}\pi \times 5^3\right) \times \dfrac{1}{2} = \dfrac{250}{3}\pi$ (cm^3)

(3) $\left(\dfrac{4}{3}\pi \times 3^3\right) \times \dfrac{1}{4} = 9\pi$ (cm^3)

(4) $\left(\dfrac{4}{3}\pi \times 4^3\right) \times \dfrac{1}{4} = \dfrac{64}{3}\pi$ (cm^3)

(5) $\left(\dfrac{4}{3}\pi \times 3^3\right) \times \dfrac{1}{8} = \dfrac{9}{2}\pi$ (cm^3)

(6) $\left(\dfrac{4}{3}\pi \times 4^3\right) \times \dfrac{1}{8} = \dfrac{32}{3}\pi$ (cm^3)

(7) $\left(\dfrac{4}{3}\pi \times 5^3\right) \times \dfrac{3}{4} = 125\pi$ (cm^3)

(8) $\left(\dfrac{4}{3}\pi \times 6^3\right) \times \dfrac{7}{8} = 252\pi$ (cm^3)

03 (1) $\left(\dfrac{4}{3}\pi \times 3^3 \times \dfrac{1}{2}\right) \times 2 + (\pi \times 3^2) \times 4$

$= 36\pi + 36\pi = 72\pi$ (cm^3)

(2) $\left(\dfrac{4}{3}\pi \times 2^3\right) \times \dfrac{1}{2} + (\pi \times 2^2) \times 5$

$= \dfrac{16}{3}\pi + 20\pi = \dfrac{76}{3}\pi$ (cm^3)

(3) $\left(\dfrac{4}{3}\pi \times 3^3\right) \times \dfrac{1}{2} + \dfrac{1}{3} \times (\pi \times 3^2) \times 4$

$= 18\pi + 12\pi = 30\pi$ (cm^3)

(4) $\dfrac{1}{3} \times (\pi \times 2^2) \times 3 + \left(\dfrac{4}{3}\pi \times 4^3\right) \times \dfrac{1}{2}$

$= 4\pi + \dfrac{128}{3}\pi = \dfrac{140}{3}\pi$ (cm^3)

(5) $\left(\dfrac{4}{3}\pi \times 2^3\right) \times \dfrac{1}{2} + \left(\dfrac{4}{3}\pi \times 4^3\right) \times \dfrac{1}{2}$

$= \dfrac{16}{3}\pi + \dfrac{128}{3}\pi = 48\pi$ (cm^3)

(6) $\left(\dfrac{4}{3}\pi \times 3^3\right) \times \dfrac{1}{2} + \left(\dfrac{4}{3}\pi \times 5^3\right) \times \dfrac{1}{2}$

$= 18\pi + \dfrac{250}{3}\pi = \dfrac{304}{3}\pi$ (cm^3)

04 (1) $\dfrac{4}{3}\pi \times 3^3 = \pi \times 3^2 \times x$ $\therefore x = 4$

(2) $\dfrac{4}{3}\pi \times 4^3 = \dfrac{1}{3} \times \pi \times 8^2 \times x$ $\therefore x = 4$

(3) $\left(\dfrac{4}{3}\pi \times 6^3\right) \times \dfrac{1}{2} = \pi \times 4^2 \times x$ $\therefore x = 9$

(4) $\left(\dfrac{4}{3}\pi \times 3^3\right) \times \dfrac{1}{2} = \dfrac{1}{3} \times \pi \times 3^2 \times x$ $\therefore x = 6$

(5) $\left(\dfrac{4}{3}\pi \times 5^3\right) \times \dfrac{3}{4} = \pi \times 5^2 \times x$ $\therefore x = 5$

(6) $\left(\dfrac{4}{3}\pi \times 6^3\right) \times \dfrac{3}{4} = \dfrac{1}{3} \times \pi \times 9^2 \times x$ $\therefore x = 8$

내신 도전		150~151쪽
01 ③	**02** 132 cm^2	**03** 56 cm^2
04 21	**05** ②	**06** 52π cm^2
07 50 cm^3	**08** 39 cm^3	**09** 58 cm^3
10 ①	**11** 40π cm^3	**12** 372π cm^3

01 높이를 h cm라 하면 부피가 100 cm^3
이므로 $5 \times 5 \times h = 100$ $\therefore h = 4$
따라서 옆넓이는
$(5+5+5+5) \times 4 = 80$ (cm^2)

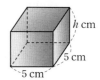

02 $(\text{겉넓이}) = \left(\dfrac{1}{2} \times 8 \times 3\right) \times 2 + (5+8+5) \times 6$
$= 24 + 108 = 132(\text{cm}^2)$

03 $(\text{겉넓이}) = 4 \times 4 + \left(\dfrac{1}{2} \times 4 \times 5\right) \times 4$
$= 16 + 40 = 56(\text{cm}^2)$

04 $(\text{겉넓이}) = \left(\pi \times 3^2 \times \dfrac{1}{2}\right) \times 2 + \left(2\pi \times 3 \times \dfrac{1}{2} + 6\right) \times 10$
$= 39\pi + 60(\text{cm}^2)$
즉 $a=39$, $b=60$이므로 $b-a = 60-39 = 21$

05 모선의 길이를 x cm라 하면 겉넓이가 $60\pi\,\text{cm}^2$이므로
$\pi \times 4^2 + \pi \times 4 \times x = 60\pi$
$16 + 4x = 60$, $4x = 44$ $\qquad \therefore x = 11$

06 $(\text{겉넓이}) = (4\pi \times 4^2) \times \dfrac{1}{2} + \pi \times 4 \times 5$
$= 32\pi + 20\pi = 52\pi(\text{cm}^2)$

07 $(\text{밑넓이}) = \dfrac{1}{2} \times 5 \times 4 + 3 \times 5 = 25(\text{cm}^2)$
$\therefore (\text{부피}) = 25 \times 2 = 50(\text{cm}^3)$

08 $(\text{부피}) = \dfrac{1}{3} \times 5^2 \times 5 - \dfrac{1}{3} \times 2^2 \times 2 = \dfrac{125}{3} - \dfrac{8}{3} = 39(\text{cm}^3)$

09 $(\text{부피}) = 4^2 \times 4 - \dfrac{1}{3} \times \left(3^2 \times \dfrac{1}{2}\right) \times 4 = 64 - 6 = 58(\text{cm}^3)$

10 $(\text{원뿔의 부피}) = \dfrac{1}{3} \times \pi \times 3^2 \times 6 = 18\pi(\text{cm}^3)$
$(\text{구의 부피}) = \dfrac{4}{3} \pi \times 3^3 = 36\pi(\text{cm}^3)$
$(\text{원기둥의 부피}) = \pi \times 3^2 \times 6 = 54\pi(\text{cm}^3)$
따라서 구하는 부피의 비는 $18\pi : 36\pi : 54\pi = 1:2:3$

11 $(\text{부피}) = \pi \times 3^2 \times 4 + \dfrac{1}{3} \times \pi \times 2^2 \times 3$
$= 36\pi + 4\pi = 40\pi(\text{cm}^3)$

12 $(\text{부피}) = \dfrac{4}{3} \pi \times 7^3 - \dfrac{4}{3} \pi \times 4^3 = \dfrac{4}{3} \pi \times 279 = 372\pi(\text{cm}^3)$

대단원 평가
152~154쪽

01 ㄴ, ㄹ, ㅁ	**02** ②, ④	**03** 10
04 ⑤	**05** ㄱ, ㄹ	**06** $\overline{\text{BC}}$, $\overline{\text{AD}}$
07 ③, ⑤	**08** $16\pi\,\text{cm}^2$	**09** ②
10 $43\,\text{cm}^2$	**11** 4	**12** $82\pi\,\text{cm}^2$
13 ②	**14** 216	**15** $6:8:9$
16 $\dfrac{128}{3}\pi\,\text{cm}^3$	**17** $32\pi\,\text{cm}^3$	**18** 64

---

01 면의 개수는 다음과 같다.
ㄱ. $3+2=5$ ㄴ. $5+2=7$ ㄷ. $4+1=5$
ㄹ. $6+1=7$ ㅁ. $5+2=7$ ㅂ. $6+2=8$
따라서 칠면체는 ㄴ, ㄹ, ㅁ이다.

02 ② n각뿔은 면이 $(n+1)$개이므로 $(n+1)$면체이다.
④ 모든 면이 합동인 정다각형이고, 각 꼭짓점에 모인 면의 개수가 같은 다면체를 정다면체라고 한다.

03 n각뿔의 면의 개수는 $(n+1)$, 모서리의 개수는 $2n$, 꼭짓점의 개수는 $(n+1)$이므로
$(n+1) + 2n + (n+1) = 42$, $4n = 40$ $\qquad \therefore n = 10$

04 ① 정사면체 $-$ 4 ② 정육면체 $-$ 8
③ 정팔면체 $-$ 6 ④ 정십이면체 $-$ 20

05 ㄴ. 각 면과 평행한 면이 하나씩 있다.
ㄷ. 한 꼭짓점에 모인 면의 수는 4이다.

06 오른쪽 그림과 같이 $\overline{\text{BC}}$를 회전축으로 하여 1회전 시킬 때 생기는 회전체가 원뿔대이고, 모선은 $\overline{\text{AD}}$이다.

07 회전체를 회전축을 포함하는 평면으로 자를 때 생기는 단면은 원 또는 선대칭도형이다.

08 회전체를 회전축에 수직인 평면으로 자른 단면은 오른쪽 그림과 같다.
따라서 단면의 넓이는
$\pi \times 5^2 - \pi \times 3^2 = 16\pi(\text{cm}^2)$

09 작은 원의 반지름의 길이를 r cm라 하면
$2\pi \times r = 2\pi \times 8 \times \dfrac{90}{360}$ $\qquad \therefore r = 2$
큰 원의 반지름의 길이를 R cm라 하면
$2\pi \times R = 2\pi \times 12 \times \dfrac{90}{360}$ $\qquad \therefore R = 3$
$\therefore r + R = 2 + 3 = 5(\text{cm})$

10 $(\text{겉넓이}) = (5 \times 6) \times 2 + (5+6+5+6) \times 9$
$= 60 + 198 = 258(\text{cm}^2)$
따라서 구하는 정육면체의 한 면의 넓이는
$258 \div 6 = 43(\text{cm}^2)$

11 $\pi \times 4^2 \times 9 = \pi \times 6^2 \times h$, $144 = 36h$ $\qquad \therefore h = 4$

12 $(\text{겉넓이}) = \pi \times 4^2 + \pi \times 6^2 + (\pi \times 6 \times 9 - \pi \times 4 \times 6)$
$= 16\pi + 36\pi + 30\pi = 82\pi(\text{cm}^2)$

13 $\dfrac{1}{3} \times \left(\dfrac{1}{2} \times 6 \times 6\right) \times 6 = 36(\text{cm}^3)$

14 $(\text{밑넓이}) = \dfrac{1}{2} \times (6+3) \times 4 = 18(\text{cm}^2)$
$(\text{옆넓이}) = (5+6+4+3) \times 5 = 90(\text{cm}^2)$

$\therefore$ 겉넓이: $a=18\times2+90=126(\text{cm}^2)$

부피: $b=18\times5=90(\text{cm}^3)$

$\therefore a+b=126+90=216$

15 (원기둥의 부피)$=\pi\times2^2\times6=24\pi(\text{cm}^3)$

(원뿔의 부피)$=\dfrac{1}{3}\times\pi\times4^2\times6=32\pi(\text{cm}^3)$

(구의 부피)$=\dfrac{4}{3}\pi\times3^3=36\pi(\text{cm}^3)$

따라서 구하는 부피의 비는 $24\pi:32\pi:36\pi=6:8:9$

16 반구의 반지름의 길이를 $r\,\text{cm}$라 하면

$(4\pi\times r^2)\times\dfrac{1}{2}+\pi\times r^2=48\pi$, $r^2=16$ $\therefore r=4$

$\therefore$ (부피)$=\left(\dfrac{4}{3}\pi\times4^3\right)\times\dfrac{1}{2}=\dfrac{128}{3}\pi(\text{cm}^3)$

17 (부피)$=\dfrac{1}{3}\times(\pi\times5^2)\times6-\left(\dfrac{4}{3}\pi\times3^3\right)\times\dfrac{1}{2}$

$=50\pi-18\pi=32\pi(\text{cm}^3)$

18 (겉넓이)$=(6\times4)\times2+(6+4+6+4)\times5$

$=48+100=148(\text{cm}^2)$

(부피)$=6\times4\times5-(6-2)\times(4-1)\times(5-2)$

$=120-36=84(\text{cm}^3)$

즉 $a=148$, $b=84$이므로 $a-b=148-84=64$

Ⅳ 통계

Ⅳ-❶ 자료의 정리와 해석

개념 01 대푯값; 평균, 중앙값, 최빈값

156~159쪽

> **평균**
> 총합, 개수

01 (1) 14 (2) 8
(3) 9 (4) 11

02 (1) 20, 60, 16 (2) 10
(3) 3 (4) 22

03 (1) 5, 10, 10, 6 (2) 14
(3) 11 (4) 13
(5) 6

> **중앙값**
> 한가운데, 평균

04 (1) 7 (2) 82
(3) 40 (4) 15
(5) 17 (6) 76

05 (1) 10 (2) 7
(3) 82 (4) 34
(5) 14

> **최빈값**
> 많이

06 (1) 6 (2) 1
(3) 30, 60 (4) 15, 20
(5) 야구 (6) 입, 코

07 (1) 검정, 초록 (2) 귤
(3) 250 mL, 400 mL

08 (1) × (2) ◯
(3) ◯ (4) ×

09 (1) 45 / 47 / 50 (2) 14 / 12 / 12
(3) 28 / 28 / 22, 28 (4) 9 / 10 / 5

01 (1) $\dfrac{14+13+10+19}{4}=\dfrac{56}{4}=14$

(2) $\dfrac{2+6+7+9+16}{5}=\dfrac{40}{5}=8$

(3) $\dfrac{8+10+8+9+7+12}{6}=\dfrac{54}{6}=9$

(4) $\dfrac{5+10+13+17+8+11+13}{7}=\dfrac{77}{7}=11$

02 (2) $\dfrac{x+1+9+12}{4}=8$이므로

$x+22=32$　　$\therefore x=10$

(3) $\dfrac{6+4+2+x+10}{5}=5$이므로

$x+22=25$　　$\therefore x=3$

(4) $\dfrac{12+20+x+15+21}{5}=18$이므로

$x+68=90$　　$\therefore x=22$

03 (2) $\dfrac{a+b}{2}=12$에서 $a+b=24$

$\therefore (\text{평균})=\dfrac{(a+3)+(b+1)}{2}=\dfrac{24+4}{2}=14$

(3) $\dfrac{a+b}{2}=10$에서 $a+b=20$

$\therefore (\text{평균})=\dfrac{a+15+b+9}{4}=\dfrac{20+24}{4}=11$

(4) $\dfrac{a+b}{2}=9$에서 $a+b=18$

$\therefore (\text{평균})=\dfrac{a+(a+b)+(b+3)}{3}=\dfrac{36+3}{3}=13$

(5) $\dfrac{a+b+c}{3}=7$에서 $a+b+c=21$

$\therefore (\text{평균})=\dfrac{a+3+b+6+c}{5}=\dfrac{21+9}{5}=6$

04 (1) 변량을 작은 값부터 크기순으로 나열하면

1, 5, 7, 9, 10

변량의 개수가 홀수이므로 중앙값은 7

(2) 변량을 작은 값부터 크기순으로 나열하면

69, 70, 82, 88, 90

변량의 개수가 홀수이므로 중앙값은 82

(3) 변량을 작은 값부터 크기순으로 나열하면

28, 33, 35, 40, 41, 43, 51

변량의 개수가 홀수이므로 중앙값은 40

(4) 변량을 작은 값부터 크기순으로 나열하면

10, 12, 18, 21

변량의 개수가 짝수이므로 중앙값은 $\dfrac{12+18}{2}=15$

(5) 변량을 작은 값부터 크기순으로 나열하면

8, 11, 15, 19, 19, 23

변량의 개수가 짝수이므로 중앙값은 $\dfrac{15+19}{2}=17$

(6) 변량을 작은 값부터 크기순으로 나열하면

60, 62, 68, 75, 77, 81, 84, 90

변량의 개수가 짝수이므로 중앙값은 $\dfrac{75+77}{2}=76$

05 (1) 한가운데에 있는 값이 x이므로 $x=10$

(2) 한가운데에 있는 두 값이 5, x이므로

$\dfrac{5+x}{2}=6$에서 $5+x=12$　　$\therefore x=7$

(3) 한가운데에 있는 두 값이 x, 88이므로

$\dfrac{x+88}{2}=85$에서 $x+88=170$　　$\therefore x=82$

(4) 한가운데에 있는 두 값이 34, x이므로

$\dfrac{34+x}{2}=34$에서 $34+x=68$　　$\therefore x=34$

(5) 한가운데에 있는 두 값이 x, 22이므로

$\dfrac{x+22}{2}=18$에서 $x+22=36$　　$\therefore x=14$

08 (1) 최빈값은 자료가 수량으로 주어지지 않은 경우에도 사용할 수 있다.

(3) 변량의 개수가 짝수이면 한가운데에 있는 두 값의 평균이 중앙값이므로 자료에 없는 값이 될 수도 있다.

(4) 최빈값은 자료에 따라 둘 이상이 될 수도 있다.

09 (1) $(\text{평균})=\dfrac{44+50+50+36}{4}=\dfrac{180}{4}=45$

변량을 작은 값부터 크기순으로 나열하면

36, 44, 50, 50　　$\therefore (\text{중앙값})=\dfrac{44+50}{2}=47$

변량 중 가장 많이 나타난 값은 50 ➡ 최빈값: 50

(2) $(\text{평균})=\dfrac{12+19+16+11+12}{5}=\dfrac{70}{5}=14$

변량을 작은 값부터 크기순으로 나열하면

11, 12, 12, 16, 19 ➡ 중앙값: 12

변량 중 가장 많이 나타난 값은 12 ➡ 최빈값: 12

(3) $(\text{평균})=\dfrac{22+33+35+28+28+22}{6}=\dfrac{168}{6}=28$

변량을 작은 값부터 크기순으로 나열하면

22, 22, 28, 28, 33, 35　　$\therefore (\text{중앙값})=\dfrac{28+28}{2}=28$

변량 중 가장 많이 나타난 값은 22, 28 ➡ 최빈값: 22, 28

(4) $(\text{평균})=\dfrac{5+15+5+10+10+13+5}{7}=\dfrac{63}{7}=9$

변량을 작은 값부터 크기순으로 나열하면

5, 5, 5, 10, 10, 13, 15 ➡ 중앙값: 10

변량 중 가장 많이 나타난 값은 5 ➡ 최빈값: 5

160~163쪽

줄기와 잎 그림 그리기
십, 일, 줄기, 잎

01 (1)~(3) 해설 참조

줄기와 잎 그림 이해하기
왼, 오른, 잎

02 (1) 30 kg (2) 0, 2, 5, 7
(3) 3 (4) 20
(5) 6

03 (1) 0, 4, 5, 6, 8 (2) 3
(3) 8 (4) 25
(5) 44시간 (6) 31시간

04 (1) 22 (2) 24살
(3) 37살 (4) 66살
(5) 28살, 35살 (6) 19살

05 (1) 13 (2) 20
(3) 45회 (4) 143회
(5) 117회 (6) 104회

06 (1) 14 (2) 13
(3) 2 (4) A반
(5) 27권 (6) 15권

07 (1) 9 (2) 25
(3) 82점 (4) 33점
(5) 36%

01 (1)

(6│5는 65점)

줄기	잎			
6	5	8		
7	0	1	5	
8	0	4	5	8
9	2			

(2)

(0│8은 8시간)

줄기	잎					
0	8	9				
1	2	4	5	8	9	
2	1	1	3	4	5	8
3	2					

(3)

(12│0은 120 cm)

줄기	잎					
12	0	5	7			
13	0	1	4	5	8	
14	1	2	4	7	7	9
15	4	5	6	7		

02 (4) (잎의 총개수)$=3+6+7+4=20$
(5) 57, 58, 60, 62, 65, 67 ➡ 6개

03 (3) 25, 26, 27, 30, 31, 32, 32, 33 ➡ 8명
(4) (잎의 총개수)$=5+6+8+5+1=25$
(5) 변량이 큰 수부터 크기순으로 나열하면
57, 48, 46, 45, 44, …
이므로 5번째인 학생의 운동 시간은 44시간
(6) 변량의 개수가 홀수이므로 중앙값은 31시간

04 (1) (잎의 총개수)$=3+9+7+2+1=22$
(2) 변량이 작은 수부터 크기순으로 나열하면
14, 16, 17, 20, 23, 24, …
이므로 6번째인 회원의 나이는 24살
(3) 변량이 큰 수부터 크기순으로 나열하면
52, 49, 40, 37, …
이므로 4번째인 회원의 나이는 37살
(4) $14+52=66$(살)
(5) 자료의 변량 중 28, 35가 가장 많이 나타나므로
최빈값은 28살, 35살
(6) $\dfrac{14+16+17+20+23+24}{6}=\dfrac{114}{6}=19$(살)

05 (2) (잎의 총개수)$=7+4+5+1+3=20$
(3) $147-102=45$(회)
(4) $\dfrac{139+140+146+147}{4}=\dfrac{572}{4}=143$(회)
(5) 변량의 개수가 짝수이므로 중앙값은
$\dfrac{115+119}{2}=117$(회)
(6) 자료의 변량 중 104가 가장 많이 나타나므로
최빈값은 104회

06 (1) (왼쪽 잎의 총개수)$=3+5+4+2=14$
(2) (오른쪽 잎의 총개수)$=3+2+4+4=13$
(3) 줄기가 0, 1, 2, 3인 잎이 각각
$3+3=6$(개), $5+2=7$(개), $4+4=8$(개),
$2+4=6$(개)이므로 잎이 가장 많은 줄기는 2
(4) 독서량이 25권 이상인 학생 수는
A반: 26, 27, 30, 31 ➡ 4명
B반: 28, 32, 32, 35, 36 ➡ 5명

따라서 구하는 것은 A반이다.

(5) 변량이 큰 수부터 크기순으로 나열하면

    36, 35, 32, 32, 31, 30, 28, 27, …

    이므로 8번째인 학생의 독서량은 27권

(6) 자료의 변량 중 15가 가장 많이 나타나므로 최빈값은 15권

07 (1) 줄기가 6, 7, 8, 9인 잎이 각각

    $3+2=5$(개), $3+3=6$(개), $4+6=10$(개),

    $2+2=4$(개)이므로 잎이 가장 적은 줄기는 9

(2) 각 줄기의 잎의 총개수는 $5+6+10+4=25$

(3) 변량의 개수가 홀수이므로 중앙값은 82점

(4) $97-64=33$(점)

(5) 점수가 85점 초과인 학생은 남학생이 4명, 여학생이 5명

    이므로 $\dfrac{4+5}{25}\times100=36$(%)

개념03 도수분포표

164~167쪽

도수분포표 만들기

작은, 큰, 계급, 도수

01 (1)~(3) 해설 참조

도수분포표 이해하기

차, 변량, 2

02 (1) 3 / 10점   (2) 4 / 4분

    (3) 5 / 5kg

03 (1) 26   (2) 35

    (3) 8   (4) 11

04 (1) 5   (2) 50 g

    (3) 250 g 이상 300 g 미만   (4) 10개

    (5) 7개   (6) 13

05 (1) 70   (2) 10살

    (3) 5   (4) 15살 이상 25살 미만

    (5) 30살   (6) 35살 이상 45살 미만

06 (1) 4분   (2) 9명

    (3) 12명   (4) 38분

    (5) 30%   (6) 20%

07 (1) 20점   (2) 11명

    (3) 6명   (4) 130점

    (5) 5%   (6) 40%

---

01 (1)

던지기(m)	도수(명)	
$20^{이상}$ ~ $30^{미만}$	//	2
30 ~ 40	////	4
40 ~ 50	////	4
50 ~ 60	//	2
합계		12

(2)

몸무게(kg)	도수(명)	
$40^{이상}$ ~ $50^{미만}$	////	4
50 ~ 60	𝍸	5
60 ~ 70	///	3
합계		12

(3)

나이(살)	도수(명)	
$15^{이상}$ ~ $20^{미만}$	正	4
20 ~ 25	正	5
25 ~ 30	正一	6
30 ~ 35	下	3
합계		18

03 (1) $11+4+9+2=26$

(2) $6+14+12+3=35$

(3) $30-(4+13+5)=8$

(4) $50-(7+18+14)=11$

04 (2) $250-200=50$(g)

(6) $9+4=13$

05 (1) $5+18+21+10+16=70$

(2) $15-5=10$(살)

(5) 도수가 가장 큰 계급은 나이가 25살 이상 35살 미만이므로

    (계급값)$=\dfrac{25+35}{2}=30$(살)

(6) 45살 이상인 사람 수는 16,

    35살 이상인 사람수는 $10+16=26$이므로

    나이가 20번째로 많은 사람이 속하는 계급은

    35살 이상 45살 미만

06 (1) $24-20=4$(분)

(3) $30-(3+9+4+2)=12$(명)

(4) 도수가 가장 작은 계급은 36분 이상 40분 미만이므로

    (계급값)$=\dfrac{36+40}{2}=38$(분)

(5) 도수가 두 번째로 큰 계급의 도수는 9,

    도수의 총합은 30이므로 $\dfrac{9}{30}\times100=30$(%)

(6) 기록이 32분 이상 40분 미만인 사람 수는 4+2=6,

전체 학생 수는 30이므로 $\frac{6}{30} \times 100 = 20(\%)$

07 (1) 120−100=20(점)

(3) 40−(5+11+16+2)=6(명)

(4) 도수가 두 번째로 큰 계급은 120점 이상 140점 미만이므로

(계급값) $= \frac{120+140}{2} = 130$(점)

(5) 도수가 가장 작은 계급의 도수는 2,

도수의 총합은 40이므로 $\frac{2}{40} \times 100 = 5(\%)$

(6) 100점 이상 140점 미만인 학생 수는 5+11=16,

전체 학생 수는 40이므로 $\frac{16}{40} \times 100 = 40(\%)$

04 히스토그램

168~171쪽

히스토그램으로 나타내기

계급, 도수, 가로, 세로

01 (1)~(3) 해설 참조

히스토그램 이해하기

크기, 도수

02 (1) 직사각형, 5　　　　　(2) 가로, 15

(3) 세로, 6　　　　　(4) 세로, 15, 30

(5) 세로, 10, 3, 25

03 (1) 5　　　　　(2) 3자루

(3) 7명

(4) 15자루 이상 18자루 미만

(5) 10명　　　　　(6) 30

04 (1) 4 m　　　　　(2) 11

(3) 26　　　　　(4) 18 m

(5) 12　　　　　(6) 104

05 (1) 5 kg　　　　　(2) 24

(3) 40　　　　　(4) 35 %

(5) 40　　　　　(6) 200

06 (1) 6　　　　　(2) 5

(3) 9

07 (1) 10　　　　　(2) 42건 이상 48건 미만

(3) 240　　　　　(4) 42

(5) 54　　　　　(6) 60

01 (1) (명)

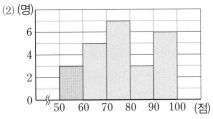

(2) (명)

(3) (개)

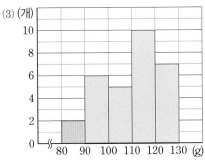

03 (2) 6−3=3(자루)

(5) 9자루 이상 12자루 미만인 계급이므로 도수는 10명

(6) (전체 학생 수)=(모든 직사각형의 세로의 길이의 합)

=4+6+10+7+3=30

04 (1) 12−8=4(m)　　　　(2) 7+4=11

(3) (전체 학생 수)=(모든 직사각형의 세로의 길이의 합)

=2+3+10+7+4=26

(4) 구하는 계급은 16m 이상 20m 미만이므로

(계급값) $= \frac{16+20}{2} = 18$(m)

(5) 구하는 계급은 12m 이상 16m 미만이고

이 계급의 도수는 3이므로 (직사각형의 넓이)=4×3=12

(6) (모든 직사각형의 넓이의 합)

=(계급의 크기)×(도수의 총합)=4×26=104

05 (1) 50−45=5(kg)　　　　(2) 16+8=24

(3) (전체 회원 수)=(모든 직사각형의 세로의 길이의 합)

=4+10+16+8+2=40

(4) 45kg 이상 55kg 미만인 회원 수는 4+10=14,

전체 회원 수는 40이므로 $\frac{14}{40} \times 100 = 35(\%)$

(5) 구하는 계급은 60kg 이상 65kg 미만이고

이 계급의 도수는 8이므로 (직사각형의 넓이)=5×8=40

(6) (모든 직사각형의 넓이의 합)
＝(계급의 크기)×(도수의 총합)＝5×40＝200

06 (1) 18−(2+7+3)＝6(명)
(2) 24−(1+3+8+7)＝5(명)
(3) 26−(3+7+5+2)＝9(명)

07 (1) 40−(2+12+9+7)＝10
(3) (모든 직사각형의 넓이의 합)
＝(계급의 크기)×(도수의 총합)＝6×40＝240
(4) 6×7＝42
(5) 구하는 계급은 48건 이상 54건 미만이고
이 계급의 도수는 9이므로 (직사각형의 넓이)＝6×9＝54
(6) 도수가 가장 큰 계급과 가장 작은 계급의 도수는
각각 12, 2이므로 직사각형의 넓이의 차는
6×12−6×2＝6×(12−2)＝60

05 도수분포다각형

172~175쪽

> 도수분포다각형으로 나타내기
> 중앙, 0, 선분

01 (1)~(3) 해설 참조

> 도수분포다각형 이해하기
> 0, 크기, 도수

02 (1) 5 　　　　　　　(2) 3시간
(3) 9시간 이상 12시간 미만　(4) 9
(5) 30

03 (1) 6 　　　　　　　(2) 5 kg
(3) 35 kg 이상 40 kg 미만　(4) 14명
(5) 19 　　　　　　　(6) 43

04 (1) 150 　　　　　　(2) 88
(3) 150 　　　　　　(4) 140

05 (1) 6명 　　　　　　(2) 11명
(3) 7명

06 (1) 7 　　　　　　　(2) 60

07 (1) 2 　　　　　　　(2) 32

08 (1) 28, 30 　　　　　(2) 4

09 (1) 1 　　　　　　　(2) 20, 25
(3) 16

01 (1)
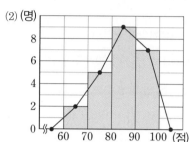

(2)
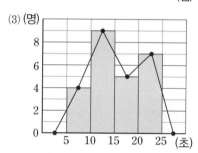

(3)

02 (4) 7+2＝9
(5) 3+5+13+7+2＝30

03 (5) 2+5+12＝19
(6) 2+5+12+14+4+6＝43

04 (1) 10×(2+3+6+4)＝10×15＝150
(2) 4×(4+7+5+6)＝4×22＝88
(3) 6×(1+5+7+9+3)＝6×25＝150
(4) 4×(4+9+11+8+3)＝4×35＝140

05 (1) 20−(2+8+3+1)＝20−14＝6(명)
(2) 33−(4+6+7+5)＝33−22＝11(명)
(3) 30−(2+6+12+3)＝30−23＝7(명)

06 (1) 20−(2+3+5+2+1)＝20−13＝7(명)
(2) 15분 이상 25분 미만인 학생 수는 7+5＝12,
전체 학생 수는 20이므로 $\frac{12}{20}×100＝60(\%)$

07 (1) 25−(3+4+10+6)＝25−23＝2(명)
(2) 10회 이상인 학생 수는 6+2＝8,
도수의 총합은 25이므로 $\frac{8}{25}×100＝32(\%)$

08 (1) 1반: 7+9+5+4+3＝28
2반: 5+4+6+8+7＝30
(2) 주어진 계급의 도수는 1반이 4명, 2반이 8명이므로
2반이 1반보다 4명 더 많다.

09 (1) 남학생 : $5+4+5+7+3=24$
여학생 : $4+7+9+5=25$
(3) 여학생 그래프에서 주어진 계급의 도수는 4,

전체 학생 수는 25이므로 $\dfrac{4}{25} \times 100 = 16(\%)$

개념 06 상대도수와 상대도수의 분포표

> **상대도수**
> 도수, 정비례, 1

01 (1) ○ (2) ○
(3) × (4) ○
(5) ×

02 (1) 0.3 (2) 0.25
(3) 0.2 (4) 0.45
(5) 0.42

03 (1) 0.1 (2) 0.2
(3) 0.35 (4) 0.16

04 (1) 3 (2) 2
(3) 16 (4) 19

05 (1) 50 (2) 20
(3) 30 (4) 32

> **상대도수의 분포표**
> 상대도수, 총합

06 (1) 0.4, 0.32, 0.08
(2) 0.3, 0.2, 0.4, 0.1, 1
(3) 0.16, 0.2, 0.34, 0.12, 0.18, 1

07 (1) 5, 0.25 (2) 6, 0.24
(3) 9, 0.3

08 (1) 50, 0.12 (2) 25, 0.28
(3) 40, 0.1 (4) 60, 0.3

09 (1) 20, 6, 0.15 (2) 30, 3, 0.4
(3) 40, 5, 0.25

10 (1) 1 (2) 40
(3) 6 (4) 0.15
(5) 10 % (6) 35 %

11 (1) A (2) B
(3) 없다 (4) 7, 8
(5) 22 (6) 38

01 (3) 상대도수의 총합은 항상 1이다.
(5) 각 계급의 상대도수는 그 계급의 도수에 정비례한다.

02 (1) (상대도수) $= \dfrac{3}{10} = 0.3$
(2) (상대도수) $= \dfrac{6}{24} = \dfrac{1}{4} = 0.25$
(3) (상대도수) $= \dfrac{7}{35} = \dfrac{1}{5} = 0.2$
(4) (상대도수) $= \dfrac{18}{40} = \dfrac{9}{20} = 0.45$
(5) (상대도수) $= \dfrac{21}{50} = 0.42$

03 (1) (도수의 총합) $= 5+7+6+2 = 20$
(상대도수) $= \dfrac{2}{20} = 0.1$
(2) (도수의 총합) $= 3+6+5+9+7 = 30$
(상대도수) $= \dfrac{6}{30} = \dfrac{2}{10} = 0.2$
(3) (도수의 총합) $= 3+4+7+5+1 = 20$
(상대도수) $= \dfrac{7}{20} = \dfrac{35}{100} = 0.35$
(4) (도수의 총합) $= 2+4+9+7+3 = 25$
(상대도수) $= \dfrac{4}{25} = \dfrac{16}{100} = 0.16$

04 (1) (도수) $= 12 \times 0.25 = 12 \times \dfrac{1}{4} = 3$
(2) (도수) $= 20 \times 0.1 = 2$
(3) (도수) $= 32 \times 0.5 = 32 \times \dfrac{1}{2} = 16$
(4) (도수) $= 50 \times 0.38 = 50 \times \dfrac{38}{100} = 19$

05 (1) (도수의 총합) $= \dfrac{5}{0.1} = 5 \times \dfrac{10}{1} = 50$
(2) (도수의 총합) $= \dfrac{12}{0.6} = 12 \times \dfrac{10}{6} = 20$
(3) (도수의 총합) $= \dfrac{15}{0.5} = 15 \times \dfrac{10}{5} = 30$
(4) (도수의 총합) $= \dfrac{8}{0.25} = 8 \times \dfrac{100}{25} = 32$

06 (1) 위에서부터 차례대로 $\dfrac{10}{25} = 0.4$, $\dfrac{8}{25} = 0.32$, $\dfrac{2}{25} = 0.08$
(2) 위에서부터 차례대로
$\dfrac{9}{30} = 0.3$, $\dfrac{6}{30} = 0.2$, $\dfrac{12}{30} = 0.4$, $\dfrac{3}{30} = 0.1$, 1
(3) 위에서부터 차례대로 $\dfrac{8}{50} = 0.16$, $\dfrac{10}{50} = 0.2$,
$\dfrac{17}{50} = 0.34$, $\dfrac{6}{50} = 0.12$, $\dfrac{9}{50} = 0.18$, 1

07 (1) $A = 20-(2+9+4) = 5$, $B = \dfrac{5}{20} = 0.25$
(2) $A = 25-(4+8+7) = 6$, $B = \dfrac{6}{25} = 0.24$

(3) $A=30-(5+9+4+3)=9$, $B=\dfrac{9}{30}=0.3$

08 (1) (도수의 총합)$=\dfrac{12}{0.24}=12\times\dfrac{100}{24}=50$

$A=\dfrac{6}{50}=0.12$

(2) (도수의 총합)$=\dfrac{9}{0.36}=9\times\dfrac{100}{36}=25$

$A=\dfrac{7}{25}=0.28$

(3) (도수의 총합)$=\dfrac{6}{0.15}=6\times\dfrac{100}{15}=40$

$A=\dfrac{4}{40}=0.1$

(4) (도수의 총합)$=\dfrac{15}{0.25}=15\times\dfrac{100}{25}=60$

$A=\dfrac{18}{60}=0.3$

09 (1) $A=\dfrac{4}{0.2}=4\times\dfrac{10}{2}=20$,

$B=20-(7+3+4)=6$, $C=\dfrac{3}{20}=0.15$

(2) $A=\dfrac{9}{0.3}=9\times\dfrac{10}{3}=30$,

$B=30-(9+12+6)=3$, $C=\dfrac{12}{30}=0.4$

(3) $A=\dfrac{14}{0.35}=14\times\dfrac{100}{35}=40$,

$B=40-(10+7+14+4)=5$, $C=\dfrac{10}{40}=0.25$

10 (1) 상대도수의 총합은 항상 1이다.

(2) $\dfrac{18}{0.45}=18\times\dfrac{100}{45}=40$

(3) $\dfrac{B}{40}=0.15$ $\therefore B=6$

(4) 관람 횟수가 5번째로 많은 학생이 속하는 계급은
21회 이상 27회 미만이다.

$\therefore$ (상대도수)$=\dfrac{6}{40}=0.15$

(5) $\dfrac{4}{40}\times100=10(\%)$

(6) $\dfrac{6+8}{40}\times100=35(\%)$

11 (1) A 중학교: 0.16, B 중학교: 0.11
이므로 비율이 더 높은 쪽은 A 중학교이다.

(2) A 중학교: $0.31+0.19=0.5$
B 중학교: $0.33+0.29=0.62$
따라서 비율이 더 높은 쪽은 B 중학교이다.

(3) 어떤 계급의 도수와 상대도수를 알면 전체 도수를 알 수 있
다. 하지만 주어진 분포표는 도수가 주어지지 않았으므로
도수의 총합을 알 수 없다.

(5) $0.22\times100=22(\%)$

(6) $(0.29+0.09)\times100=38(\%)$

> 상대도수의 그래프 그리기
> 계급, 상대도수

01 (1)~(3) 해설 참조

> 상대도수의 그래프 이해하기
> 상대도수, 총합

02 (1) 19 cm 이상 20 cm 미만
(2) 16%   (3) 42%
(4) 8명   (5) 58

03 (1) 10시간 이상 12시간 미만
(2) 8시간 이상 10시간 미만
(3) 25%   (4) 35%
(5) 4명   (6) 40

04 (1) 0.15   (2) 30

05 (1) 0.34   (2) 81

06 (1) B   (2) A

07 (1) A 중학교   (2) B 중학교
(3) 77

01 (1)
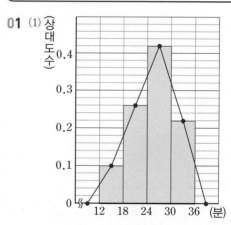

(2)
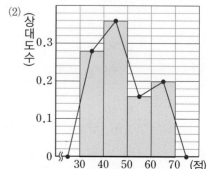

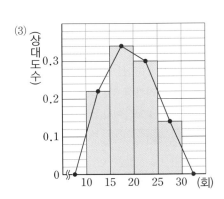

(3) (상대도수)

02 (2) $0.16 \times 100 = 16(\%)$

(3) $(0.3 + 0.12) \times 100 = 42(\%)$

(4) (상대도수)$\times$(도수의 총합)$= 0.08 \times 100 = 8$

(5) (상대도수)$\times$(도수의 총합)

$= (0.08 + 0.16 + 0.34) \times 100 = 58$

03 (1) 도수가 가장 큰 계급은 상대도수가 가장 큰 계급이므로

10시간 이상 12시간 미만이다.

(2) (상대도수)$= \dfrac{12}{80} = 0.15$이므로 구하는 계급은

8시간 이상 10시간 미만이다.

(3) $0.25 \times 100 = 25(\%)$

(4) $(0.2 + 0.15) \times 100 = 35(\%)$

(5) (상대도수)$\times$(도수의 총합)$= 0.05 \times 80 = 4$

(6) (상대도수)$\times$(도수의 총합)$= (0.15 + 0.35) \times 80 = 40$

04 (1) $1 - (0.25 + 0.3 + 0.1 + 0.2) = 0.15$

(2) (상대도수)$\times$(도수의 총합)$= 0.15 \times 200 = 30$

05 (1) $1 - (0.14 + 0.1 + 0.22 + 0.2) = 0.34$

(2) (상대도수)$\times$(도수의 총합)

$= (0.34 + 0.2) \times 150 = \dfrac{54}{100} \times 150 = 81$

06 (1) A반: 0.2, B반: 0.3

이므로 비율이 더 높은 쪽은 B반이다.

(2) A반: $0.05 + 0.25 = 0.3$, B반: $0.1 + 0.15 = 0.25$

이므로 비율이 더 높은 쪽은 A반이다.

07 (1) A 중학교: 0.24, B 중학교: 0.14

이므로 비율이 더 높은 쪽은 A 중학교이다.

(2) B 중학교의 그래프가 전체적으로 오른쪽에 치우쳐 있으므로 제기차기를 상대적으로 더 잘하는 쪽은 B 중학교이다.

(3) 32회 이상인 계급의 학생 수는

A 중학교: $0.1 \times 250 = 25$, B 중학교: $0.26 \times 200 = 52$

이므로 그 합은 $25 + 52 = 77$

184~185쪽

내신 도전

01 ⑤	**02** 20, 19	**03** 26
04 ④	**05** 65점	**06** 56%
07 25	**08** ②	**09** 44%
10 ①, ⑤	**11** ③	**12** 102

01 변량의 개수가 짝수이고 가장 큰 수를 제외한 나머지 두 수의

평균이 $\dfrac{20 + 30}{2} = 25$이므로 $x \le 20$이어야 한다.

따라서 x의 값이 될 수 없는 것은 ⑤이다.

02 한가운데에 있는 값이 중앙값이므로 $x = 20$

(평균)$= \dfrac{13 + 17 + 20 + 22 + 23}{5} = \dfrac{95}{5} = 19$

03 자료를 크기순으로 나열하면 7, 7, 8, 10, 12, 16

(평균)$= \dfrac{7 + 7 + 8 + 10 + 12 + 16}{6} = \dfrac{60}{6} = 10$

(중앙값)$= \dfrac{8 + 10}{2} = 9$, (최빈값)$= 7$

따라서 그 합은 $10 + 9 + 7 = 26$

04 ④ 홈런을 20개 이상 친 회원 수는 $4 + 2 = 6$

05 $A = 25 - (4 + 7 + 8) = 6$

즉 도수가 가장 작은 계급은 60점 이상 70점 미만이므로

(계급값)$= \dfrac{60 + 70}{2} = 65$ (점)

06 $\dfrac{6 + 8}{25} \times 100 = 56(\%)$

07 도수의 총합은 $2 + 5 + 8 + 9 + 6 = 30$, 계급의 개수는 5,

계급의 크기는 $120 - 110 = 10$ (명)이므로

$a = 30$, $b = 5$, $c = 10$

$\therefore a + b - c = 30 + 5 - 10 = 25$

09 2시간 이상 3시간 미만인 계급의 도수는

$125 - (15 + 20 + 35 + 15) = 40$

즉 연습 시간이 3시간 미만인 회원 수는 $15 + 40 = 55$,

전체 회원 수는 125이므로 $\dfrac{55}{125} \times 100 = 44(\%)$

10 ① 상대도수의 총합은 항상 1이다.

⑤ 두 집단의 도수의 총합이 다르면 상대도수가 같아도 도수는 다르다.

11 (도수의 총합)$= \dfrac{27}{0.18} = 27 \times \dfrac{100}{18} = 150$

12 2kg 미만인 계급의 상대도수: 0.24

5kg 이상인 계급의 상대도수: 0.1

$\therefore (0.24 + 0.1) \times 300 = 102$

186~188쪽

01	12, 12	**02**	34	**03**	86
04	13	**05**	⑤	**06**	21
07	①, ④	**08**	70	**09**	④
10	52	**11**	ㄴ, ㄷ	**12**	18초
13	33	**14**	ㄱ, ㄷ		

01 한가운데에 있는 두 값이 x, 15이므로

$\dfrac{x+15}{2}=13.5$에서 $x+15=27$ ∴ $x=12$

따라서 최빈값은 12이다.

02 자료를 작은 값부터 크기순으로 나열하면

20, 20, 28, 29, 33

(평균)$=\dfrac{20+20+28+29+33}{5}=\dfrac{130}{5}=26$

(중앙값)$=28$, (최빈값)$=20$

즉 $a=26$, $b=28$, $c=20$이므로

$a+b-c=26+28-20=34$

03 변량의 개수가 홀수이므로 중앙값은 39, 최빈값은 47

즉 $a=39$, $b=47$이므로 $a+b=39+47=86$

04 A 모둠에서 귤을 4번째로 많이 딴 학생의 귤의 수 ➡ 38

B 모둠에서 귤을 5번째로 적게 딴 학생의 귤의 수 ➡ 25

∴ $38-25=13$

05 ③ $A=40-(2+14+9+5)=10$

⑤ $\dfrac{2}{40}\times100=5(\%)$

06 $\dfrac{2+A}{25}\times100=36$에서 $4(2+A)=36$ ∴ $A=7$

$B=25-(2+7+9+4)=3$

∴ $A\times B=7\times3=21$

07 ② 계급의 크기는 4회이다.

③ (총 학생 수)$=2+4+9+6+3=24$

④ $\dfrac{2+4}{24}\times100=25(\%)$

⑤ 도서관을 7번째로 많이 이용한 학생이 속한 계급은

16회 이상 20회 미만으로 도수는 6명이다.

08 40분 이상 50분 미만인 계급의 도수는

$30-(6+8+5+2)=9$(명)

따라서 도수가 가장 큰 계급의 도수는 9명,

도수가 가장 작은 계급의 도수는 2명이고,

계급의 크기는 $20-10=10$(분)이므로

(두 직사각형의 넓이의 차)$=10\times(9-2)=70$

09 18m 이상 20m 미만인 계급의 도수 ➡ 7명

10 $2\times(4+5+8+7+2)=2\times26=52$

11 ㄱ. 최고 득점자는 B 모둠에 있다.

ㄷ. A 모둠: $2+7+4+3=16$, B 모둠: $3+6+6+2=17$

ㄹ. 그래프와 가로축으로 둘러싸인 부분의 넓이가 더 큰 쪽은
    전체 학생 수가 더 많은 B 모둠이다.

12

기록(초)	상대도수	
	1반	2반
15^{이상} ~ 17^{미만}	0.15	0.16
17　 ~ 19	0.3	0.28
19　 ~ 21	0.35	0.36
21　 ~ 23	0.2	0.2
합계	1	1

따라서 1반의 상대도수가 더 큰 계급은 17초 이상 19초 미만

이므로 (계급값)$=\dfrac{17+19}{2}=18$(초)

13 도수의 총합은 $\dfrac{14}{0.28}=14\times\dfrac{100}{28}=50$이므로

$A=0.3\times50=15$, $B=\dfrac{9}{50}=0.18$

∴ $A+100B=15+18=33$

14 ㄴ. $0.1\times220=22$ ㄷ. $0.35\times200=70$

ㄹ. A 학교: $0.25+0.3=0.55$

B 학교: $0.2+0.35=0.55$

이므로 주어진 계급의 비율은 두 학교가 서로 같다.

절대강자 개념연산 1·2   정답 및 해설

펴낸곳 (주)에듀왕   **펴낸이** 박명전   **편집·개발 총괄** 정경아   **조판·디자인 총괄** 장희영   **출판신고** 제 406 2007-00046호
표지디자인 민트크리에이티브   **주소** [10955]경기도 파주시 광탄면 세류길 101   **대표전화** 1644-0761   **홈페이지** www.eduwang.com

 KC마크는 이 제품이 공통안전기준에 적합하였음을 의미합니다.

중학수학
절대강자